高等学校教材

# 普通化学实验

曹敏花 张杰 主编
秦锦雯 唐新玲 副主编

化学工业出版社
·北京·

## 内容简介

《普通化学实验》是根据普通化学课程中实践教学的基本要求，从理论与实践相结合的教学角度编写的实验教材。本教材共5章，包括实验基本知识、实验基本操作、实验常用测量仪器、基础实验（包括基本物理量与物化参数的测定实验和基本原理验证性实验）和综合性实验五部分内容。本书在实验内容的选择上，以训练和强化实验基本操作能力为目的，精选具有代表性的基础实验。此外还结合化学学科前沿和发展趋势，引入创新性强的研究型综合实验，既满足实验教学的基本要求，训练学生基本实验技能，又利于拓宽学生的知识面，培养其实验探究能力。

《普通化学实验》可作为高等院校化学、化工、医药、环境及相关专业基础化学实验课的教材或参考书。

## 图书在版编目（CIP）数据

普通化学实验/曹敏花，张杰主编；秦锦雯，唐新玲副主编. — 北京：化学工业出版社，2024.3
ISBN 978-7-122-45098-2

Ⅰ.①普⋯ Ⅱ.①曹⋯②张⋯③秦⋯④唐⋯ Ⅲ.
①普通化学-化学实验-高等学校-教材 Ⅳ.①O6-3

中国国家版本馆CIP数据核字（2024）第036933号

责任编辑：马泽林　　　　　　　　文字编辑：胡艺艺
责任校对：刘曦阳　　　　　　　　装帧设计：刘丽华

出版发行：化学工业出版社
　　　　　（北京市东城区青年湖南街13号　邮政编码100011）
印　　装：大厂聚鑫印刷有限责任公司
787mm×1092mm　1/16　印张14½　彩插1　字数333千字
2024年6月北京第1版第1次印刷

购书咨询：010-64518888　　　　　售后服务：010-64518899
网　　址：http://www.cip.com.cn
凡购买本书，如有缺损质量问题，本社销售中心负责调换。

定　　价：36.00元　　　　　　　　版权所有　违者必究

# 前言

普通化学实验是普通化学课程的实验部分,与普通化学、大学化学理论课程配套开设。实验课程教学是培养学生实践应用能力、科学素质和创新意识的重要途径。本实验教材根据高等院校基础化学实验教学的需求和普通化学课程体系的要求,主要面向化学、化学工程与工艺、能源化学工程和制药工程等专业,旨在以普通化学实验中的基本操作实验和基本原理实验为基础,通过普通化学实验课程的学习,使学生掌握化学实验的基本技能,学习从事科学研究的基本能力及科学思维方法,进一步培养学生严谨的科学态度和良好的化学素养,重在提高学生的创造性思维和创新实践能力,使学生能够运用所学的理论知识解决化学实验中的实际问题。

本教材实验内容主要包括基础实验和综合性实验两部分。基础实验部分包括典型的基本物理量与物化参数的测定实验和基本原理验证性实验。综合性实验以培养学生创新意识、创新能力为前提,在内容设置上紧密联系国际热点研究方向,摒弃陈旧的实验项目,同时使学生全面接触大型测试仪器,真正体现"综合"的特性。此外,本教材还加强了学生自行设计类型的实验内容,以培养学生的动手和创新能力为出发点,采取以学生为主、教师为辅的启发式实验教学模式,为后续化学类课程的学习打下坚实的基础。实验内容的安排总体以加强综合实验技能和素质能力培养为主,从基本实验技能训练、应用性技能训练和综合性技能训练三个层次,由浅入深、由易到难、由简到繁,循序渐进逐步提高实验难度。希望本书能发挥"培根铸魂,启智增慧"的作用。

本书由曹敏花、张杰任主编,秦锦雯、唐新玲任副主编,具体编写分工如下:第1章~第3章由唐新玲编写;第4章中的实验1~3、9~14以及第5章中的实验15~19由曹敏花编写;第4章中的实验4~8以及第5章中的实验20~25由张杰编写;第5章中实验26~40由秦锦雯编写。在本书的编写过程中,黄如丹、支俊格、迟瑛楠、龙海涛、杨柏枫等对书稿提出了许多宝贵意见和建议,在此致以诚挚的感谢!

由于编者水平有限,书中难免存在疏漏之处,衷心希望读者批评指正。

编者
2024 年

# 目录

## 第1章 实验基本知识 ... 001
1.1 学习目的和基本要求 ... 001
1.2 实验室规则及学生守则 ... 002
1.3 实验室安全守则及事故处理 ... 003
1.4 实验室试剂及危险化学品分类与管理 ... 004
1.5 实验室用水标准和"三废"的处理 ... 007
1.6 实验报告的基本格式与要求 ... 010
1.7 实验数据的记录及处理 ... 012

## 第2章 实验基本操作 ... 016
2.1 温度、湿度与压力参数的测量 ... 016
2.2 实验常用仪器的用途及使用方法 ... 019
2.3 化学试剂的取用 ... 025
2.4 溶液的配制和容量器皿的使用 ... 027
2.5 常用试纸及使用方法 ... 034
2.6 加热与冷却操作 ... 035
2.7 固液分离 ... 042
2.8 溶解、蒸发与结晶 ... 047

## 第3章 实验常用测量仪器 ... 049
3.1 天平 ... 049
3.2 酸度计 ... 053
3.3 电导率仪 ... 058
3.4 分光光度计 ... 060
3.5 磁天平 ... 065
3.6 电化学工作站 ... 068

## 第4章 基础实验 ... 073
4.1 基本物理量与物化参数的测定实验 ... 073
实验1 摩尔气体常数的测定 ... 073
实验2 电导率法测定氯化银的溶度积 ... 076
实验3 弱酸电离度与电离平衡常数的测定 ... 079

实验 4　配合物的解离平衡与稳定常数的测定 ········································· 081
实验 5　化学反应速率与活化能的测定 ··············································· 084
实验 6　原电池电动势和电极电势的测定 ············································ 089
实验 7　分光光度法测定配合物的分裂能 ············································ 093
实验 8　配合物磁化率的测定 ························································· 096
4.2　基本原理验证性实验 ······························································· 101
实验 9　胶体与吸附 ····································································· 101
实验 10　缓冲溶液与酸碱平衡 ························································ 103
实验 11　难溶电解质的沉淀-溶解平衡 ··············································· 106
实验 12　氧化-还原平衡 ······························································· 109
实验 13　金属在酸溶液中的钝化行为 ················································ 112
实验 14　配位反应与平衡 ····························································· 117

# 第 5 章　综合性实验　　　　　　　　　　　　　　　　　　　　　　　122

实验 15　硫代硫酸钠的制备和应用 ··················································· 122
实验 16　去离子水的制备与检验 ······················································ 125
实验 17　五水硫酸铜的制备 ··························································· 129
实验 18　硫酸亚铁铵的制备、质量检测及铁含量的测定 ·························· 131
实验 19　二氯化一氯五氨合钴的制备、组成鉴定及反应动力学测试 ············ 136
实验 20　金属有机框架（MOFs）材料的制备及其染料吸附性能研究 ·········· 141
实验 21　高分子絮凝剂的制备及在水处理中的应用 ······························· 145
实验 22　室温自旋交叉化合物的合成与表征 ······································· 148
实验 23　稀土铕、铽 $\beta$-二酮配合物的制备、表征和性能测定 ·················· 152
实验 24　热致变色材料的制备 ························································ 156
实验 25　水质化学需氧量的测定 ····················································· 158
实验 26　12-硅钨酸及其杂多蓝的制备 ·············································· 164
实验 27　氧化石墨烯的制备及表征 ·················································· 167
实验 28　MXene 材料的制备及表征 ················································· 169
实验 29　CdTe 量子点的制备及表征 ················································· 171
实验 30　水体中有机污染物的光催化降解 ·········································· 173
实验 31　储能电极材料 $LiMn_2O_4$ 的制备及电化学性能表征 ···················· 177
实验 32　水分解析氧廉价电催化剂的制备及性能评估 ···························· 180
实验 33　导电高分子聚苯胺的合成、结构及性能表征 ···························· 182
实验 34　Stöber 法制备 $SiO_2$ 微球及其银离子吸附性能测定 ··················· 185
实验 35　共沉淀法制备纳米 $Fe_3O_4$ 磁流体 ········································ 187
实验 36　ZSM-5 分子筛的合成及其比表面积的测定 ······························ 189
实验 37　由易拉罐制备净水作用的明矾及其纯度的测定 ························· 192
实验 38　银纳米棱柱的制备及表面等离子共振效应的观察 ······················ 195
实验 39　废电池的综合回收利用 ····················································· 197
实验 40　新型荧光纳米显影剂的制备及其指纹显影的应用 ······················ 200

# 附录

- 附录1 不同温度下水的饱和蒸气压 ... 203
- 附录2 弱电解质的电离平衡常数（0.01~0.1 mol·L$^{-1}$水溶液） ... 203
- 附录3 常见难溶电解质的溶度积常数 ... 205
- 附录4 标准电极电势表（25 ℃） ... 206
- 附录5 常见配离子的稳定常数 ... 210
- 附录6 实验室常用试剂的名称及配制方法 ... 210
- 附录7 常见危险化学品的火灾危险与处置方法 ... 212
- 附录8 某些离子和化合物的颜色 ... 222

# 参考文献 ... 224

# 第 1 章

# 实验基本知识

## 1.1 学习目的和基本要求

### 1.1.1 课程的学习目的

化学是一门以实验为基础的学科，化学理论和规律的形成大多建立在对大量实验资料分析、概括、综合和总结的基础上。而进一步的实验又为理论的完善、发展和应用提供理论基础。因此，化学实验在大学教育中占有非常重要的地位。

普通化学实验是化学和化工相关专业大学一年级本科生的主干基础课之一，也是他们接触的第一门实验课。它既是一门独立的课程，又与相应的理论课相互配合。其开设的主要目的是：

（1）通过普通化学实验课程的学习，使学生掌握基本的化学实验方法和操作技能，学会使用化学实验仪器，具备安装、设计简单的实验装置的能力。

（2）通过普通化学实验课程的学习，使学生掌握一些简单化合物的制备、分离和提纯方法，通过验证普通化学的基本反应规律及基本理论，加深对基本概念的理解。

（3）通过普通化学实验课程的学习，培养学生独立查阅资料、设计实验方案、操作实验、细致观察和翔实地记录实验现象、准确测定实验数据的能力，并能正确处理和分析实验数据，锻炼学生分析问题、解决问题的能力。

（4）通过普通化学实验课程的学习，培养学生严谨、求实的科学品质，准确、细致、整洁的实验习惯，富于创新的科学精神以及处理一般实验事故的能力。

### 1.1.2 课程的基本要求

为了达到普通化学实验的教学目标，学生不仅要有明确的学习目的、严谨的学习态度，还要有正确的学习方法，且必须认真做到以下几点：

（1）预习　充分预习实验教材及相应的理论教材和其他参考资料，弄清楚实验目的和实验原理，了解实验仪器的工作原理和结构，掌握仪器的使用方法和注意事项。熟悉实验内容、实验的操作步骤、数据处理方法,在此基础上写好预习报告,切忌照本抄书,应依自己的理解而书写,预估实验中可能发生的现象和预期结果,对实验全过程做到心中有数。

(2) 讨论  实验开始前,指导教师要检查预习情况,同时对上次实验进行总结与评述,然后对本次实验的实验目的、原理、操作步骤与要点、注意事项等进行讲解。教师可通过对学生进行集体或个别提问的方式,启发学生思考问题,以加深对实验内容的理解。

(3) 实验  学生在教师指导下,认真、细致、独立地完成实验内容,严格规范地进行实验操作,仔细观察实验现象,及时记录实验现象和实验数据。在实验过程中,学生应深入思考,手脑并用,边操作、边思考、边记录。实验中遇到疑难问题或使用不熟悉的仪器和药品前,应查阅相关书籍或请教指导教师,不可盲目操作。遵守实验室规则,保持实验环境整洁,实验结果经指导教师检查确认后,才能结束实验。

(4) 总结  实验结束后,要对实验进行全面总结,写出实验报告。应根据实验现象进行分析和解释,写出有关的反应方程式或根据数据进行计算,将计算结果与理论值进行比较、分析,得出结论。实验报告应简明扼要,不要随意涂改,更不能抄袭。

## 1.2  实验室规则及学生守则

进入实验室的学生,要服从指导教师和实验室工作人员的安排,需要遵守以下守则。

(1) 实验课前应充分预习,明确实验目的、原理、内容、步骤和实验时的注意事项,熟悉仪器设备的操作规程和实验物品的特性,写好预习报告,接受指导教师的检查和提问,否则不得进行实验。

(2) 提前 10 min 进入实验室,进入实验室必须身着实验服,自身衣服和书包放入橱柜指定位置。

(3) 实验前要清点仪器设备,如发现有破损或缺失,应及时报告指导教师,然后按规定的手续找实验室管理人员更换或补领仪器,不得自行拿用其他位置上的仪器,实验过程中仪器损坏应及时补充。

(4) 在实验室内要保持安静,不得打闹,大声喧哗,禁止将食品带入实验室。

(5) 实验过程中要集中精力,认真操作,仔细观察,如实、详细地记录实验现象和数据,不得涂改和伪造,实验结果经指导教师检查通过后方可结束实验。

(6) 实验过程中,要保持实验环境的整洁有序,所有试剂和仪器用后要及时放回原位,实验中的废弃物如火柴梗、废纸、废液、废渣等应按规定放到指定的废物桶或废液缸中。

(7) 爱护公共财物,严格按照操作规程使用仪器和实验设备。发现仪器有故障,应立即停止使用并报告指导教师,及时排除故障。

(8) 注意节约用水、电、试剂、耗材,试剂应按规定量取用,自瓶中取出试剂后,不得将试剂倒回原瓶中,以免造成污染。取用试剂后,应立即盖上瓶盖,以免弄混瓶盖,污染试剂。

（9）实验完毕，应将所有仪器洗刷干净并整齐地放回规定的位置，实验台面应清理干净，将所有试剂摆放整齐，经指导教师检查后才可离开实验室。实验用品一律不准带出实验室。

（10）各实验台轮流值日，值日生负责桌面、地面及水槽的清洁工作，将所有公用试剂和器材摆放整齐，清除室内垃圾，仔细检查水、电、煤气等是否关闭，关好窗户，经教师检查合格后方可离开实验室。

## 1.3 实验室安全守则及事故处理

在化学实验室中，常常会使用一些易燃、易爆、有毒和有腐蚀性的化学药品，还会用到各种玻璃仪器，水、电和各种电器设备，因此潜藏着诸如着火、爆炸、中毒、割伤和烫伤等危险，所以在进行化学实验时，"安全"是首要关心的问题。实验课前必须充分了解实验室安全守则，实验过程中要始终重视安全问题，集中注意力，遵守操作规程，避免事故的发生。

### 1.3.1 实验室安全守则

（1）进入实验室首先要熟悉周围环境，了解实验安全出口和紧急情况时的逃生路线，了解急救箱、洗眼器、紧急淋浴器、电闸、消防用品的位置和使用方法。

（2）不要用湿手或湿物接触电源，以防触电。

（3）实验室内禁止吸烟、饮食，切勿使用实验器皿作餐具，不得用手取用药品，药品严禁入口，实验结束后要洗手。

（4）实验过程中使用化学药品时，为了防止药品接触到身体和衣服，必须穿长款实验服，佩戴防护手套，不准穿短裤、背心、拖鞋等大量暴露出身体的衣物，留长发的同学应将头发束起。

（5）加热、浓缩溶液时要佩戴护目镜，不要佩戴隐形眼镜。试管加热溶液时，由于有突沸的可能，应将试管口朝向没有人的方向。使用烧杯或烧瓶时也不要将脸靠近。

（6）使用玻璃仪器时，确认无破裂、划痕、污渍后再使用。

（7）闻气味时，不要将鼻子直接对着试剂瓶口或试管口嗅闻气体，要用手轻拂气体，把少量气体扇向自己再闻。

（8）化合物的合成实验和定性分析实验中，容易产生有害气体扩散到室内，为防止中毒，应在通风橱内进行，为提高排气效率，不进行实验时应关闭通风橱。易燃、易爆的操作要远离火源。

（9）使用有毒试剂（如氰化钾、汞盐、铅盐、钡盐、重铬酸钾等），不得接触皮肤和伤口，废液倒入指定的容器内集中处理。不允许将各种化学药品随意混合，以免引起意外事故。自行设计的实验，需和教师讨论后才可进行。

### 1.3.2 事故的处理方法

（1）有药品不慎洒入眼睛中，应立即打开洗眼器，用流动水冲洗眼睛。水流太猛反而会伤害眼睛，所以要用平稳的水流冲洗至少 15 min。

（2）当药品附着在皮肤上时，要用大量的自来水冲洗，千万不要用有机溶剂冲洗，否则可能会被吸收。

（3）药品进入口中，若未咽下，应立即吐出来并用自来水漱口。若已咽下，应根据毒物的性质采取不同的解毒方法。

（4）若不慎吸入煤气、溴蒸气、氯气、氯化氢、硫化氢等气体，应立即转移到室外呼吸新鲜空气。使用化学试剂过程中若有任何不适，应立即告知指导教师，及时进行处理。

（5）不慎将酸洒在皮肤上先用大量的水冲洗，再用 3%～5% 的碳酸氢钠溶液洗涤，涂上油膏，并包扎好。不慎将碱液洒在皮肤上先用大量水冲洗，然后用 1%～2% 硼酸或 1%～2% 醋酸洗涤，最后涂上油膏包好。

（6）溴灼伤一般不易愈合，必须严加防范。一旦被溴灼伤，立即用乙醇洗涤，然后用水冲洗，再搽上甘油或烫伤膏。

（7）被烫伤时，切忌用水冲洗，也不要弄破水泡，可在烫伤处涂抹烫伤膏，严重者送医院治疗。

（8）万一衣服着火，应立即浇水灭火；着火范围较大时，应迅速跑到紧急喷淋器下，拉下绳子，用大量水灭火。要避免吸入衣服上的火焰，否则会因炎症引起呼吸道堵塞而无法呼吸。

（9）实验室不慎起火，切勿惊慌，立即采取措施灭火，并切断电源，关闭煤气总阀，拿走易燃药品等，以防火势蔓延。

（10）被玻璃割伤或刺伤时，首先挑出伤口的碎玻璃碴，然后对伤口进行消毒和包扎。碎玻璃溅进眼睛里，千万不要揉搓，不转动眼球，任其流泪，立即送医院处理。

（11）不慎触电或发生严重漏电时，应迅速切断电源。如不能切断电源，要用木棍挑开电线，使触电者脱离电源，切不可用手去接触触电者。将触电者转移到空气新鲜的地方，必要时进行人工呼吸等急救措施。

（12）发生上述事故时，周围的人要及时向指导教师报告。

## 1.4 实验室试剂及危险化学品分类与管理

### 1.4.1 化学试剂的规格

化学试剂是指在化学实验、化学分析、化学研究及其他实验中使用的各种纯度等级的化合物或单质。我国的化学试剂规格基本上按纯度（杂质含量的多少）划分，依照国家颁布的质量指标，化学试剂按纯度分为四级（表 1-1）。

表 1-1　化学试剂纯度的等级分类

| 等级 | 一级试剂(优级纯) | 二级试剂(分析纯) | 三级试剂(化学纯) | 四级试剂(实验纯) |
|---|---|---|---|---|
| 英文缩写 | GR | AR | CP | LR |
| 标签颜色 | 绿色 | 红色 | 蓝色 | 棕色或黄色 |
| 应用范围 | 精确分析、科学研究 | 一般化学分析、科学研究 | 一般定性实验、化学制备 | 化学制备 |

同一种化学试剂，纯度不同其规格不同，纯度越高，价格越贵。选用化学试剂时要注意两点：试剂所含的杂质要在实验允许的误差范围内；所用试剂并非越纯越好，能达到实验要求即可。所以在做化学实验时，要根据实验要求选择适当规格的试剂，做到既保证实验效果，又防止浪费。

## 1.4.2　化学试剂的分类与存放

化学试剂是实验室里品种最多、消耗购置最频繁、危险性最大的物质，试剂安全关系到实验室安全，化学试剂的分类保管是非常重要的管控环节。化学试剂基本上都具有一定的毒性和危险性，大多属于危险化学品的范畴。危险化学品是指具有毒害、腐蚀、爆炸、燃烧、助燃、放射性等危险特性，在一定条件下能引起燃烧、爆炸和造成人身伤害、财产损失或环境污染而需要防护的化学药品。危险化学品分为物理危害、健康危害和环境危害三大类。一种危险化学品可能有一种或几种危害，在分类存放的时候可考虑按危险程度最高的一种危害来存放。

按照高校化学实验室常用化学药品的性质和管理要求，本节将普通化学实验常用试剂简单地分为易制毒试剂、易制爆试剂、易燃易爆试剂、有毒有害试剂、腐蚀性试剂、一般试剂。

(1) 易制毒、易制爆试剂　易制毒化学试剂是指国家规定管制的可用于制造毒品的前体、原料和化学制剂等，简单来说就是可用于制造麻醉药品和精神药品的原料和配剂。易制爆化学试剂是指可以作为原料或辅料而制成爆炸品的试剂，通常包括强氧化剂、可(易)燃物、强还原剂。常用易制毒、易制爆化学试剂分类及存放要求如表 1-2 所示。

表 1-2　常用易制毒、易制爆化学试剂分类及存放要求

| 试剂种类 | 管制类别 | 品名 | 存放要求 |
|---|---|---|---|
| 酸、腐蚀品<br>(有氧化性) | 易制毒 | 盐酸、硫酸、醋酸酐、溴素 | 有二次容器、通风 |
| | 易制爆 | 硝酸、发烟硝酸、高氯酸、过氧乙酸 | |
| 固体氧化剂、<br>无机盐 | 易制毒 | 高锰酸钾 | 与酸类、易燃物、还原剂分开，存放于阴凉通风处 |
| | 易制爆 | 硝酸钠、硝酸钾、硝酸铯、硝酸镁、硝酸钙、硝酸锶、硝酸钡、硝酸镍、硝酸银、硝酸铅、硝酸锌、氯酸钠、氯酸钾、高(过)氯酸钠、高(过)氯酸钾、重铬酸钾、高锰酸钾、过氧化氢 | |

续表

| 试剂种类 | 管制类别 | 品名 | 存放要求 |
|---|---|---|---|
| 有机试剂、还原剂 | 易制毒 | 乙醚、丙酮、甲苯 | 通风 |
| | 易制爆 | 水合肼、硫黄 | |
| 活泼金属等 | 易制爆 | 锂、钠、钾、镁、铝粉、锌粉、硼氢化钠 | 隔水、隔氧、隔热 |
| 爆炸品 | 爆炸品 | 硝酸铵 | 专库存放 |

（2）易燃易爆试剂　所谓易燃易爆化学试剂，指国家标准《危险货物品名表》（GB 12268—2012）中以燃烧、爆炸为主要特征的压缩气体、液化气体、易燃液体、易燃固体、自燃物品和遇湿易燃物品、氧化剂和有机过氧化物以及毒害品、腐蚀品中部分易燃易爆化学试剂。易燃易爆化学试剂具有较大的火灾危险性，一旦管理不当，导致事故的发生，就会造成巨大的财产损失，甚至威胁实验室相关人员的生命，后果十分严重。

化学实验室用到的易燃易爆液体较多，严格意义上讲，大部分的有机试剂都属于易燃易爆试剂，如甲醇、乙醇、乙醚、丙酮、环己烷、煤油等，均具有易燃易爆性。实验室常用的易燃固体试剂有红磷、硫黄、钠、镁、铝粉等。另外，很多氧化剂和有机过氧化剂也属于易燃易爆试剂，如重铬酸钾、硝酸铵、硝酸钾、氯酸钾等。还有部分酸性、碱性腐蚀剂，如硝酸、磷酸、过氧化氢、乙酸、氢氧化钠、氢氧化钾、氢氧化钙、氨水等，也归属于易燃易爆试剂。

（3）有毒有害试剂　有毒有害试剂是指经吞食、吸入或皮肤接触后可能造成死亡或严重受伤或健康损害的试剂。广义地说，实验室内的化学试剂都有一定的毒害性，严格意义上的有毒有害试剂，应该是具有毒理学定义的试剂，其毒性分为急性口服毒性、皮肤接触毒性和吸入毒性。其中剧毒品因其具有非常剧烈的毒性危害，属于国家严格管控的化学试剂，非特殊需要，实验室内很少保存剧毒品。试剂瓶上试剂标签中标注了"有毒"的试剂，就可以认定为严格意义上的有毒有害试剂，如铅、镉、汞、砷等的化合物及盐类。有毒有害试剂一旦释放到环境中，就会对环境和人体健康产生危害，甚至造成难以挽回的损失。

（4）腐蚀性试剂　腐蚀性试剂主要是指能灼伤人体组织并对金属、纤维制品等物质造成破坏的固体或液体，最常见的腐蚀性试剂有酸性腐蚀剂、碱性腐蚀剂和氧化性腐蚀剂。所有的强酸、强碱都具有腐蚀性，如硫酸、盐酸、硝酸、氢氧化钠、氢氧化钾等。氧化性腐蚀剂，如重铬酸钾、过氧化物、过硫酸盐、溴等，能与有机物、金属、水等还原物发生剧烈反应，甚至发生爆炸。这些试剂对人体、衣物、实验设备都有极强的腐蚀性，因此在使用和储运中，操作人员必须严格执行操作规程，做好防护。

（5）一般试剂　除上述试剂之外的化学药品，可归为一般试剂。主要包括不易变质的无机盐，如氯化物、硫酸盐、硅酸盐、碳酸盐等，以及性质较为稳定的有机物。

### 1.4.3　化学试剂的管理

化学试剂的管理应根据实际的毒性、易燃性、腐蚀性和潮解性等不同的特点，以不同的方式妥善管理。只有保证化学试剂安全管理并分类存放，才能从根本上保证化学实验有序进行。对于纯度上有所不同，但化学性质上相同的试剂，在安全使用与保管上的要求是一致的。

（1）易制毒、易制爆试剂应分别单独设置存放场所，要分类存放、专人保管，遵循双人领取验收、双人使用、双人保管、双锁、双账的"五双"原则，做好领取、使用、处置记录，防止丢失被盗。

（2）剧毒试剂也要设专用库房和防盗保险柜，在远离明火、热源及氧化剂的阴凉通风处贮存，并遵循"五双"原则。每天实验结束后，要把剩余剧毒试剂送回危险品仓库，第二天使用时再领取，严禁放在实验室过夜。

（3）腐蚀性试剂的存放要求阴凉通风，并选用抗腐蚀性的材料。应与氰化物、氧化剂、遇湿易燃物质远离，具有氧化性的腐蚀品不得与可燃物和还原剂同柜存储，如浓硝酸和硫粉不能存放于同一柜中。

（4）遇水易燃试剂不得敞口放置，一定要存放在干燥、严防漏水的仓位。不得与有盐酸、硝酸等散发酸雾的试剂存放在一起，也不得与其他危险品混放。使用时要轻拿轻放，操作过程中室内应保持良好的通风。

（5）见光易分解的试剂，如 $H_2O_2$、$AgNO_3$ 要以棕色瓶存放，并置于冷暗处。

（6）指示剂可按酸碱指示剂、氧化还原指示剂、络合滴定指示剂、其他指示剂分类排列。

（7）一般试剂分类存放于阴凉通风处，温度低于 30 ℃ 的柜内即可。尽管这类物质的储存条件要求不是很高，但这类物质要定期查看，做到药品的密封性良好，且要在保质期内用完。

## 1.5 实验室用水标准和"三废"的处理

### 1.5.1 实验室用水规格

在化学实验过程中，试剂的配制、实验器皿的清洁处理等，都离不开一定纯度的水，而且水的用量远远大于化学试剂的用量，对于水质的要求和对于化学试剂的要求一样都有严格的等级区分。对于一般的分析工作，采用去离子水和蒸馏水即可，而对于超纯物质分析，则要求纯度较高的"高纯水"。

（1）水质纯度的划分　不同纯度的水的制备方法不同，杂质的含量也不同。为统一规范实验用水的纯度，《分析实验室用水规格和试验方法》（GB/T 6682—2008）指出：一级水基本不含有溶液或胶态离子杂质及有机物，主要用于有严格要求的分析实验，如高效液相色谱（HPLC）、气相色谱（GC）检测等。二级水可含有微量的无机、有机或胶态杂质，可采用多次蒸馏或离子交换等方法制备，通常用于配制常用试剂溶液、缓冲溶液和无机痕量分析，如原子吸收光谱检测微痕量级铅、砷、镉、汞等有毒重金属元素。三级水用于一般化学分析实验，包括常量定性、定量实验还有玻璃器皿的冲洗或水浴用水，可采蒸馏或离子交换等方法制备。实验室三级用水纯度标准为水质电导率≤5 μS·cm$^{-1}$，如此完全可以满足在一般实验室的常规分析。分析实验室用水规格见表1-3。

表1-3 分析实验室用水规格（GB/T 6682—2008）

| 名称 | 一级 | 二级 | 三级 |
| --- | --- | --- | --- |
| pH值范围(25 ℃) | — | — | 5.0~7.5 |
| 电导率(25 ℃)/mS·m$^{-1}$ | ≤0.01 | ≤0.10 | ≤0.50 |
| 可氧化物质量(以氧计)/mg·L$^{-1}$ | — | ≤0.08 | ≤0.4 |
| 吸光度(254 nm,1 cm光程) | ≤0.001 | ≤0.01 | — |
| 蒸发残渣量(105 ℃±2 ℃)/mg·L$^{-1}$ | — | ≤1.0 | ≤2.0 |
| 可溶性硅量(以SiO$_2$计)/mg·L$^{-1}$ | ≤0.01 | ≤0.02 | — |

注：由于在一级水和二级水的纯度下，难以测定其真实的pH值，因此，对一级和二级水的pH值范围不作规定；由于在一级水的纯度下，难以测定可氧化物和蒸发残渣，故对其限量不作规定，可用其他条件和制备方法规范保证一级水的质量。

（2）纯水的类别及制备方法

① 蒸馏水　利用液体混合物中各组分挥发度的差别，将自来水在蒸馏装置中加热汽化，并随之使蒸汽部分冷凝分离而得到蒸馏水。水蒸馏设备全部与水接触部分都采用优质玻璃材质，蒸馏法能去除自来水内大部分的非挥发性的污染物，如果只是一次蒸馏得到的水，挥发性的杂质无法去除，如二氧化碳、氨及一些有机物。新鲜的蒸馏水是无菌的，但储存后细菌容易繁殖。蒸馏水是通过蒸馏冷凝制得的水，所以里面的无机盐含量很低。

将经过一次蒸馏后的水再次蒸馏可得到双蒸水，水中的无机盐、有机物、微生物、可溶解气体和挥发性杂质含量极低，一般可用于注射用水。根据实验和科研的要求还可以通过三次蒸馏而得三蒸水。

② 去离子水　把水中的阴阳离子都去掉的水称为去离子水。主要通过反渗透膜和混床树脂来把水中的离子除掉。此法所用设备的水量大，成本低，除去离子的能力强，比较纯净，但仍然存在可溶性的有机物，可能会带入金属离子。另外设备及操作较为复杂，不能除去非离子型杂质，去离子水中常含有微量的有机物，存放后容易引起细菌繁殖，所以去离子水一般不能作为注射用水。

③ 超纯水　既将水中的导电介质几乎完全去除，又将水中不离解的胶体物质、气体及有机物均去除至很低程度的水。超纯水的电阻率大于18 MΩ·cm或接近18.3 MΩ·cm极限值。

超纯水可作为所有实验的用水，特别是高灵敏度ppt级（10$^{-12}$）分析、同位素分析、疾控中心、药检所、质检所、环监站、高校科研等标准实验室及各种高端仪器用水。

### 1.5.2 实验室"三废"的处理

实验过程中经常产生各种有毒的气体、液体和固体，都需要及时排放，特别是某些剧毒物质，如不加处理随意排放，就可能对周围的空气、水源和环境造成污染，其危害不可估量，所以实验室的废气、废液、废渣（简称"三废"）必须经过处理，符合排放标准才可以排放。

作为一名化学工作者，要有对实验废弃物进行适当处理的意识，否则即使通过实验做出了非常优秀的成果，但是因为对废弃物的处理不充分导致对人体和周围环境都造成了极大的负面影响，那么这种研究成果就失去了其价值。同时，"三废"中的有用成分不加以回收，也是一种对资源的浪费。实验室"三废"的处理工作是实验室工作的重要组成部分，污染物的一般处理原则是：分类收集存放，分别集中处理，通过处理，消除公害，变废为宝，综合利用，确保不扩大污染，避免交叉污染，将废弃物对环境和人体的危害和影响减至最小。

(1) 废气的处理

① 产生少量有毒气体的实验应在通风橱中进行，通过排风设备将少量毒气排到室外，排出的有毒气体在大气中得到充分的稀释，在降低毒害的同时避免了室内空气的污染。

② 产生毒气量较大的实验室必须有吸收或处理装置。如：$NO_2$、$SO_2$、$H_2S$、$HF$ 等气体可用导管通入碱溶液中，以使其大部分被吸收后排出；$CO$ 可点燃使其生成 $CO_2$。

③ 还可以用活性氧化铝、分子筛、硅胶等固体吸收剂，将废气中的污染物吸附在固体表面而被分离。

(2) 废液的处理　废液的处理方式与其性质有关，不同的废液处理方法不同。

① 废酸（碱）液可先用废碱（酸）液中和，调 pH 值至 6~8 后就可以从下水道排放，如有沉淀则要过滤，少量滤渣可埋于地下。

② 含有少量氰化物的废液，可加入硫酸亚铁将氰化物转化为毒性较小的亚铁氰化物冲走，也可加入氢氧化钠溶液调节 pH 值至 10 以上，再加入 3% 的高锰酸钾使氰化物氧化分解。氰化物含量较高的废液使用较为普遍的碱性氯化法处理，先用碱将废液 pH 值调节至 10 以上，再加入次氯酸钠，充分搅拌，放置过夜，使 $CN^-$ 氧化成氰酸盐，并进一步分解为碳酸根和氮气后，再将溶液 pH 值调至 6~8 后排放。

$$CN^- + ClO^- \longrightarrow CNO^- + Cl^-$$

$$2CNO^- + 3ClO^- + 2OH^- = 2CO_3^{2-} + N_2(g) + 3Cl^- + H_2O$$

反应的 pH 值是关键因素，第一步必须在碱性条件下进行，在 pH<8.5 时即有放出氰化物的危险。pH>10 时，既满足第一步的要求，又满足金属离子形成氢氧化物的条件。

③ 含汞盐的废液，可先调节 pH 值至 8~10，加入过量硫化钠，使其生成硫化汞沉淀，再加入硫酸亚铁生成硫化亚铁沉淀，从而吸附硫化汞共沉淀下来，静置后清液可以排放，少量残渣集中分类存放，统一处理。大量残渣可以用焙烧法回收汞（一定要在通风橱中进行），或再制成汞盐。

若不小心将金属汞散落在实验室内，必须立即用吸管或毛笔将所有的汞滴拣起，收集于适当的瓶中，用水覆盖起来。散落过汞的地面应撒上硫黄粉，将散落区覆盖一段时间（此反应较慢，务必要放置一段时间，不能用硫黄覆盖后立即清除），使金属汞转化为不易挥发的硫化汞，再设法扫净。也可喷洒 20% 的三氯化铁溶液，让其自行干燥后再清扫干净。

④ 铬酸洗液如失效变绿，可浓缩冷却后加高锰酸钾粉末氧化使其再生，用砂芯漏斗

滤去二氧化锰后重复使用。失效的废洗液可用废铁屑或硫酸亚铁还原残留的六价铬，使其转变成毒性较低的三价铬，再用废碱液或石灰中和使其生成低毒的氢氧化铬沉淀而集中分类处理。

⑤ 含铅和镉的废液，用石灰将废液 pH 值调到 8～10，使废液中铅、镉生成氢氧化物沉淀，加入硫酸亚铁，作为共沉淀剂，调节 pH 值至 7～8，过滤沉淀，集中处理。

⑥ 含银废液，可加入盐酸调节 pH 值至 1～2，得到氯化银的白色沉淀，然后过滤回收白色固体。

⑦ 含其他重金属离子的废液，最有效和经济的办法是，加碱或加硫化钠将重金属离子变成难溶的氢氧化物或硫化物而沉淀下来，然后过滤分离，少量残渣集中分类存放，统一处理。

⑧ 混合废液的处理：实验室的混合废液可用铁粉法处理，此法操作简单，没有相互干扰，效果良好，处理方法是用酸调节废水 pH 值至 3～4，加入铁粉，搅拌 0.5 h，用碱再调节 pH 值至 9 左右，继续搅拌 10 min，再加入高分子絮凝剂，进行絮凝后沉淀，清液可排放，沉淀物以废渣处理。

（3）废渣的处理　在有条件的地区，废渣应该分类收集后，交给有资质的专门处理废弃化学品的专业公司，按照国家有关规定处理。不具备相关条件的地区，应该通过实验室的方法进行处理。有回收价值的废渣要收集起来统一处理，回收利用。少量无回收价值的有毒废渣也应安排深埋于远离水源的指定地点，无毒废渣可以直接丢弃或掩埋。

## 1.6　实验报告的基本格式与要求

普通化学实验报告可以按三种格式完成。

第一种是物理化学量的测量，通过实验获得实验数据，然后利用这些数据进行计算。将计算结果和理论值作对比，计算误差。对实验过程中的不足或误差产生的原因、以后实验的改进措施或设想等进行总结。其格式如下。

---

**实验名称　摩尔气体常数的测定**

姓名_____　　班级_____　　实验时间_____

室温_____　　同组人_____　　指导教师_____

一、实验目的

1. 学习测量摩尔气体常数的一种方法。
2. 掌握理想气体状态方程式和分压定律。

二、实验原理

根据 $pV=nRT$，即 $pV=(m/M)RT$，当 $p$、$V$、$T$、$m$、$M$ 已知时，即可求出 $R=(pV/T)\times(M/m)$；

由定量的 Mg 完全反应即可产生定量的 $H_2$，

$$Mg + H_2SO_4 \longrightarrow MgSO_4 + H_2(g)$$

［定量］［过量］　　　　　　［定量］

---

$H_2(g)$ 中混有 $H_2O(g)$，由分压定律 $p_{(H_2)}=p_{大气压}-p_{(H_2O)}$ 可求出，$m$ 可通过天平称量得知，$M$ 已知，$T$、$p$ 直接读数，$V$ 为收集的气体体积。

将以上各项数据代入理想气体状态方程 $pV=nRT$ 中，即可算出 $R$。

**三、仪器与试剂**（略）

**四、实验内容**（略）

**五、实验结果与数据处理**

镁条的质量 $m(Mg)=$ _____ g

反应前量气管中的液面读数 $V_1=$ _____ mL

反应后量气管中的液面读数 $V_2=$ _____ mL

氢气的体积 $V(H_2)=$ _____ mL

室温 $t=$ _____ ℃ 或者 $T=$ _____ K

大气压 $p_{大气压}=$ _____ Pa

室温时水的饱和蒸气压 $p_{(H_2O)}=$ _____ Pa

氢气的分压 $p_{(H_2)}=p_{大气压}-p_{(H_2O)}=$ _____ Pa

摩尔气体常数 $R=$ _____ $m^3 \cdot Pa \cdot K^{-1} \cdot mol^{-1}$ 或者 $J \cdot K^{-1} \cdot mol^{-1}$

相对误差 $RE=\dfrac{|R_{测}-R_{理}|}{R_{理}}\times 100\%=$ _____

实验结果与讨论（略）

**六、思考题**（略）

第二种是化学反应原理与化合物的性质，是有实验现象的试管反应的实验，其格式如下。

---

**实验名称　电解质溶液与酸碱平衡**

姓名_____　班级_____　实验时间_____

室温_____　同组人_____　指导教师_____

**一、实验目的**（略）

**二、实验原理**（略）

**三、仪器与试剂**（略）

**四、实验内容**

实验步骤与记录（以部分内容为例）。

| 实验内容 | 实验步骤 | 实验现象 | 结论与解释(包括方程式) |
| --- | --- | --- | --- |
| 同离子效应 | | | |
| 酸效应 | | | |

> 实验结果与讨论（略）
>
> **五、思考题（略）**

第三种是化合物的提纯与制备实验，其格式如下。

> **实验名称　五水硫酸铜的制备**
>
> 姓名_____　班级_____　实验时间_____
>
> 室温_____　同组人_____　指导教师_____
>
> **一、实验目的**
>
> 1. 学习以铜和工业硫酸为主要原料制备五水硫酸铜的原理和方法。
> 2. 掌握无机制备过程中灼烧、水浴加热、减压过滤、结晶等基本操作。
>
> **二、实验原理（略）**
>
> **三、仪器与试剂（略）**
>
> **四、实验内容（略）**
>
> **五、实验结果与数据处理**
>
> 1. 产品外观（略）
>
> 2. 产品质量（略）
>
> 3. 产率（略）
>
> 4. 实验结果与讨论（略）
>
> **六、思考题（略）**

## 1.7　实验数据的记录及处理

### 1.7.1　测量与误差

化学是一门实验科学，在实验中经常使用仪器对某些物理量进行测量。所谓测量，就是通过各种方法和器具，对"被测量"的物理量进行尽量合理的赋值。测量可分为直接测量和间接测量两类。直接测量是指可直接从仪器或量具上获知被测量物理量大小的测量。例如，用大气压计测量大气压、用温度计测量温度、用电位计测量电极电势等都属于直接测量。间接测量是指借助于直接测得的量与被测量物理量之间的函数关系，由直接测量结果通过公式计算出被测量物理量的数值，例如，测量摩尔气体常数是通过测量镁条质量、氢气体积、室温、大气压、室温时水的饱和蒸气压后，再把这些数值进行运算而得到。

但实践证明，任何精密仪器测量的结果都只能是相对准确，甚至同一个人，用同一种方法、同一台仪器，对同一试样进行多次测量，都可能得到不同的结果。也就是说，没有绝对的准确，而只能是相对准确，因此，误差是必然的，是客观存在的。

测量误差定义为测量值与被测量真值之差。记为

$$\Delta x = x - x_0$$

式中，$\Delta x$ 为测量误差；$x$ 为测量值；$x_0$ 为被测量的真值。

上式定义的误差是一个有单位的量,为了与下面的相对误差区别,上式定义的误差又常被称为绝对误差(absolute error)。测量值可能大于或小于被测量真值,因此绝对误差可能是正的,也可能是负的。

测量的相对误差(relative error)定义为绝对误差与真值的比值

$$RE = \frac{|\Delta x|}{x_0}$$

"相对误差"是一个无量纲量,常常用百分比来表示测量准确度的高低,因而相对误差有时也称为百分误差。

### 1.7.2 有效数字及其运算法则

在日常的实验中,为了得到准确的分析结果,不仅要认真仔细地选择实验方法并按实验要求和操作规程进行测量,还应当对过程进行正确的记录和计算。当记录和表达数据结果时,不仅要反映测量值的大小,而且还要反映测量值的准确程度。测量值都是包含误差的近似数据,在其记录、计算时应以测量可能达到的精度为依据来确定数据的位数和取位。在记录实验数据时应取几位有效数字,计算分析结果时应保留几位有效数字,这不仅是实验操作者的基本技能,而且还关系到测量结果的质量。为此,需要简单介绍有关有效数字的意义及运算规则。

(1) 有效数字的意义及位数　有效数字是指实验中实际能测量到的数字。一般而言,对一个数据取其可靠位数的全部数字加上第一位可疑数字,就称为这个数据的有效数字。例如,某物体在台秤上称量得 5.2 g,由于台秤可称量至 0.1 g,因此该物体的质量为 (5.2±0.1) g,它的有效数字是两位。如果该物体在电子分析天平上称量,得 5.5135 g,它的有效数字是五位。又如,用滴定管取液体,能估计到 0.01 mL,该数若为 15.43 mL,则表示该测量数据为 (15.43±0.01) mL,它的有效数字是四位。可见有效数字的最后一位是估计数,不是十分准确的。除有特殊说明外,一般认为它有±1 单位的误差,即为不定数字或可疑数字,其余数字都是准确十足。因此任何超过或低于仪器精密限度的有效数字都是不恰当的。例如,上述滴定管读数为 15.43 mL,不能当作 15.430 mL,也不能当作 15.4 mL,因为前者夸大了仪器的精确度,而后者却缩小了仪器的精确度。因此,实验测得的数据不仅表示测量结果的大小,还要反映测量的准确程度。表 1-4 中用几个例子说明了有效数字的位数。

表 1-4　举例说明有效数字的位数

| 数值 | 12.00 | 12.0 | 0.12 | 0.1020 | 0.0102 | 0.0012 |
|---|---|---|---|---|---|---|
| 有效数字的位数 | 4 位 | 3 位 | 2 位 | 4 位 | 3 位 | 2 位 |

从表 1-4 可以看出:①一个有效数字的位数,是从左边第一个非零的数字到可疑数字的个数。②零有双重的意义。零在数字的中间或末端,则表示一定的数值,应包括在有效数字的位数中;如果零在第一个非零的数字前面,只表示小数点的位置,不包括在有效数

字的位数中。

对于很小或很大的数字,采用指数表示法更为简便合理。用指数法表示时,"$10^n$"不包括在有效数字中。对数值的有效数字位数,仅由小数部分等位数决定,首位只起定位作用,不是有效数字。

(2) 有效数字的运算规则　在计算过程中,有效数字的取舍也很重要,必须按照一定的规则进行计算,常用的基本规则如下。

① 加减运算。规则:若干个有效数字加减时,先找出可疑位数最高的那个有效数字,计算结果的可疑位应与该有效数字的可疑位对齐。

例:$a=12.25$,$b=0.0015$,$c=1.0182$,求 $a+b+c=$?

解:$a+b+c=12.25+0.0015+1.0182=13.2697$

在 $a$、$b$、$c$ 三个有效数字中,$a$ 的可疑位最高,按照规则,计算结果的可疑位应与 $a$ 的可疑位对齐,因此最后结果为 $a+b+c=13.27$(四位有效数字)。即几个数据相加减时,保留有效数字是以小数点后位数最少的为准。计算结果采用"四舍六入五成双"原则进行修约。

② 乘除运算。规则:若干个有效数字相乘除时,先找出参与运算的有效数字位数最少的那个分量,在大多数情况下,计算结果的有效数字位数与该分量的有效数字位数相同。

例:$a=0.0121$,$b=25.64$,$c=1.05782$,求 $a\times b\times c=$?

解:$a\times b\times c=0.0121\times 25.64\times 1.05782=0.328182308$

在 $a$、$b$、$c$ 三个分量中,$a$ 分量的有效数字位数最少,按照规则,计算结果的有效数字位数应该与 $a$ 分量的有效数字位数相同,因此,最后结果为 $a\times b\times c=0.328$。即几个数据相乘除时,保留有效数字的位数是以位数最少的数为准。

③ 自然数的运算。规则:非测量所得的自然数视为具有无限多位有效数字。

例:水的分子量$=2\times 1.008+16.00=18.02$,水分子中氢原子的个数为自然数 2,视为具有无限多位有效数字。该计算公式中既有乘法运算,又有加减运算,分别参照各自的运算规则进行计算。

### 1.7.3　Origin 软件在普通化学实验数据处理中的应用

在普通化学实验中,通常有大量的实验数据需要处理,包括记录和整理数据,对数据进行分析和计算,然后通过数据表格和图形来展示实验结果,说明实验现象并作出总结和分析。当前流行的图形可视化和数据分析软件有 Matlab、Mathematica 和 Maple 等。这些软件功能强大,可满足科研、学习中的许多需要,但使用这些软件需要一定的计算机编程知识和矩阵知识,并熟悉其中大量的函数和命令。而 Origin 软件的使用相对简单,只需要像使用 Excel 和 Word 那样,点击鼠标、选择菜单命令就可以完成大部分工作,满足工作的要求。

Origin 软件主要功能有两个方面:一方面是图表绘制,另一方面是数据分析。Origin 图表绘制主要是基于模板的,软件提供了大量的 2D 和 3D 图形模板,用户可以使用这些模板绘图，也可以根据需要自己设置模板。Origin 数据分析包括排序、计算、统计、平滑、拟合和频谱分析等强大的分析工具。通过 Origin 软件能方便地导入其他应用程序生成或记录的实验数据，该导入方式简便快捷，并利用内置的绘图模板对数据进行可视化的作图，同时还能利用内置的插值和拟合函数等工具进行数学运算和数据分析处理。

使用 Origin 进行绘图通常分为四个步骤：数据输入、图形绘制、图形编辑及图形输出和利用。

(1) 数据输入　　当启动 Origin 时，默认打开的窗口为一个工作表窗口，该窗口以 $A(X)$ 代表自变量。数据可以在工作窗口中进行直接输入，也可以点击 File-Import，从外部的文件将数据导入工作表。当有多组数据需要直接输入时，点击 Column-Add New Column 来增加工作表中的列数。

(2) 图形绘制　　Origin 软件可以绘制出散点图、向量图、区域图等多种图形。在普通化学实验数据处理中经常会遇到折线图和点线图。开始绘图工作时，首先选定工作表窗口中需要作图的数据范围，点击 Plot，根据需要选择合适的绘图模板即可绘制图形。

(3) 图形编辑　　利用 Origin 软件绘制的图形，可能还存在一些不足，如横坐标无说明、坐标轴线条太细、坐标字号偏小、图形没有标题等，这就需要继续对图形的格式进行修饰和编辑。如需要对坐标轴进行编辑，可以在图形中双击坐标轴，选择 Scale，对选中的坐标轴可以进行坐标轴的起止和坐标轴增量的修改。如需对坐标轴的说明文本进行编辑，可以通过双击坐标说明的文本框，进行直接修改。

(4) 图形输出和利用　　Origin 绘制好的图形，可以通过 Edit-Copy Page，将绘制好的整个页面拷贝到 Windows 系统的剪贴板中，即可在 Word 中进行粘贴，将图形和图标以"图画"的形式输出，操作较为简单、方便。还可以点击 File-Save Project，保存 *.opj 或 *.opju 格式的文件。

# 第 2 章 实验基本操作

## 2.1 温度、湿度与压力参数的测量

### 2.1.1 温度的测量

热是能量交换的一种形式,是在一定时间内以热量形式进行的能量交换,热量的测量一般是通过温度的测量来实现的。温度表征了物体的冷热程度,是表述宏观物质系统状态的一个基本物理量。温度的高低反映了物质内部大量分子或原子平均动能的大小。

#### 2.1.1.1 温标

温度量值的表示方法叫温标。目前,物理化学中常用的温标有两种:热力学温标和摄氏温标。

热力学温标也称开尔文温标,是一种理想的绝对温标,单位为 K,用热力学温标确定的温度称为热力学温度,用 $T$ 表示。定义:在 610.62 Pa 时纯水的三相点的热力学温度为 273.15 K。

摄氏温标使用较早,应用方便,符号为 $t$,单位是℃。定义:101.325 kPa 下,水的冰点为 0 ℃。

$$T/K = 273.15 + t/℃$$

#### 2.1.1.2 常用温度计

根据使用目的的区别,已设计制造出多种温度计,包括玻璃管温度计、温差温度计、热电偶温度计、金属丝电阻温度计、热敏电阻温度计。普通化学实验中最常用的是玻璃管温度计。

玻璃管温度计是在玻璃管内封入水银或其他有机液体,利用热胀冷缩的原理来实现温度的测量,属于膨胀式温度计。由于测温介质的膨胀系数与沸点及凝固点的不同,所以我们常见的玻璃管温度计主要有煤油温度计、水银温度计、红钢笔水温度计。其优点是构造简单,价格便宜,使用方便,测量精度相对较高。缺点是测量上下限和精度受玻璃质量与

测温介质的性质限制,且不能远传、易碎,损坏后无法修复,而且生产过程和使用中会污染环境,现有被取代的趋势。

玻璃管温度计主要由感温泡、玻璃毛细管和刻度标尺三部分组成,如图 2-1 所示。当然不同用途的温度计其结构也不完全相同,如有的温度计在玻璃毛细管里装有安全泡与中间泡。感温泡位于温度计的下端,是玻璃液体温度计的感温部分,可容纳绝大部分的感温液,所以也称为贮液泡。感温泡直接由玻璃毛细管加工制成(称拉泡)或由焊接一段薄壁玻璃管制成(称接泡)。玻璃毛细管是连接在感温泡上的中空细玻璃管,感温液体随温度变化在内上下移动。标尺用来表明所测温度的高低,其上标有数字和温度单位符号。可将表示标尺的分度线直接刻在毛细管表面,即为棒式温度计,或单独刻在白瓷板上衬托在毛细管背面,称为外标式温度计。实验室所用的玻璃温度计基本上为棒式,因为这种温度计的温度标尺直接刻在毛细管上,标尺与毛细管之间在测温过程中不会发生位移,所以测温精度高。安全泡是指位于玻璃毛细管顶端的扩大泡,其容积大约为毛细管容积的三分之一。安全泡的作用有两个:

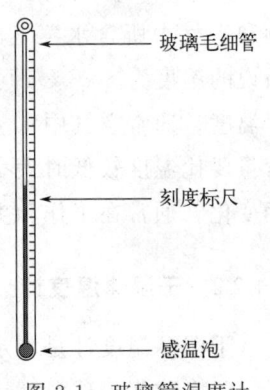

图 2-1　玻璃管温度计

① 当被测温度超过测量上限时,防止由于温度过高而使玻璃管破裂和液体膨胀冲破温度计;

② 便于接上中断的液柱。

## 2.1.2　湿度的测量

### 2.1.2.1　湿度的概念

湿度是表示大气干燥程度的物理量。在一定的温度下,在一定体积的空气里含有的水汽越少,则空气越干燥,水汽越多,则空气越潮湿。空气的干湿程度叫作"湿度"。在常规的环境参数中,湿度是最难准确测量的一个参数。这是因为测量湿度要比测量温度复杂得多,温度是个独立的被测量,而湿度却受其他因素(大气压强、温度)的影响。因此,常用绝对湿度、水汽压、相对湿度等物理量来表示。

① 绝对湿度　每立方米的湿空气中含有的水蒸气质量称为湿空气的绝对湿度,也就是空气中的水汽密度。但是,即使水蒸气量相同,由于温度和压力的变化气体体积也要发生变化,即绝对湿度发生变化。所以,绝对湿度不容易直接测量,实际使用较少。

② 水汽压　水汽压是大气压力中水汽的分压力。水汽压的大小与水分蒸发的快慢有密切关系,而蒸发的快慢在水分供应一定的条件下,主要受温度的控制。单位体积空气中的水汽含量有一定限度,如果水汽含量达到此限度,空气就呈饱和状态,在一定温度下空气中水汽达到饱和时的分压力,称为饱和水汽压(es)。饱和水汽压大小与温度有直接关系。温度愈高,空气容纳水汽的能力愈强,饱和水汽压愈大。超过这个限度,水汽就要开始凝结。在不同的温度条件下,饱和水汽压的数值是不同的。

③ 相对湿度　相对湿度是指气体中(通常为空气中)所含水蒸气量($e$)与同温度下

饱和空气中所含水蒸气的质量之比,用 RH 表示,即 RH＝$e/e_s$×100%。例如机房平常所说的湿度为 60%,即指相对湿度。相对湿度的大小,不但取决于水蒸气含量,还取决于温度。通常空气中水蒸气的最大含量随温度高低而异,空气温度较高时,水蒸气的最大含量要比温度较低时大。但是,温度和压力的变化导致饱和水蒸气压变化,RH 也将随之而变化。通常在工作和生活中我们使用的湿度即为相对湿度。

#### 2.1.2.2 干湿球温度计

干湿球温度计是测定气温、气湿的一种仪器,由两支规格完全相同的普通温度计组成。一支称为干球温度计,其感温泡暴露在空气中,用于测定气温;另一支称为湿球温度计,其感温泡用蒸馏水浸湿的纱布包住,纱布下端浸入蒸馏水中。由于包住湿球温度计的纱布中的水分不断向周围空气中蒸发并带走热量,使湿球温度下降,所以示数比干球温度计的示数小。湿球的纱布常常要换新的。当空气干燥时,湿球温度计的纱布蒸发快,吸热多,两个温度计的示数差就比较大。两个温度计的示数差越大,说明空气越干燥。当空气中水蒸气很多时,湿球温度计的纱布蒸发慢,吸热少,两温度计的示数差就小。两个温度计的示数差越小,说明空气越潮湿。干湿球测湿法是一种间接测量方法,其优点是结构简单、价格便宜。干湿球温度计的主要缺点有:测量准确度受周围风速的影响较大;测量范围只能在 0 ℃以上,一般在 10～40 ℃之间;为保证湿球表面湿润,需要配置盛水器,而且还要经常保持纱布的清洁,因此平时维护工作比较麻烦。

### 2.1.3 压力参数的测量

在工业生产和科研中,常用到几种不同的压力概念:大气压力、绝对压、表压和真空度。

(1) 大气压力　大气压力是指地球表面的空气柱重量所产生的平均压力,常用符号 $P_b$ 表示。它随地理纬度、海拔高度和气象情况而变,也随时间而变化。

(2) 绝对压　或称为真实压,是以绝对零压或真空为起点计算的压强,常以符号 $P_a$ 表示,它表明了测量点的真实压力。

(3) 表压　是指以当时当地大气压为起点计算的压强,即:表压＝绝对压－大气压。当所测量的系统的压强等于当时当地的大气压时,压强表的指针指零,即表压为零。

(4) 真空度　当被测量的系统的绝对压强小于当时当地的大气压时,当时当地的大气压与系统绝对压之差称为真空度。此时所用的测压仪表称为真空表。

绝对压、表压和真空度之间的关系如图 2-2 所示。

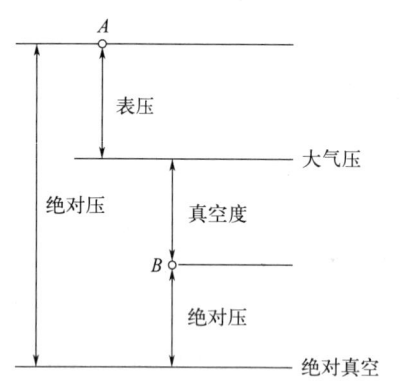

图 2-2　绝对压、表压和真空度之间的关系
A—测压点压强大于当时大气压;
B—测压点压强小于当时大气压

压力测量仪表按工作原理分为液柱式、弹性式、负荷式和电测式等类型。传统使用的是液压式压力测量仪表，通常称为液柱式压力计，它是以一定高度的液柱所产生的压力与被测压力相平衡的原理测量压力。大多是一根直的或弯成 U 形的玻璃管，其中充以工作液体。常用的工作液体为蒸馏水、水银和酒精。因玻璃管强度不高，并受读数限制，因此所测压力一般不超过兆帕。液柱式压力计灵敏度高，因此主要用作实验室中的低压基准仪表，以校验工作用压力测量仪表。由于工作液体的重度（单位体积液体的重力）在环境温度、重力加速度改变时会发生变化，对测量的结果常需要进行温度和重力加速度等方面的修正。

目前在化学实验室内较为广泛使用的是电测式压力测量仪表，它是利用金属或半导体的物理特性，直接将压力转换为电压、电流信号或频率信号输出，或是通过电阻应变片等，将弹性体的形变转换为电压、电流信号输出。代表性产品有压电式、压阻式、振频式、电容式和应变式等压力传感器所构成的电测式压力测量仪表，测量范围从数十帕至七百兆帕不等。

化学实验过程中进行大气压的测量时，通常使用数字式气压计。数字式气压计是利用压敏元件将待测气压直接变换为容易检测、传输的电流或电压信号，然后再经过后续电路处理并进行实时显示的一种设备。其中的核心元件就是气压传感器，它在监视压力大小、控制压力变化以及物理参量的测量等方面起着重要作用。用于气压计的气压传感器基本都是依靠不同高度时的气压变化来获取气压值的。数字式气压计有准确易读、易携带的优点。仪器应放置在空气流动尽可能小、不易受到干扰的地方。使用时，接通仪器的电源开关，预热 15 min，显示窗显示的数值便为大气压力，单位为千帕（kPa）。

## 2.2 实验常用仪器的用途及使用方法

普通化学实验常用仪器介绍如表 2-1 所示。

表 2-1 常用仪器

| 仪器 | 材质与用途 | 使用注意事项 |
| --- | --- | --- |
| 试管　离心试管 | 玻璃质，分硬质和软质。试管常用作少量试剂的反应容器，便于操作和观察，亦可以用来收集少量的气体。离心试管用于少量沉淀的辨认和分离 | 试管一般可直接在火焰上加热。硬质试管可以加热至高温，但不能骤然冷却。反应试液一般不超过试管容积的 1/2；加热时反应试液不能超过试管容积的 1/3，而且要不停地来回移动使试管受热均匀，试管口不能对着别人和自己，以防发生意外。离心试管不能直接加热，可采用水浴加热，反应溶液不超过容积的 1/2 |
| 试管架 | 有木质、铝质，大小不同，形状各异；用于盛放试管和离心试管 | 使用过后要及时洗涤，以免放置时间太长而难以洗涤 |

续表

| 仪器 | 材质与用途 | 使用注意事项 |
|---|---|---|
| 量筒 | 玻璃质,规格以刻度所能度量的最大容积(mL)表示。用于度量一定体积的溶液 | 不能加热,不能量取热的液体,不能用作反应器 |
| 吸量管、移液管 | 玻璃质,分单刻度大肚型和刻度管型两种,一般以容积表示规格。用以较精确移取一定体积的溶液 | 不能移取热的液体,使用时末端的溶液不允许吹出,注意保护下端尖嘴部位。移液管和吸量管不允许加热 |
| 烧杯 | 玻璃质或塑料质,一般以容积(mL)表示规格。玻璃质烧杯常用于大量物质的反应容器,用于配制溶液、溶解试样。可加热,也可代替水浴锅用。塑料质(聚四氟乙烯)烧杯常用作有强碱性溶剂或氢氟酸分解样品的反应容器 | 加热时底部要垫有石棉网,所盛反应溶液一般不超过烧杯容积的2/3。塑料质烧杯加热温度一般不超过200 ℃ |
| 平底烧瓶、圆底烧瓶 | 玻璃质,有普通型和标准磨口型,有圆底和平底之分。用作反应物较多,且需长时间加热时的反应容器 | 加热时应放于石棉网上,液体盛放量不超过烧瓶容积的2/3,加热前将烧瓶外壁擦干 |
| 容量瓶 | 玻璃质,规格以刻度以下的容积(mL)表示,用于配制准确浓度和体积的溶液。容量瓶上标有温度和容积 | 属于刻度容器,一般不能放入干燥箱中烘干。使用时不能加热。磨口的玻璃塞与磨口配套使用,不能与其他容量瓶的塞子互换 |
| 锥形瓶 | 玻璃质,规格以容积(mL)表示。用作反应容器、接收容器、滴定容器(振荡方便)和液体干燥器等 | 加热时应垫石棉网或用水浴,以防破裂 |

续表

| 仪器 | 材质与用途 | 使用注意事项 |
|---|---|---|
| 碘量瓶 | 玻璃质,有塞的锥形瓶,用于碘量法 | 瓶口及塞子边缘的磨砂部分注意勿磨损,以免产生漏隙。滴定时打开塞子,用蒸馏水将瓶口及塞子上的碘液冲入瓶中 |
| 滴瓶 | 玻璃质,带滴管,无色或棕色。用于盛放每次使用量只需数滴的液体试剂或溶液,便于取用 | 滴管为专用,不得弄脏,不得张冠李戴,以防污染试剂。滴管不能吸得太满或倒置,以防试剂腐蚀乳胶滴头。易见光分解的试剂要用棕色瓶装,碱性试剂要用带橡胶塞的滴瓶盛放 |
| 广口瓶 细口瓶 | 玻璃质,有无色和棕色、磨口和光口之分,规格以容积(mL)表示。细口瓶用于存放液体试剂,广口瓶用于贮存固体试剂 | 不能直接加热,磨口瓶不能放置碱性试剂,盛放碱性试剂要换成橡胶塞。磨口瓶不用时应用纸条垫在瓶塞与瓶颈间,以防打不开。磨口与塞配套使用,不能互换 |
| 称量瓶 | 玻璃质,分扁型和高型两种,规格以外径(mm)×高(mm)表示。用于准确称量一定量的固体试剂。扁平称量瓶主要用于测定样品中的水分 | 盖子为配套的磨口塞,不能与其他称量瓶的磨口塞交换使用。不用时在磨口处垫上纸条 |
| 漏斗 | 玻璃质、搪瓷质或塑料质,规格以口径大小表示。用于过滤沉淀或引导溶液入小口容器 | 不能用火直接加热,但可过滤热的溶液 |
| 滴液漏斗 分液漏斗 | 玻璃质,有球形、梨形、筒形和锥形等几种。一般以容积表示规格。用于互不相溶液体的分离,也可用于向某容器中加入液体,若需滴加,则需用滴液漏斗 | 不能加热,漏斗塞子不能互换,活塞处不能漏液,不用时应在塞子和旋塞处垫上纸片 |

续表

| 仪器 | 材质与用途 | 使用注意事项 |
| --- | --- | --- |
| 布氏漏斗　抽滤瓶 | 布氏漏斗为瓷质，规格以容积(mL)和口径大小表示。抽滤瓶为玻璃质，规格以容积(mL)大小表示。两者配套使用，用于沉淀的减压过滤 | 不能加热，滤纸应略小于漏斗的内径。抽滤结束时应先拔下抽滤瓶上的橡胶管，关上水泵或真空泵，再取下布氏漏斗 |
| 安全漏斗 | 玻璃质，一般是斗颈40 mm，全长约300 mm，分为直形、环形和球形。用于加液，也常用于装配气体发生器 | 不能用火直接加热，装配气体发生器时，长颈末端应始终保持浸入液面以下。配启普发生器时不一定要浸入液面以下 |
| 表面皿 | 玻璃质，规格以口径(mm)大小表示。盖在烧杯或蒸发皿上，以免液体溅出或灰尘落入 | 不能用火直接加热 |
| 蒸发皿 | 通常为瓷质，也有玻璃、石英制成的，一般以容积表示规格。用于蒸发和浓缩液体，随液体性质不同选用不同材质的蒸发皿 | 瓷质蒸发皿可耐高温，但高温时不能骤冷 |
| 坩埚 | 用瓷、石英、铁、镍、铂、玛瑙等制成，规格以容积(mL)表示。用以灼烧固体，根据灼烧温度及试样性质选用不同类型的坩埚 | 可直接用火加热至高温，灼热的坩埚应放在石棉网上，不能骤冷 |
| 坩埚钳 | 铁或铜质，有大小不同规格，夹持热的坩埚或蒸发皿用 | 防止与酸性溶液接触、生锈。放置时尖端向上，以保持坩埚钳的尖端干净 |
| 酸式滴定管　碱式滴定管 | 玻璃质，有酸式和碱式两种，规格以容积(mL)表示。用于滴定时准确地测量所消耗的试剂体积 | 不能加热及量取较热的液体，不可放入干燥箱烘干，使用前应排除其尖端气体，并检漏。酸、碱式不可互换使用，尖端装有乳胶管的滴定管用来盛放碱液，具有玻璃塞的滴定管用来盛放酸液。使用时用左手控制 |

续表

| 仪器 | 材质与用途 | 使用注意事项 |
|---|---|---|
| 胶头滴管 | 由玻璃尖管和橡胶帽组成,用于吸取或滴加少量溶液(数滴或1~2 mL) | 管尖不可接触其他物体,以免污染。滴加时保持滴管垂直,避免倾斜,尤其不能倒立。橡胶帽坏了要及时更换 |
| 温度计 | 玻璃质,常用的有水银温度计和酒精温度计。水银温度计可以测量相对较高的温度,酒精温度计可以测量相对较低的温度 | 若水银温度计不小心损坏,洒出的水银(有毒)务必按要求处理,使用时备好硫粉 |
| 点滴板 | 瓷质或透明玻璃质,有白色和黑色之分。按凹穴的多少表示规格,有六穴、九穴和十二穴等几种。用以生成少量沉淀或带色物质反应的实验,有白色沉淀时用黑色点滴板 | 不能加热,不能用于含氢氟酸和浓碱溶液的反应 |
| 药匙 | 牛角或塑料制成,用于取固体试剂 | 取少量固体时用小的一端,不能用于取灼热的试剂 |
| 试管夹 | 有木质、竹质、钢质等,用于加热试管时夹持试管 | 夹持试管应从试管底部慢慢朝上移动,试管夹不应触及试管口。防止烧毁 |
| 石棉网 | 由细铁丝编成,中间涂有石棉。加热玻璃反应容器时放在热源和容器之间,使容器受热均匀缓和 | 不能与水接触,以免锈坏 |
| 毛刷 | 以动物毛(或化学纤维)和铁丝制成,刷洗玻璃仪器用,常以大小和用途分类,如试管刷、滴定管刷、烧瓶刷等 | 根据所洗涤仪器的大小,选择适当粗细的毛刷。小心刷子顶端的铁丝撞破玻璃仪器,顶部无毛的刷子不能使用 |

续表

| 仪器 | 材质与用途 | 使用注意事项 |
|---|---|---|
| 干燥器 | 玻璃质,规格以内径(mm)表示,分普通干燥器和真空干燥器。分上下两层,下层放干燥剂,可保持样品或产物的干燥 | 灼热的样品待稍冷后放入,未完全冷却前,要每隔一定时间开一开盖子,以调节干燥器内气压 |
| 研钵 | 有铁质、瓷质、玻璃质、玛瑙质等,规格以钵口径表示,如10 cm、15 cm,研磨或混合固体物质时使用 | 不能用火直接加热,根据固体的性质和硬度选用不同的研钵,大块固体物质只能碾压,不能捣碎,避免固体飞溅 |
| 铁架台、铁圈和铁夹 | 用于固定反应容器,铁圈还可以代替漏斗架使用 | 应先将铁夹等升至合适高度并旋转螺丝,铁夹不可过紧或过松,以仪器不能转动为宜,使之牢固后再进行实验 |
| 蝴蝶夹 | 铁制品,夹口套橡胶管或塑料管,用于夹持酸、碱滴定管 | |
| 洗瓶 | 以容积(mL)大小表示,有玻璃和塑料材质。内装蒸馏水,用于洗涤沉淀或配制溶液 | 塑料制品严禁加热,注意洗瓶的密封 |
| 洗耳球 | 以橡胶为材质,主要用于吸量管定量抽取液体,个别实验中用于将残余溶液吹入容器中 | 保持清洁,禁止与酸、碱、油类、有机溶剂等物质接触 |
| 移液管架 | 木质、塑料或有机玻璃质,用于放置移液管和吸量管 | |

续表

| 仪器 | 材质与用途 | 使用注意事项 |
|---|---|---|
|  止水夹 | 钢质或铜质，夹住橡胶管，以阻断气体或液体的流通 | 长久夹持的橡胶管可能会老化，注意更换 |
| 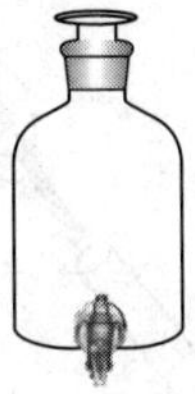 下口瓶 | 以容积（mL）大小表示，有玻璃和塑料材质。用来装常用的用量比较大的液体，例如蒸馏水、酒精、盐酸等 | |

## 2.3 化学试剂的取用

实验室中化学试剂一般只存储固体试剂和液体试剂，气体物质需要使用时临时制备。固体试剂要装在广口瓶内，液体试剂应装在细口瓶或滴瓶内，见光易分解的试剂应装在棕色瓶内，易发生风化、潮解的试剂应保存在干燥密闭的容器中，盛碱液的试剂瓶要用橡胶塞。每个试剂瓶上都要贴上标签，标明试剂的名称、浓度和纯度。取用和使用任何化学试剂，不可直接用手拿，也不能直接闻气味，更不可尝试味道。试剂瓶塞或瓶盖打开需倒放在桌子上，取用试剂后立刻盖好瓶塞或者瓶盖，否则试剂会受到污染或者变质不能使用。取用有毒、有恶臭味的试剂时，要在通风橱中操作，使用完毕后将瓶塞蜡封，或用封口膜将瓶口封严。

### 2.3.1 固体试剂的取用

（1）取用试剂前，应首先看清标签，包括试剂名称、纯度、所带结晶水数目等是否符合要求，没有标签的试剂绝对不能随便使用。

（2）取用颗粒或粉末状试剂时应用洁净、干燥的药匙（塑料、玻璃、牛角等材质）取用，用量多、瓶口大的可选用大号药匙，不得用手直接拿取。

（3）用量小或者容器口径小的可选用小号药匙，尽量把试剂送入容器底部（图2-3）。粉末状试剂容易散落或沾到容器口和容器壁上，可将试剂倒在折成槽型的纸条上，再将容器放平，纸槽沿器壁伸入底部，竖起容器轻抖纸槽（图2-4）。

（4）块状固体使用镊子夹取，送入容器时，应先倾斜容器，把固体轻放在容器的内壁，沿器壁慢慢滑入容器底部，否则容器底部易被击破（图2-5）。

（5）取用过试剂的镊子或者药匙务必擦拭干净，要专匙专用，不能一匙多用。

（6）固体试剂称量，需要注意不要多取，取多的试剂，不可倒回原瓶。已经与空气接触的试剂有可能受到污染，倒回去容易污染瓶里的试剂。

（7）固体试剂可以放在干净的纸或者平面器具上称量。具有腐蚀性、强氧化性或者易潮解的固体试剂不能放在纸上称量，应放在玻璃容器（如称量瓶）内称量。

（8）有毒的试剂称取需要做好防护措施，如戴口罩、手套等。

（9）实验中若无规定剂量时，所取试剂量以能刚刚盖满试管底部为宜。

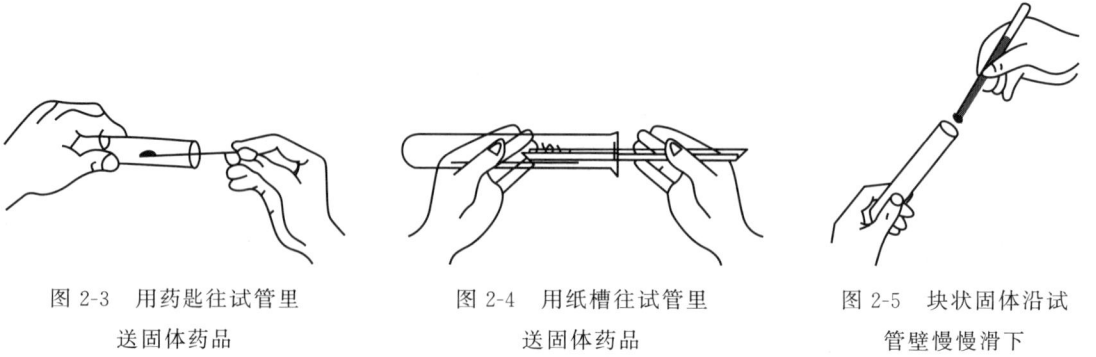

图 2-3　用药匙往试管里送固体药品　　图 2-4　用纸槽往试管里送固体药品　　图 2-5　块状固体沿试管壁慢慢滑下

### 2.3.2　液体试剂的取用

（1）从滴瓶中取用试剂。从滴瓶中取用试剂时，应先提起滴管离开液面，捏瘪橡胶帽赶出空气，再插入溶液中吸取试剂。装有试剂的滴管不得横着或滴管口向上斜置，以免液体滴入滴管橡胶帽中，腐蚀橡胶帽。滴加溶液时滴管要垂直，滴管口应在接收容器口（如试管口）上方半厘米左右，以免与器壁接触沾染其他试剂，使滴瓶内试剂受到污染（图 2-6）。如要从滴瓶中取出较多溶液时，可直接倾倒。先排除滴管内的液体，然后把滴管夹在食指和中指间倒出所需量的试剂。滴管不能倒持，以防试剂腐蚀橡胶帽使试剂变质。不能用自己的滴管取公用试剂，如试剂瓶不带滴管又需取少量试剂，则可把试剂按需要量倒入小试管中，再用自己的滴管取用。

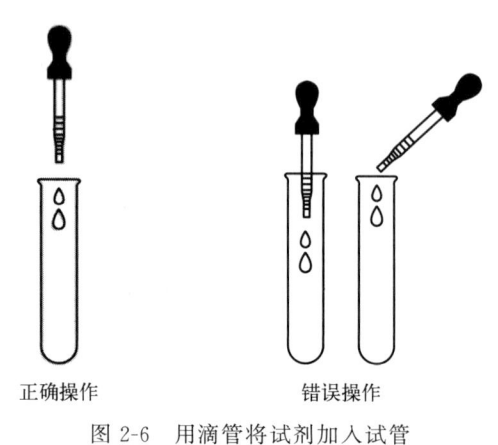

正确操作　　　　错误操作

图 2-6　用滴管将试剂加入试管

（2）从细口瓶中取用试剂。从细口瓶中取用试剂时，要用倾注法取用。先将瓶塞反放在桌面上，把细口瓶上贴有标签的一面握在手心，以免瓶口残留的少量液体顺瓶壁流下而腐蚀标签。另一只手将容器倾斜，使瓶口靠紧容器口，逐渐倾斜细口瓶，试剂沿着容器壁流入容器，也可沿着洁净的玻璃棒将液体试剂引流到容器内（图 2-7）。倒出需要量后，慢慢竖起细口瓶，使流出的试剂都流入容器中，一旦有试剂流到瓶外，要立即擦净。

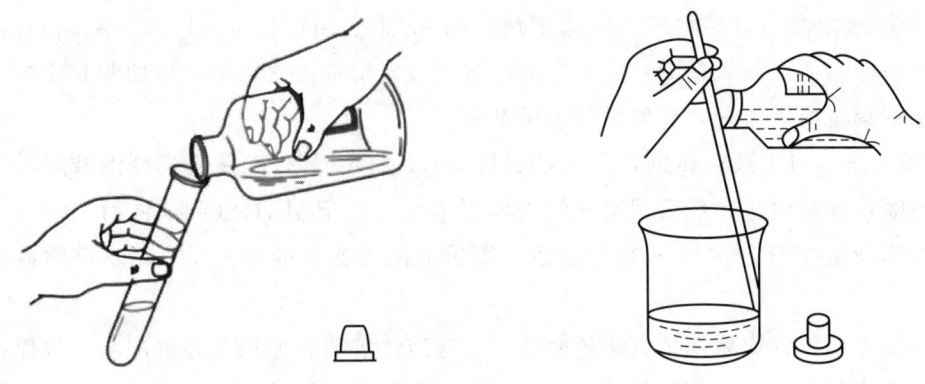

图 2-7 从细口瓶中取用液体

(3) 试剂的用量。若实验中有规定剂量，则根据准确度和量的要求，选用量筒、滴定管或移液管。在试管实验中经常要取"少量"溶液，这是一种估计体积，对常量实验是指 0.5~1.0 mL，对微型实验一般指 3~5 滴，需要根据实验的要求灵活掌握。要会估计 1 mL 溶液在试管中占的体积和由滴管加的滴数相当的毫升数。

(4) 加入反应器内所有液体的总量不得超过总容量的 2/3，如用试管，则不能超过总容量的 1/2。

(5) 取多的试剂不能倒回原瓶中，更不能随意丢弃，应倒入指定的容器。

## 2.4 溶液的配制和容量器皿的使用

### 2.4.1 溶液的配制

溶液的配制是普通化学实验里最基本的操作之一，涉及许多实验的基本操作，如固体的称量、液体的量取、溶解、移液、容量瓶的检漏、振荡等。普通化学实验中所使用的试剂种类较多，正确地配制和保存试剂溶液，是做好普通化学实验的关键。配制一定体积、一定浓度的溶液，首先要计算所需试剂的用量，包括固体试剂的质量或液体试剂的体积，然后再进行配制。根据对所配制溶液准确性的要求不同，实验室中的溶液可分为一般溶液和标准溶液。

#### 2.4.1.1 一般溶液的配制

通常把只知道其大概浓度的溶液称为一般溶液，如常规的酸溶液、碱溶液、盐溶液、缓冲溶液、指示剂、沉淀剂、配位剂、显色剂、洗涤剂等。一般溶液在配制时利用台秤、量筒、带刻度的烧杯等低准确度的仪器就能满足要求。一般溶液常用的配制方法有直接水溶法、介质水溶法、稀释法。

① 直接水溶法 对易溶于水而不发生水解的固体试剂，例如 NaOH、$KNO_3$、NaCl，配制其溶液时，可用台秤称取一定量的固体于烧杯中，加入少量去离子水，经搅拌、溶解

后稀释至所需体积，再转移入试剂瓶中。

② 介质水溶法　对易水解的固体试剂，如 $FeCl_3$、$SbCl_3$、$BiCl_3$ 等，配制其溶液时，称取一定量的固体，加入适量一定浓度的酸溶液或碱溶液使之溶解，以抑制其水解，再加去离子水稀释至所需体积，摇匀后转入试剂瓶。

③ 稀释法　对于液态试剂，如 HCl、$HNO_3$、HAc 等，配制其稀释溶液时，先用量筒量取所需量的浓溶液，然后用适量的去离子水稀释。配制 $H_2SO_4$ 溶液时，需要特别注意，应在不断搅拌下将浓 $H_2SO_4$ 沿容器壁缓慢地倒入盛水的容器中，切不可将操作顺序倒过来。

一些见光易分解或易发生氧化还原反应的溶液，需要在使用前新鲜配制，或保存期间采取措施防止其失效。如：配制 $Sn^{2+}$ 及 $Fe^{2+}$ 溶液时，不仅需要酸化溶液，还要分别放入一些锡粒和铁屑，使溶液保持稳定；$AgNO_3$、$KMnO_4$、KI 等溶液应贮存于干净的棕色瓶中；容易发生化学腐蚀的溶液则应贮存于合适的容器中，如 NaOH 溶液需要保存在聚乙烯瓶或配有橡胶塞的玻璃瓶中。

#### 2.4.1.2 标准溶液的配制

已知准确浓度的溶液称为标准溶液，在配制时必须使用分析天平、移液管、容量瓶等高准确度的仪器。标准溶液的配制方法有直接法、标定法。

① 直接法　用分析天平准确称取一定量的基准试剂置于烧杯中，加入适量的去离子水溶解后，转入容量瓶，再用去离子水稀释至刻度，摇匀。其准确浓度可由称量数据及稀释体积求得。

② 标定法　不符合基准试剂条件的物质，不能用直接法配制标准溶液，但可先配成近似于所需浓度的溶液，然后用基准试剂或已知准确浓度的标准溶液标定它的浓度。当需要通过稀释法配制标准溶液的稀溶液时，可用移液管准确移取其浓溶液至适当的容量瓶中配制。

能用于直接配制标准溶液或标定溶液浓度的物质，称为基准物质或基准试剂。它应具备以下条件：组成与化学式完全相符、纯度足够高、贮存稳定、参与反应时应按反应式定量进行。

#### 2.4.1.3 注意事项

① 配制好的溶液要保存在试剂瓶或滴瓶中，贴上标签，标明溶液名称、浓度、配制日期和配制人姓名。

② 配制溶液时要合理选择试剂等级，不许超规格使用试剂，以免造成浪费。

③ 配制标准溶液要选用符合实验要求的去离子水，如配制 NaOH、$Na_2S_2O_3$ 等标准溶液时要用新鲜煮沸并冷却的去离子水。

④ 标准溶液应密闭贮存在试剂瓶中，有些还需要避光。

⑤ 配制饱和溶液时，所用试剂量应稍多于计算量，加热使之完全溶解，冷却待结晶析出后再使用。

## 2.4.2 容量器皿的使用

实验室中的玻璃仪器有容器类、量器类和其他器皿。容器类包括可加热的烧杯、锥形瓶、试管、圆底烧瓶、试剂瓶、滴瓶等。根据它们能否受热又可区分为可加热的和不宜加热的器皿。量器类包括量筒、移液管、滴定管、容量瓶等。量器类一律不能受热。下面主要介绍常用的容量器皿。

### 2.4.2.1 量筒、量杯

量筒和量杯是实验室最常用的度量液体体积的仪器，其精密度较低，它有各种不同的容量，对应着不同的最小刻度值。为了提高量取的准确度，使用时应根据量取液体的体积范围选择不同容量的量筒或量杯，例如量取 80 mL 液体时应选择 100 mL 量筒（没有时可选用 250 mL），此时误差大约为 ±1 mL，量取 8 mL 液体则应选择 10 mL 的量筒，此时误差可减小至 ±0.1 mL。使用量筒时，为保证量取液体浓度不变，需要用待量液少量多次润洗。量取操作时，将要量取的液体倒入量筒，用拇指与食指拿住量筒的上部，让量筒沿重心垂直，量筒刻度正对自己，视线与量筒内液体凹面的最低点保持水平，读出量筒上的刻度，即为所量取液体的体积（图 2-8）。视线偏高或偏低都会造成误差。量筒需在室温下使用，不宜量取热液体，更不能用作反应容器。

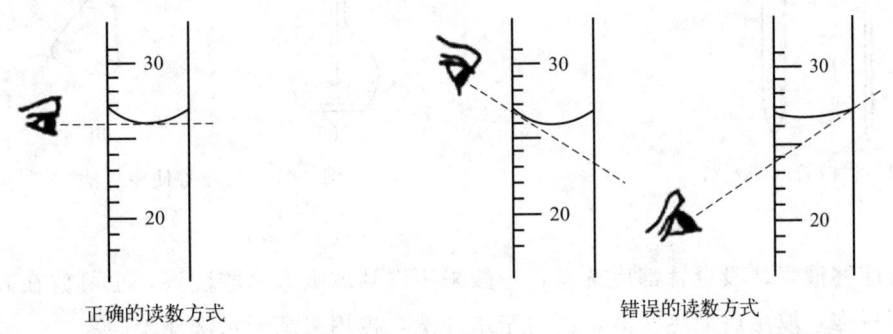

图 2-8 量筒刻度的读数方式

### 2.4.2.2 移液管、吸量管

移液管和吸量管（图 2-9）都是准确移取一定体积溶液的量器。在标明的温度下，先使溶液的凹液面下缘与标线相切，再让溶液按一定方法自由流出，则流出的体积与管上所标明的体积相同。移液管又称无分度吸管，是一根细长而中间膨大的玻璃管，在管的上端有一环形标线，膨大部分标有它的容积和标定时的温度。常用的移液管有 5 mL、10 mL、25 mL、50 mL 等规格。吸量管是有分刻度的吸管，用于吸取所需的不同体积的溶液，常用的吸量管有 1 mL、2 mL、5 mL、10 mL 等规格。吸量管只用于吸取小体积溶液，其准确度不如移液管。移液管和吸量管的使用方法如下：

① 润洗。已洗净的移液管、吸量管移取溶液前，必须用吸水纸将尖端内外的水除去，然后用待吸溶液润洗三次。方法是：以左手持洗耳球，将食指与拇指放在洗耳球的上方，右手手指拿住移液管或吸量管管颈标线以上的地方，将洗耳球紧接在移液管口上［图 2-10(a)］，然后，排出洗耳球中空气，将移液管插入溶液中，左手拇指或食指慢慢放松，溶液缓缓吸入移液管球部或吸量管约 1/4 处，尽量避免溶液回流。移去洗耳球，再用右手食指按住管口，把管横过来，左手扶住管的下端，慢慢开启右手食指，一边转动移液管，一边使管口降低，让溶液布满全管，然后从管尖口放出润洗液，弃去，重复三次。润洗这一步很重要，它使得管内壁残留溶液浓度与待吸溶液浓度完全相同，以及避免残留水的稀释作用。

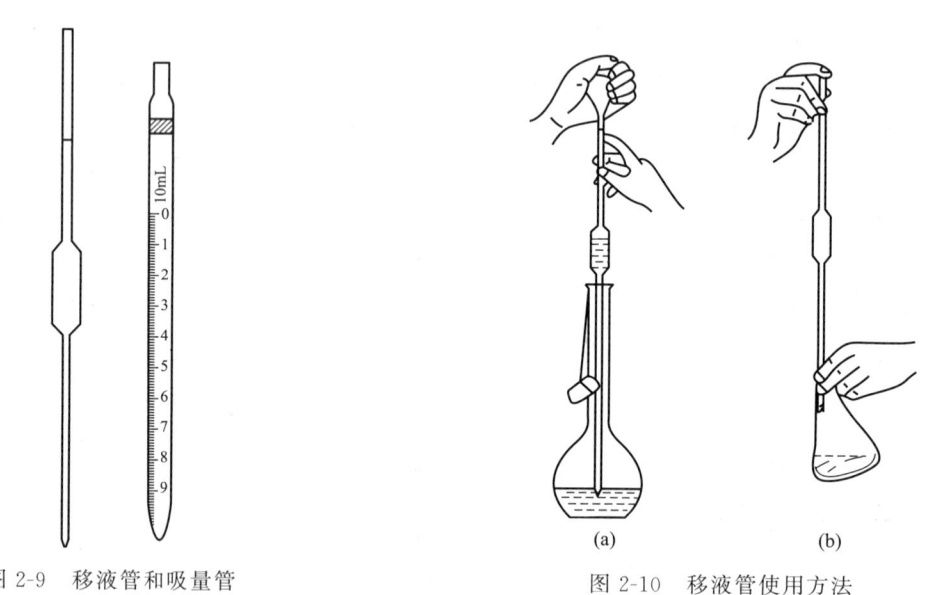

图 2-9 移液管和吸量管　　　　图 2-10 移液管使用方法

润洗前移液管、吸量管都应洗净，一般采用洗耳球吸取铬酸洗液，也可放在高的量筒内用洗液浸泡，取出后沥尽洗液，用自来水冲洗，再用去离子水洗涤干净。

② 移取溶液。移取溶液时，将移液管直接插入待吸液面下 1～2 cm 深处，不要伸入太浅，以免液面下降后造成吸空；也不要伸入太深，以免移液管外壁沾有过多的溶液，影响量取溶液体积的准确性。左手拿洗耳球，先把球内空气压出，然后把球的尖端插在移液管口，慢慢松开左手指使溶液吸入管内。眼睛注视正在上升的液面位置，移液管应随容器中液面下降而降低，当液面升高到刻度以上时移去洗耳球，立即用右手的食指按住管口，将移液管提离液面，然后使管尖端靠着盛溶液器皿的内壁，旋转两圈，以除去管外壁上的溶液。略微放松食指并用拇指和中指轻轻转动移液管，让溶液慢慢流出，使液面平稳下降，直到溶液的凹液面与标线相切时，即可用食指压紧管口，取出移液管。左手改拿接收容器，并将接收容器倾斜，使内壁紧贴移液管尖成 45°。松开右手食指，使溶液自然地沿器壁流下［图 2-10(b)］。待液面下降到管尖后，再等待 10～15 s 后取出移液管。切勿把残留在管尖内的溶液吹出，因为在校正移液管时，没有把这部分溶液计算进去。

用吸量管吸取溶液时,吸取溶液和调节液面至最上端标线的操作与移液管相同。放溶液时,用食指控制管口,使液面慢慢下降至与所需的刻度相切时,用食指按住管口,移去接收容器。有一种吸量管,管口上刻有"吹"字,使用时必须使吸量管内的溶液全部流出,末端的溶液也应吹出,不允许保留。

吸量管和移液管用完后应放在移液管架上。如短时间内不再吸取同一种溶液即用自来水冲洗,再用去离子水清洗,然后放在移液管架上。

### 2.4.2.3 滴定管

滴定管是精确度量液体体积的量器,分酸式和碱式两种。如图2-11(a)所示,酸式滴定管下端具有玻璃活塞,开启活塞,酸液即自管内滴出。酸式滴定管使用较多,通常用来装酸性溶液或氧化性溶液。如图2-11(b)所示,碱式滴定管下端用橡胶管连接一个带尖嘴的小玻璃管。橡胶管内装有一个玻璃圆球,代替玻璃活塞,以控制溶液的流出。其准确度不如酸式滴定管,这是因为橡胶管的弹性会造成液面的变动。碱式滴定管主要用来装碱性溶液,具有氧化性的溶液或其他易与橡胶起作用的溶液,如高锰酸钾、碘、硝酸银等不能使用碱式滴定管。滴定管的使用如下。

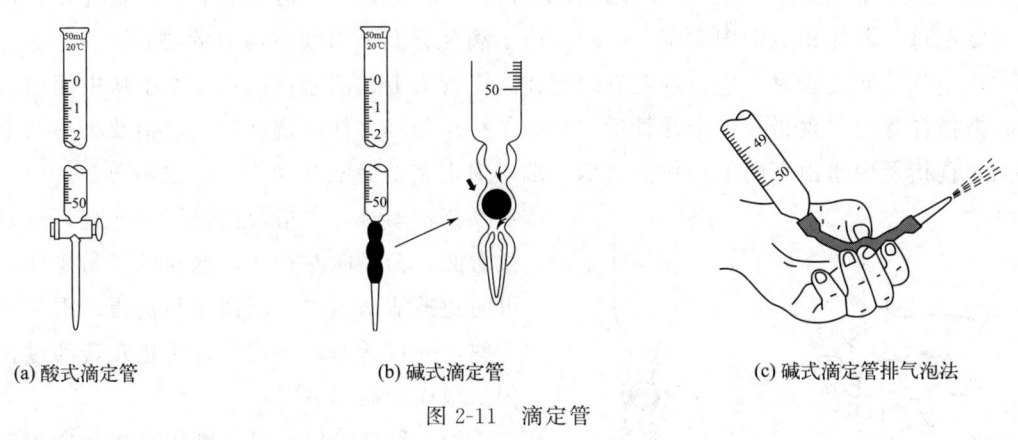

(a) 酸式滴定管　　　　(b) 碱式滴定管　　　　(c) 碱式滴定管排气泡法

图2-11　滴定管

① 检漏。使用滴定管前要先检查它是否漏水。

若酸式滴定管漏水或活塞转动不灵,先将活塞取下,洗净并用滤纸将水吸干,然后在活塞的两端沿圆周均匀地涂一层薄的凡士林,不能涂得太多,也不能涂在活塞中段,以免堵塞活塞小孔。再将活塞塞好,旋转活塞,使凡士林均匀地涂在磨口上。关闭活塞,装入蒸馏水至一定刻度线,直立滴定管2 min。仔细观察刻度线处的液面是否下降,滴定管下端有无水滴漏下,活塞缝隙中有无水渗出。然后将活塞旋转180°后等待2 min再观察,如有漏水现象应重新擦干涂凡士林。

碱式滴定管在使用前,先检查橡胶管是否老化,玻璃圆球大小是否合适,如不合要求,就应更换处理,然后再检查是否漏液。对于碱式滴定管,装满水后,只需直立观察2 min即可。

② 润洗。根据滴定管的污染情况,采用相应的洗涤方法将其洗净。将滴定管洗净后,

在往滴定管内装溶液之前,要用该溶液润洗滴定管 2~3 次,以除去滴定管内残留的水,确保溶液装入滴定管后浓度不发生变化。润洗时每次加入的滴定液约为 10 mL,润洗液由滴定管下端放出。

③ 装液。滴定液应直接由试剂瓶倒入滴定管,而不得借用任何别的转移工具,如烧杯、漏斗等,以免造成浓度改变或污染。滴定液加满后,要先检查滴定管尖嘴内有无气泡,若有,应予以排除,否则将影响滴定体积的准确测量。排除气泡的方法是将酸式滴定管活塞打开,利用激流将气泡排出。碱式滴定管排出气泡的方法是,将橡胶管稍向上弯曲,挤压玻璃球,使溶液从玻璃球和橡胶管之间的缝隙流出,气泡即被逐出[图 2-11(c)]。注意滴定管尖嘴处不要附着或悬挂液体。

④ 读数。滴定管要垂直放置,固定在滴定管夹上,待溶液稳定 1~2 min 后,使附着在内壁上的溶液流下,视线与液面保持水平,读取与凹液面最低处相切的刻度。对于无色或浅色溶液,如凹液面刻度不清楚,可在滴定管后面衬一张黑色"读数卡",便于观察。对于深色溶液如 $KMnO_4$、碘水等,凹液面不易看清,则读液面的最高点。常用滴定管的容量是 50 mL,它的刻度分为 50 大格,每一大格又分为 10 小格,所以每一大格为 1 mL,每一小格为 0.1 mL,读数应读到小数点后两位。

⑤ 滴定。滴定时,最好每次都从刻度 0.00 mL 或接近 0 刻度稍下的位置开始,这样可固定在每一段体积范围内滴定,以减少由于滴定管上下粗细不均匀带来的误差。

使用酸式滴定管时,应将滴定管固定在滴定管夹上,活塞柄向右,左手从中间向右伸出,拇指在管前,食指及中指在管后,三指平行地轻轻拿住活塞柄,无名指及小指向手心弯曲,食指及中指由下向上顶住活塞柄一端,拇指在上面配合动作,手法如图 2-12(a) 所示。在转动时,中指及食指不要伸直,应该微微弯曲,轻轻向左扣住,这样既容易操作,又可防止把活塞顶出。用拇指与食指、中指转动活塞,并将活塞轻轻按住,防止在转动过程中因活塞松动而漏液。

使用碱式滴定管时,则用食指和拇指挤压橡胶管内玻璃珠,使橡胶管和玻璃珠之间形成一条缝隙,溶液即可流出,如图 2-12(b) 所示。要能掌握手指用力的轻重来控制缝隙的大小,从而控制溶液的流出速度。

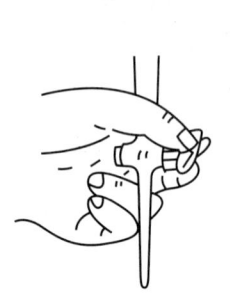
(a) 酸式滴定管的操作

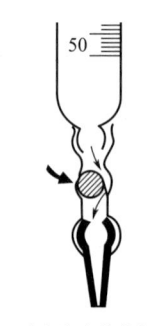
(b) 碱式滴定管的操作

图 2-12 滴定操作

滴定时,另一只手持锥形瓶使滴定管尖深入瓶内 1~2 cm,边滴定边振荡锥形瓶,应向同一方向做圆周运动,不可前后振荡,以免溅出溶液。滴定和振荡要同时进行,开始滴定时,液滴流出的速度可以快一些,但必须成滴而不是一股液流。接近滴定终点时,颜色消失较慢,应一滴或半滴地加入,每加一滴都要摇匀,观察颜色变化情况,再决定是否继续滴加。滴加半滴溶液时,可慢慢控制旋塞使悬挂管尖而不滴落,用锥形瓶内壁将液滴沾下来,再用洗瓶以少量去离子水将之冲入锥形瓶内,使附着的溶液全部流下,然后振荡锥形瓶。如此继续滴定到终点。滴定完毕后,管内剩余滴定液应倒入废液桶或回收瓶,而不能倒回原试剂瓶,然后用水洗净滴定管。如滴定完后不再使用,则将酸式滴定管的旋塞拔出，洗去润滑脂，并在旋塞与塞槽之间夹一片纸，系上橡皮筋，然后保存备用。

### 2.4.2.4 容量瓶

容量瓶是一种细颈梨形的平底玻璃瓶，由无色或棕色玻璃制成，带有磨口玻璃塞或塑料塞，可用橡皮筋将塞子系在容量瓶的颈上，保证二者配套使用。颈上有一环形标度刻线，表示在 20 ℃时液体充满刻度线的体积，有 10 mL、25 mL、50 mL、100 mL、250 mL、500 mL 和 1000 mL 等各种规格。容量瓶可用于配制标准溶液和试样溶液，也可以用来准确稀释溶液。容量瓶的使用方法如下。

① 检漏。容量瓶使用前必须检查瓶塞是否漏水。加自来水至标度刻线附近，盖好瓶塞后，右手拿住瓶颈标线以上部分即瓶颈上端，用食指按住塞子，左手指尖托住瓶底边缘，如图 2-13 所示。将容量瓶倒立 2 min，观察瓶塞周围是否漏水，如不漏水，将瓶直立，转动瓶塞 180°后，再倒立 2 min，如仍不漏水方可使用。其次，检查标度刻线位置距离瓶口是否太近，太近则不便混匀溶液。检漏后再将容量瓶洗净，通常用铬酸洗液浸泡内壁，然后依次用自来水和去离子水洗净，使内壁不挂水珠。

② 配制溶液。用固体溶质配制标准溶液或分析试液时，最常用的方法是将准确称量的待溶固体置于小烧杯中，加水或其他溶剂将固体溶解，然后将溶液定量转入容量瓶中。转移溶液时，右手拿玻璃棒，左手拿烧杯，使烧杯嘴紧靠玻璃棒，而玻璃棒则悬空伸入容量瓶口中，棒的下端靠在瓶颈内壁上，使溶液沿玻璃棒和内壁流入容量瓶中（图 2-14）。烧杯中溶液流完后，将玻璃棒和烧杯稍微向上提起，并使烧杯直立，再将玻璃棒放回烧杯中。然后，用洗瓶吹洗玻璃棒和烧杯内壁，再将溶液定量转入容量瓶中。如此操作五次以上，以保证溶液定量转移。当水加至容积的 2/3 时，将容量瓶沿水平方向轻轻摇荡使溶液初步混合，注意不要让溶液接触瓶塞及瓶颈磨口部分。继续加水至接近标线时，稍停，待瓶颈上附着的液体流下后，可以用滴管逐滴加水至凹液面下沿与环形标线相切。盖紧瓶塞，用一只手的食指压住瓶塞，另一只手托住瓶底，倒转容量瓶，使瓶内气泡上升到顶部，摇动数次，再倒转过来，如此重复多次，使溶液充分混合均匀。

图 2-13　检漏操作

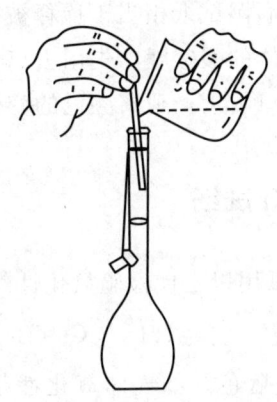

图 2-14　溶液定量转移操作

③ 稀释溶液。如果用容量瓶稀释溶液，则用移液管或滴定管移取一定体积的溶液于容量瓶中，加水至标度刻线。按前述方法混匀溶液。

容量瓶内不能长期存放溶液，如果溶液要存放很长时间，可以转到试剂瓶中密闭保存，试剂瓶使用前应先用配好的溶液润洗 2~3 次。容量瓶不能加热，见光易分解的溶液要用棕色容量瓶。如长期不用，磨口处应洗净擦干，并用纸片将磨口隔开。容量瓶使用完毕应立即用水冲洗干净，如需使用干燥的容量瓶时，可用乙醇等有机溶剂荡洗后晾干或用电吹风的冷风吹干。容量瓶不得在烘箱中烘烤，也不能在电炉等加热器上直接加热。

## 2.5 常用试纸及使用方法

在实验室中经常使用试纸来定性检验一些溶液的性质或某些物质是否存在，操作简单，使用方便。试纸的种类很多，实验室常用的有 pH 试纸、淀粉-KI 试纸、石蕊试纸、醋酸铅试纸等。使用试纸时应将试纸剪成小片，且储于密闭的容器内，每次用一片。取出试纸后应立即将装试纸的容器盖严，以免被实验室内的一些气体污染。用后的试纸要放在废液缸内，不要丢在水槽内，以免堵塞下水道。

### 2.5.1 pH 试纸

pH 试纸用以检验溶液的 pH 值。一般有两类：一类是广泛 pH 试纸，变色范围在 1~14，用来粗略检验溶液的 pH 值；另一类是精密 pH 试纸，这种试纸在 pH 值变化较小时就有颜色的变化，它可用来较精细地检验溶液的 pH 值。根据其颜色变化范围可分为多种，如变色范围 pH 值为 2.7~4.7、3.8~5.4、5.4~7.0、6.9~8.4、8.2~10.0、9.5~13.0 等。可根据待测溶液的酸碱性，选用某一变色范围的试纸。

(1) 检验溶液的酸碱度　将 pH 试纸剪成小块，取一小块试纸在洁净干燥的表面皿或玻璃片上，再用洁净干燥的玻璃棒蘸取待测液点滴于试纸的中部，观察变化稳定后的颜色，与标准比色卡对比，判断溶液的 pH 值。测定溶液的 pH 值时，试纸不可事先用去离子水润湿，因为润湿试纸相当于稀释被检验的溶液，会导致测量不准确。

(2) 检验气体的酸碱度　先用去离子水把试纸润湿，粘在玻璃棒的一端，再送到盛有待测气体的容器口附近，观察颜色的变化，判断气体的性质（注意试纸不能触及器壁）。

### 2.5.2 淀粉-KI 试纸

淀粉-KI 试纸用以定性检验氧化性气体（如 $Cl_2$、$Br_2$ 等）。其原理是：

$$2I^- + Cl_2(Br_2) \longrightarrow I_2 + 2Cl^-(2Br^-)$$

$I_2$ 和淀粉作用呈蓝色。如气体氧化性很强，且浓度较大，还可进一步将 $I_2$ 氧化成 $IO_3^-$（无色），使蓝色褪去：

$$5Cl_2 + 6H_2O + I_2 \longrightarrow 2HIO_3 + 10HCl$$

制备方法：将 3 g 淀粉与 25 mL 水搅匀，倒入 225 mL 沸水中，待溶液冷却至 30~40 ℃时，加 1 g KI 及 1 g $Na_2CO_3 \cdot 10H_2O$，用水稀释至 500 mL，将滤纸浸入，取出晾干，裁成纸条即可。

使用时先用去离子水将纸条润湿，将其置于试管口的上方，氧化性气体溶于试纸上的水后，将 $I^-$ 氧化为 $I_2$，$I_2$ 立即与试纸上的淀粉作用，使试纸变为蓝紫色。

### 2.5.3　石蕊试纸

石蕊试纸是常用的试纸，是检验溶液酸碱性最古老的其中一种方式，有红色石蕊试纸和蓝色石蕊试纸两种。碱性溶液使红色试纸变蓝，酸性溶液使蓝色试纸变红。

红色石蕊试纸的制备：用热的乙醇溶液浸泡石蕊，倾去浸出液，按 1 份存留石蕊加 6 份水的比例煮沸，并不断搅拌，静置后滤去不溶物的紫色石蕊溶液，若溶液颜色不够深，则需加热浓缩，然后向此石蕊溶液中滴加 0.05 $mol \cdot L^{-1}$ 的 $H_2SO_4$ 溶液至刚呈红色，然后将滤纸浸入，充分浸透后取出，在避光且没有酸、碱蒸气的环境中晾干，剪成纸条即可。

蓝色石蕊试纸的制备：用上述相同的方法制得紫色石蕊溶液，向其中滴加 0.1 $mol \cdot L^{-1}$ 的 NaOH 溶液至变蓝，然后将滤纸浸入，充分浸透后取出，用与上述相同的方法晾干即成。

红色石蕊试纸在被 pH≥8.0 的溶液润湿时变蓝，用去离子水浸湿后遇碱性蒸气（如氨气）变蓝，常用于检验碱性溶液或蒸气等。蓝色石蕊试纸用去离子水浸湿后，遇酸性蒸气或溶于水呈酸性的气体时变红，常用于检验酸性溶液或蒸气等。

### 2.5.4　醋酸铅试纸

醋酸铅试纸用以定性地检验反应中是否有 $H_2S$ 气体产生，或溶液中是否存在 $S^{2-}$。其原理是：

$$Pb(Ac)_2 + H_2S \longrightarrow PbS(黑色) + 2HAc$$

将试纸用去离子水润湿，并将待测溶液酸化，如有 $S^{2-}$，则生成 $H_2S$ 气体逸出，遇到试纸，即溶于试纸上的水中，然后与试纸上的 $Pb(Ac)_2$ 反应，生成黑色 PbS 沉淀使试纸变为黑褐色并有金属光泽。当溶液中 $S^{2-}$ 浓度较小时，用此试纸不易检出。

## 2.6　加热与冷却操作

加热是实验室常用的实验手段，实验室中常用的加热装置有酒精灯、酒精喷灯、煤气灯、烘箱、管式炉、马弗炉及微波加热器等。常用的加热方法有直接加热和间接加热，其中，间接加热又称热浴加热，常用的有水浴、油浴和沙浴等。间接加热的特点是受热均匀，可恒温操作。

## 2.6.1 加热装置

### 2.6.1.1 酒精灯

酒精灯是实验室最普遍的加热设备之一，其温度可达 400~500 ℃。酒精灯为玻璃制品，有一个带有磨口的玻璃帽或塑料帽（图 2-15）。

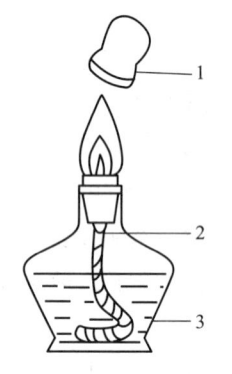

图 2-15 酒精灯的构造
1—灯罩；2—灯芯；3—灯壶

使用时应注意以下几点：

① 灯内酒精不能装得太满，一般不超过其总容量的 2/3。添加酒精必须熄灭火焰后从小漏斗加入，灯外若沾有酒精应擦净。

② 点燃酒精灯前，应先将灯芯瓷管提起，用手掮去灯内聚集的酒精蒸气。放下灯芯瓷管，拨正灯芯，擦燃火柴，从侧面移向灯芯点燃。决不允许用一个燃着的酒精灯去点燃另一个酒精灯。

③ 点燃时间不宜过长，灯内还剩 1/4 左右的酒精时，就不能再点了，否则灯内酒精易变成蒸气，发生爆炸。

④ 熄灭灯焰时，决不能用嘴吹，用灯帽盖上即可。但应将灯帽晃动几下，赶掉罩内酒精蒸气，以免盖上时引炸。如点灯时间较长，灯口很热，熄后应将灯帽重新打开一次再扣上，这样可以使灯帽内外压力平衡，方便下次打开。

⑤ 酒精灯使用时要小心，不要碰倒。若溢出的酒精在桌面上燃烧起来，应立刻用湿布扑盖或撒沙土扑灭。

### 2.6.1.2 酒精喷灯

酒精喷灯是金属制品，有挂式（图 2-16）和座式（图 2-17）两种。挂式酒精喷灯是由一个金属制的喷灯和酒精储罐两部分组成。使用前，先关闭储罐下面的开关，打开上盖，从上口向储罐内加入酒精，然后拧紧上盖。加完酒精后把储罐挂在高处。使用时，先在灯管下部的预热盆上放满酒精，点燃，待盆内酒精快烧干，将灯管烧至灼热时，打开开关，储罐中的酒精进入喷灯中，接触灼热灯管后立即汽化，并与从气孔进入的空气混合，用火柴即可在管口点燃。燃烧过程中灯管本身始终被加热，使流入灯管中的酒精继续汽化而维持燃烧。旋转空气调节器可以控制火焰的大小，最高温度可达 900 ℃ 左右。用毕，旋紧关闭空气调节器，同时关闭储罐下面的开关，火焰即自行熄灭，此时若有小火未熄，可采用盖灭的方式。点燃前灯管需充分预热，否则酒精在灯管内不能完全汽化，将有液态酒精由管口喷出，形成"火雨"，甚至会引起火灾。

座式酒精喷灯的酒精储罐在预热盆下面，当盆内酒精燃烧近干时，储罐中的酒精也因受热汽化，与气孔（空气调节器处）进来的空气混合后在管口点燃。加热完毕后，用石棉板将管口盖上即可。坐式酒精喷灯连续使用不能超过 30 min，如果要超过 30 min，必须暂先熄灭喷灯。冷却，添加酒精（不能超过壶体积的 2/3）后再继续使用。

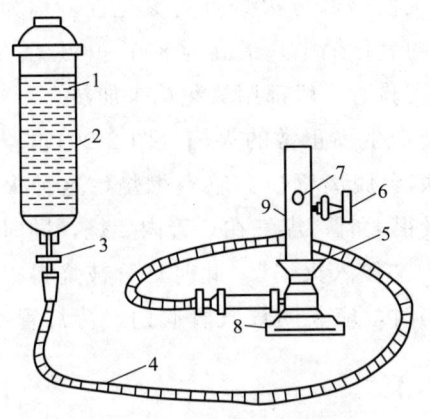

图 2-16 挂式酒精喷灯

1—酒精；2—储罐；3—储罐开关；4—橡胶管；5—预热盆；
6—空气调节器；7—气孔；8—灯座；9—灯管

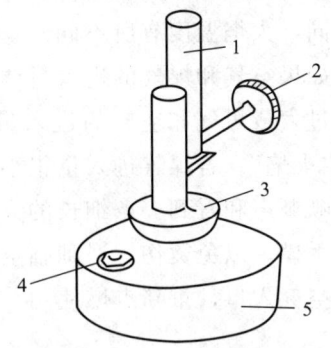

图 2-17 座式酒精喷灯

1—灯管；2—空气调节器；3—预热盆；
4—铜帽；5—酒精储罐

### 2.6.1.3 煤气灯

煤气灯的样式很多，但构造原理基本相同。最常用的煤气灯的构造如图 2-18 所示。它由灯座和金属灯管两部分组成。金属灯管与灯座是用螺纹相连的，灯管的下端有几个圆孔，以调节空气的进入量。灯座的侧面有煤气入口，用橡胶管把它和煤气龙头连接起来，使煤气进入灯内。灯座侧面有一螺旋针阀，用来调节煤气的进入量。当然，煤气量大小也可以用煤气龙头来调节。

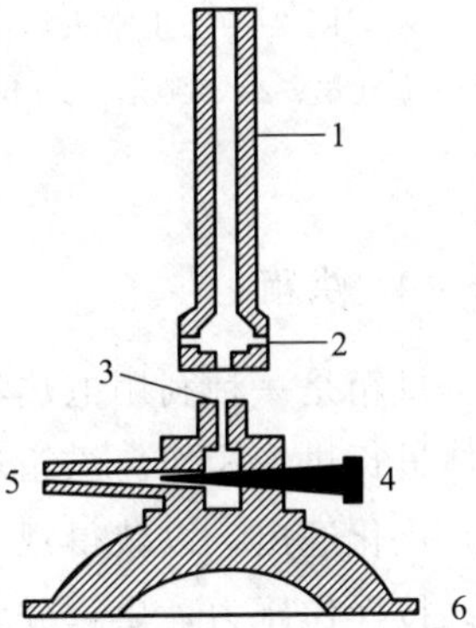

由于煤气中常夹带有未经除尽的煤焦油，长期使用后，会把灯座内的孔道堵塞。可把金属灯管和螺旋针取下，用细针或细金属丝将孔道清理干净，使其畅通。煤气灯的使用方法如下：

① 旋转灯管，关小空气入口。擦燃火柴，将火柴从下斜方向移近灯管口。稍打开煤气阀门，点燃煤气灯。调节煤气龙头或螺旋针阀，使火焰保持适当高度。

② 旋转灯管，加大空气进入量，使其呈正常火焰（淡紫色）。

③ 使用完毕，关闭煤气龙头。

图 2-18 煤气灯的构造

1—灯管；2—空气入口；
3—煤气出口；4—针阀；
5—煤气入口；6—灯座

煤气和空气的比例合适，煤气完全燃烧时，火焰分为三层，称为"正常火焰"，如图 2-19 所示。

焰心（内层）：煤气和空气混合物并未完全燃烧，温度较低，大约 300 ℃，火焰呈黑色。

还原焰（中层）：煤气燃烧不完全，分解出含碳的产物，此火焰具有还原性，称为"还原焰"。火焰呈淡蓝色，温度比焰心高。

氧化焰（外层）：煤气燃烧完全。过剩的空气使这部分火焰具有氧化性，称为"氧化焰"。正常火焰的最高温度点在还原焰顶部上端的氧化焰中，最高为 800～900 ℃（煤气组成不同，火焰温度有所不同）。火焰呈淡紫色。实验时一般都用氧化焰来加热。

如果空气和煤气的进入量调节得不合适，会产生不正常的火焰（图 2-20）。若空气进入量过大或煤气和空气的进入量都很大时，火焰会脱离管口和临空燃烧，这种火焰称为"临空火焰"。若煤气进入量很小，而空气进入量很大时，煤气在灯管内燃烧，同时灯管内发出嘶嘶声和看到一条细长的火焰，此火焰称为"侵入火焰"，此时灯管被烧得很热，切勿用手摸，以免烫伤。遇到临空火焰或侵入火焰时，应关闭煤气管阀门，待灯管冷却后，关闭空气入口，重新点燃使用。

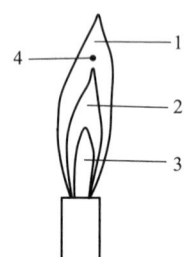

图 2-19 正常火焰的组成部分
1—氧化焰；2—还原焰；3—焰心；4—最高温度点

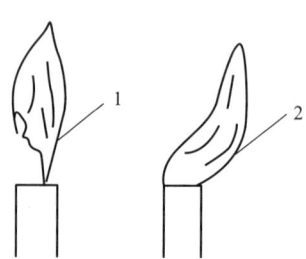

图 2-20 不正常火焰
1—临空火焰；2—侵入火焰

#### 2.6.1.4 烘箱

烘箱是一种利用电热丝隔层加热降低或去除物料湿分的加热设备（图 2-21），用于对物体进行烘烤操作。烘箱通过加热使物料中的湿分（一般指水分或其他可挥发性液体成分）汽化逸出，以获得规定湿含量的固体物料。烘烤是为了物料使用或进一步加工的需要。按操作压力，烘箱分为常压烘箱和真空烘箱（又称为真空干燥箱）两类，在真空下操作可降低空间的湿分蒸气分压而加速烘烤过程，且可降低湿分沸点和物料烘烤温度，蒸气不易外泄，所以，真空干燥箱适用于烘烤热敏性、易氧化、易爆和有毒物料以及湿分蒸气需要回收的物料。

实验室常用的真空烘箱由箱体、控温系统、电加热鼓风系统组成。温控系统主要部件是控温仪，具有定时控制、控温误差修正、偏差报警保护等功能。电加热鼓风系统由电阻丝加热管、风机、风道组成。利用风机的运转，强迫工作室内冷热空气的交换循环，从而提高工作室内温度场的均匀性。使用方法如下：

① 物品放进干燥箱后，将干燥箱门关上。
② 接通电源开启电源开关，红灯即亮，表示接通电源。
③ 调节数显温控仪。根据烘干物品的要求设定温度和时间。

温度的设定：在工作模式下，按一下"SET"键，使 PV 屏显示"SP"，按住↑或↓键，将 SV 屏显示的数值修改为所需要的工作温度值后放开。

时间的设定：再按一下"SET"键，使 PV 屏显示"SF"，按住↑或↓键，将 SV 屏显示的数值修改为所需要的时间值。

④ 温度和时间设置好以后，在定时状态（如果只需设定温度不需要定时，此处应在设置温度状态下）再按一下"SET"键，回到工作模式，进入工作状态。

⑤ 温度设置好以后，绿灯即亮，表示开始升温，当温度升到需要的温度时，绿灯熄灭，温控仪自动控温，并能自动恒温。

⑥ 为使箱内空气对流，可开启鼓风开关。

⑦ 干燥完毕后，关上电源开关，开启放气阀，解除箱内真空状态，等箱内温度降低后将物品拿出。

使用注意事项：

① 干燥箱应置于5~40℃、相对环境湿度不大于85%的室内。应放置在平稳、水平，无严重粉尘，无腐蚀性气体的室内。室内通风条件良好，在其周围不可放置易燃、易爆物品。

② 箱内物品切勿放置过挤，必须留出空气自然对流的空间，使潮湿空气能在风顶加速逸出。

③ 室内温度控制器金属管切勿撞击以免影响灵敏度。

④ 干燥箱无防爆装置，勿放入易燃物品。箱内应保持清洁。

⑤ 取出干燥物时，需注意避免烫伤，使用完毕应将电源插头拔下。

### 2.6.1.5 磁力搅拌器

磁力搅拌器（图2-22）主要用于搅拌或同时加热搅拌低黏稠度的液体或固液混合物。其利用了磁场和漩涡原理，使底座产生磁场带动容器中具有磁性的搅拌子进行圆周运转，从而达到搅拌液体的目的。一般的磁力搅拌器具有搅拌和加热两个作用。通过底部温度控制板对样本加热，配合磁性搅拌子的旋转使样本均匀受热，达到指定的温度。还可以通过加热功率调节，使升温速度可控。

图2-21 烘箱

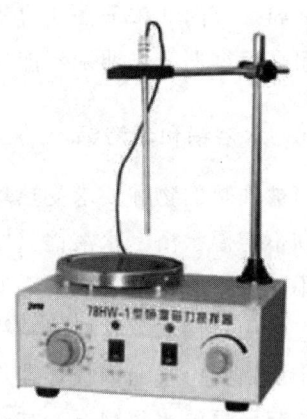

图2-22 磁力搅拌器

### 2.6.1.6 电热板

电热板（图2-23）也是常见的加热设备，其工作原理就是基本的电热效应。电热板以电热合金丝作为发热材料，电流通过电热合金丝将电能转换为热能，并传导给外层的导热板。电热板还设计有绝缘材料，保证电热合金丝工作时的电流不会给使用者造成安全隐患。电热板多为扁薄的板状设计，结构简单，散热均匀，易于安装和使用。电热板采用不锈钢、陶瓷等材质作为外层壳体，电热合金丝被封闭于电热板的内部，因此为封闭式加热，加热时无明火、无异味，安全性较好，适用于各种工作环境。

### 2.6.1.7 管式炉和马弗炉

管式炉（图2-24）属于高温电炉，主要用于高温灼烧或进行高温反应。管式炉由炉体和温度控制器两部分组成。管式炉内部为管式炉膛，炉膛中插入一根耐高温的瓷管或石英玻璃管，管中再放入盛有反应物的瓷舟或石英舟，使反应物在空气或其他气氛中受热。

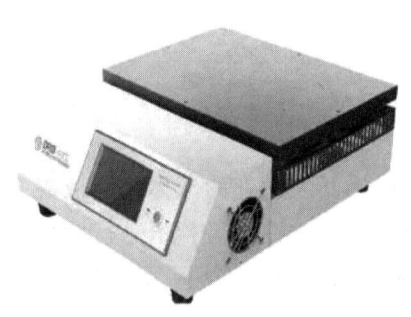
图 2-23　电热板

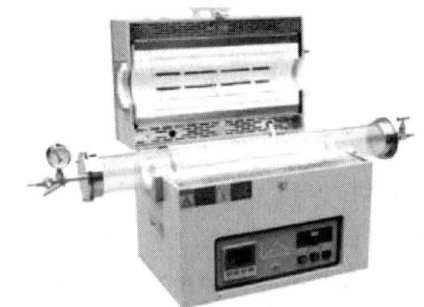
图 2-24　管式炉

马弗炉（图2-25）属于高温电炉，炉膛为正方形，打开炉门即可放入要加热的坩埚或其他耐高温容器。马弗炉不能通入惰性气体，使用方法同管式炉，均可程序升温。

### 2.6.1.8 水浴锅和油浴锅

当被加热的物体要求受热均匀，温度不超过100 ℃时，可以用水浴加热。水浴有恒温水浴和不定温水浴。水浴锅（图2-26）通常用不锈钢或铝制作，有多个重叠的圆圈，适于放置不同规格的器皿。水浴锅安装好以后，在进行通电时，先把清水注入水浴锅，有条件的话，可用蒸馏水，这样能减少水垢。加入清水要与水浴锅锅口面保持2～4 cm的距离，避免水溢出到电气箱内损坏器件。开启电源，按所需要的温度进行设定，此时温控仪表灯也会亮起，恒温水浴锅开始加热，到了设定温度时，温控仪表灯会自动亮灭，进入保温状态。将容器浸入热水中，但勿使容器接触水浴锅的锅壁或锅底。实验结束后，需要将恒温水浴锅中的水排除干净，并用软布将其擦干，拔掉电源。特别注意要防止干烧的情况发生，恒温水浴锅中无水的情况下严禁使用加热器。

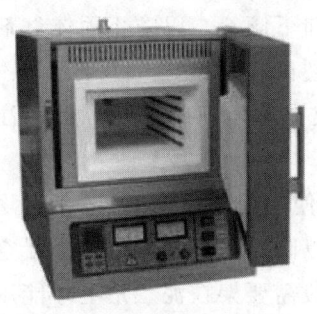
图 2-25　马弗炉

图 2-26　水浴锅

如果加热温度超过了 100 ℃，可以使用油浴锅。油浴锅的液体介质是油，油浴最高温度通常在 100～250 ℃之间，所能达到的最高温度取决于所用油的种类。油浴操作方法与水浴相同，但是操作时要注意防止油外溢或油温升温过高，否则会引起火灾。

### 2.6.2　加热操作

#### 2.6.2.1　液体的加热

① 加热试管中的液体时，一般可直接在火焰上加热（图 2-27）。在火焰上加热试管时，应注意以下几点：

a. 加热前须先将试管外壁擦干，以防止加热时试管炸裂。

b. 应该用试管夹夹持试管的中上部，试管应稍微倾斜，管口向上。

c. 应使液体各部分受热均匀，先加热液体的中上部，再慢慢往下移动，同时不停地上下移动，不要集中加热某一部分，否则将使液体局部受热过度而引起暴沸，液体被冲出管外。

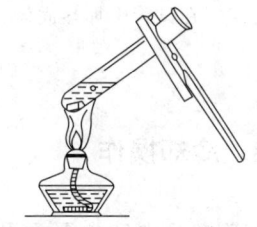
图 2-27　在试管中加热液体

d. 不要将试管口对着别人或自己，以免溶液溅出发生烫伤。

e. 不管是加热还是预热，都要用酒精灯的外焰。在整个加热过程中，不要使试管跟灯芯接触，以免试管炸裂。

② 使用烧杯、烧瓶等玻璃仪器加热液体时，玻璃仪器必须放在石棉网上，否则容易因受热不均而破裂。液体量不超过烧杯容积的 1/2、烧瓶容积的 1/3。

③ 水浴加热。如果要在低于 100 ℃下进行较长时间的加热，或者对 100 ℃以上易变质的溶液进行加热，均可使用水浴加热法。

#### 2.6.2.2　固体的加热

① 在试管中加热。在试管中加热固体时（图 2-28），加热的方法与在试管中加热液体

时相同，在火焰上来回移动试管。对已固定的试管，可移动酒精灯，待试管均匀受热后，再把灯焰固定在放固体的部位集中加热。试管口必须稍微向下倾斜，以防止固体试剂受热时放出的水蒸气在试管口冷凝后回流到热的试管底部，炸裂试管。

② 在蒸发皿中加热。加热较多的固体时，可把固体放在蒸发皿中进行。但应注意充分搅拌，使固体受热均匀。

③ 在坩埚中加热。当有固体要以大火加热时，就必须使用坩埚（图2-29）。坩埚比玻璃器皿更能承受高温。加热时，将坩埚盖斜放在坩埚上，以防止受热物跳出，并让空气能自由进出以进行可能的氧化反应。坩埚因其底部很小，一般需要架在泥三角上才能用火直接加热。开始时，应先用小火加热，让坩埚均匀地受热，然后逐渐加大火焰。坩埚在铁三角架上正放或斜放皆可，视实验的需求可以自行安置。坩埚加热后不可立刻将其置于冷的金属桌面上，以避免它因急剧冷却而破裂；也不可立即放在木质桌面上，以避免烫坏桌面或是引起火灾。正确的做法为留置在铁三角架上自然冷却，或是放在石棉网上令其慢慢冷却。坩埚的取用要用坩埚钳。

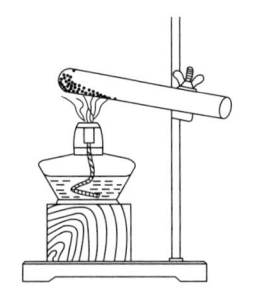
图2-28 在试管中加热固体

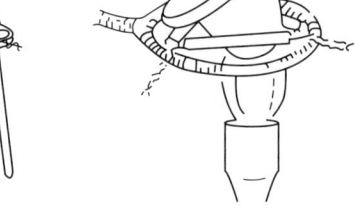
图2-29 在坩埚中灼烧固体

### 2.6.3 冷却操作

化学实验中经常需要采取降温冷却的方法来完成化学反应。冷却方法操作比较简单，过程安全，一般不易发生危险。常用的冷却方法如下：

① 自然冷却。将加热的物质及容器放在空气中，自然冷却到室温。
② 流水冷却。将需要冷却的物品直接用流动的自来水冷却到室温。
③ 冰水冷却。将反应器直接放在冰水中冷却。
④ 冰盐冷却。冰盐浴由容器和冷却剂（冰盐或水盐混合物）组成，可冷却至273 K以下。所能达到的温度由冰盐的比例和盐的品种决定。为了保持冰盐浴的冷却效率，要选用绝热较好的容器操作，如杜瓦瓶等。

## 2.7 固液分离

在普通化学实验中，无论是物质的制备还是沉淀物的分离，固液分离都是重要的实验环节。常用的固液分离方法有倾析法、过滤法、离心法等。

## 2.7.1 倾析法

倾析法适用于沉淀物相对密度较大或晶体颗粒较大时的沉淀，静置后能较快沉降至容器的底部，利用重力沉降而进行固液分离。待沉淀完全下沉至容器底部，将沉淀上部的清液沿玻璃棒缓慢地倾入另一个容器（图 2-30），让沉淀留在容器底部。例如洗涤沉淀时，可往盛有沉淀的烧杯中加入少量洗涤液，把沉淀和溶液充分搅匀，静置使沉淀下沉，再用倾析法倾去上层清液。如此重复操作 2～3 次，即能洗净沉淀。这种方法必然有少量溶液残留在沉淀内，优点是操作方便简单。

图 2-30　倾析法洗涤

## 2.7.2 过滤法

分离沉淀与溶液，最常用的是过滤法。当沉淀和溶液通过过滤器时，沉淀留在多孔性介质上（如滤布、滤纸），溶液则通过多孔性介质流入另一个容器中，所得的溶液称为滤液。

常用的过滤方法有常压过滤、减压过滤和热过滤三种。

### 2.7.2.1　常压过滤

常压过滤是指在常压下用普通玻璃漏斗过滤的方法。当沉淀物是胶体或细微晶体时，用此法过滤较好。此法缺点是过滤速度有时较慢。常压过滤时应注意以下几点。

① 滤纸的选择。滤纸可分为慢速、快速和中速三种，其中快速滤纸孔径最大。实验时应根据沉淀的性质选用合适类型和规格的滤纸，如 $BaSO_4$ 等细晶形沉淀，应选用"慢速"滤纸过滤；$MgNH_4PO_4$ 等粗晶形沉淀，应选用"中速"滤纸过滤；$Fe_2O_3 \cdot nH_2O$ 为胶状沉淀，应选用"快速"滤纸过滤。另外，还要根据漏斗的大小选择滤纸的大小。

② 滤纸的折叠。选一张半径比漏斗边缘低 0.5～1 cm 大小的圆形滤纸（若为方形要剪圆）。过滤时，把滤纸折叠成 4 层（图 2-31），然后将滤纸撕去一角，放在漏斗中。为了保证滤纸与漏斗密合，第二次对折时不要折死，把滤纸展开，放入漏斗（漏斗内壁应干净且干燥），如果上边缘不十分密合，稍微改变滤纸的折叠程度，直到滤纸与漏斗密合为止。用水润湿滤纸，并使它紧贴在玻璃漏斗的内壁上。注意滤纸和漏斗壁之间不应有气泡，若有气泡可用手指轻压滤纸，赶出气泡，然后向漏斗中加蒸馏水至几乎达到滤纸边。这时漏斗颈应全部被水充满，形成水柱。由于液体的重力可起抽滤作用，故可加快过滤速率。而且当滤纸上的水全部流尽后，漏斗颈中的水柱仍能保留。若形不成水柱，可以用手指堵住

漏斗下口，稍稍掀起滤纸的一边，用洗瓶向滤纸和漏斗的空隙间加水，直到漏斗颈及锥体的大部分全被水充满，压紧滤纸边，再放开下面堵住出口的手指，此时水柱即可形成。漏斗颈若不干净也影响水柱的形成。在过滤过程中，漏斗颈必须一直被液体所充满，这样过滤才能迅速。

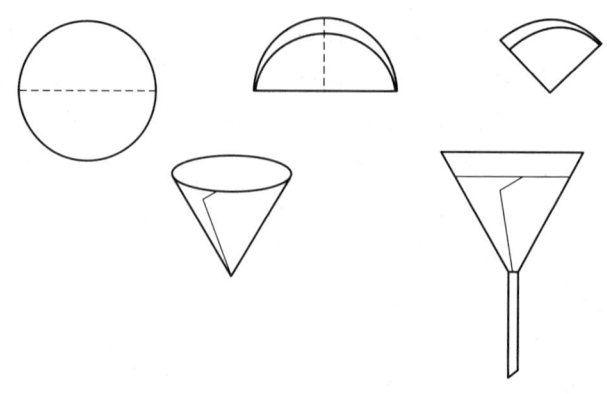

图 2-31　滤纸的折叠

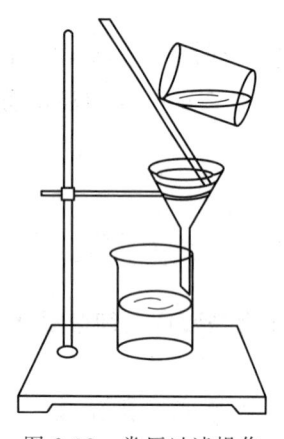

图 2-32　常压过滤操作

③ 过滤。一般采用倾泻法注入过滤物。过滤时应注意以下几点：调整漏斗架的高度，使漏斗末端紧靠接收器内壁。先倾倒溶液，后转移沉淀，这样就不会因为沉淀堵塞滤纸的孔隙而减慢过滤的速度，如果沉淀颗粒较大，则应将沉淀和溶液搅拌起来一并转移。倾倒溶液时，一只手持烧杯，另一只手将玻璃棒指向 3 层滤纸处。用玻璃棒引流，玻璃棒倾斜紧靠烧杯嘴，让溶液沿玻璃棒流入漏斗，但玻璃棒不要碰到滤纸（图 2-32）。漏斗中的液面高度应低于滤纸高度的 2/3。大部分清液过滤后，用玻璃棒轻轻搅起沉淀物。如果沉淀需要洗涤，应待溶液转移完毕，将少量洗涤剂倒入沉淀，然后用玻璃棒充分搅动，静置一段时间，待沉淀下沉后，将上方清液倒入漏斗，如此重复洗涤两三遍，最后把沉淀转移到滤纸上。

#### 2.7.2.2　减压过滤（抽滤）

减压过滤利用水泵或真空泵抽气使滤器两边产生压差而快速过滤，达到固液分离的目的。抽滤的特点是过滤速度快，沉淀物干燥效果好，但不适用于胶体沉淀和细颗粒沉淀。因为胶体沉淀在快速过滤时会透过滤纸，而细颗粒沉淀会堵塞滤纸孔，使滤液难通过，故可用离心分离法。

① 减压过滤装置。减压过滤装置由四部分组成，包括布氏漏斗、抽滤瓶、减压系统和安全装置（图 2-33）。接收器为抽滤瓶，抽滤瓶支管连接安全装置，安全装置再连接减压系统。布氏漏斗通过橡胶塞与抽滤瓶相连，用橡胶塞确保漏斗颈与抽滤瓶口间达到密封

不漏气。布氏漏斗的下端斜口应正对抽滤瓶的抽气口。

由于减压过滤操作要在整个系统内部有较大负压的情况下运行，操作结束时，如果直接关闭真空泵，泵中的自来水就可能会被吸入带有负压的抽滤瓶中，而产生所谓的倒吸，稀释并污染滤液。为防止自来水因倒吸而直接进入抽滤瓶，就要在抽滤瓶与真空泵之间加接一个可以容纳一定量自来水的安全瓶作为缓冲。过滤结束时先打开安全瓶的通气阀门，再关闭真空泵。安全瓶的另一个作用就是增大了整个系统的体积，这样就能缓冲体系中可能出现的压强短暂或剧烈变化，即安全瓶可以使体系中的压强变化产生延迟、更平稳一些。如果不用安全瓶，在过滤时必须先断开抽滤瓶与真空泵的连接管，再关闭真空泵。

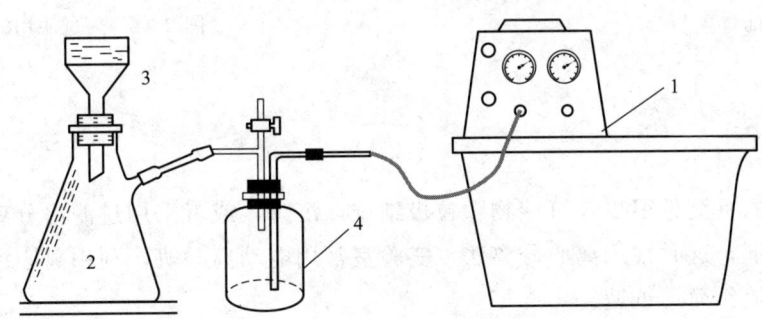

图 2-33 减压过滤装置
1—真空泵；2—抽滤瓶；3—布氏漏斗；4—安全瓶

② 减压过滤操作

a. 滤纸的准备：滤纸要剪得比布氏漏斗的内径略小，但必须全部盖住漏斗瓷板的小孔，使其紧贴于漏斗的底部。用同一溶剂把滤纸润湿，然后打开真空泵稍微抽吸一下，使滤纸紧贴漏斗底部，防止沉淀物在抽滤时于滤纸边沿不经过滤直接流入抽滤瓶中。

b. 过滤：过滤时，先打开真空泵，利用倾析法把清液沿玻璃棒注入漏斗。注意加入溶液的量不要超过漏斗容积的 2/3。然后将沉淀物倒入，并用少量滤液冲洗附着于容器壁上的沉淀物。持续减压，直至把沉淀物抽干。过滤完成，打开安全瓶的通气活塞或者拔掉抽滤瓶与真空泵连接的橡胶管，然后关掉真空泵。

c. 洗涤：在布氏漏斗内洗涤沉淀物，应先停止抽滤。洗涤沉淀的方法与使用普通漏斗时相同，加入洗涤液后静置片刻（以免洗涤液过滤太快，沉淀不能洗净），再连接抽滤装置，打开真空泵。反复 2~3 次即可。

d. 沉淀的转移：取下漏斗，将漏斗倒置，用滤纸或其他容器承接沉淀物，轻敲漏斗边缘，或用洗耳球对准漏斗颈口用力吹，即可使滤纸脱离漏斗。

③ 玻璃砂芯漏斗的使用方法。玻璃砂芯漏斗的砂芯滤板是由烧结玻璃料制成。如果被过滤的溶液具有强酸性，为避免溶液和滤纸作用而把滤纸破坏，可选用玻璃砂芯漏斗。过滤的操作与减压过滤的操作相同。玻璃砂漏斗不适用于过滤氢氟酸、热浓磷酸、热或冷的浓碱液。使用后需进行洗涤处理，以免因沉淀物堵塞而影响过滤功效。

#### 2.7.2.3 热过滤

在过滤过程中为防止溶质结晶析出，可采用热过滤。常压热过滤的漏斗（图 2-34）由铜质夹套和普通玻璃漏斗组成。夹套内注入水，过滤前先加热铜夹套，待套内水温升到所需温度时趁热过滤，操作与常压过滤相同。也可以事先把玻璃漏斗放在蒸汽浴上用水蒸气预热或放在烘箱中预热。减压热过滤时需要先把布氏漏斗和吸滤瓶同时预热，然后趁热过滤。在热过滤时，准备要充分，动作要迅速。

图 2-34　热过滤用漏斗

### 2.7.3　离心法

当被分离的沉淀量很少，沉淀物颗粒极细难以沉降，或者采用过滤法分离后沉淀粘在滤纸上难以取下，这时常用离心分离法。实验室常用电动离心机，利用离心沉降实现固液分离。该方法操作简单迅速。

电动离心机的使用方法如下：

操作时，将盛有沉淀物的离心试管放入电动离心机的试管套内。由于离心时产生很大的离心力，当转子所带的样品不平衡时会产生很大的力矩，容易引起机器故障甚至会造成事故，因此离心样品的平衡装载是特别要注意的问题。离心转速越高，对平衡的要求也越高，除了小型离心机转轴较软有一定调节能力而允许目测平衡外，所有离心机的离心管加液应称重平衡。离心管要两两对称放置，如果只有一个试样，则在对称的位置也要放一支离心管，管内装等质量的水。放好离心管后，应把离心机的盖子盖上。设置好离心时间和转速，然后启动离心机，离心机开始运转，至所需时间即自动停止。待离心机停稳后，取出试样，沉淀物集中于离心试管的底部，用滴管小心吸出上层清液，也可将上层清液倾出。如沉淀物需洗涤，可往离心试管中加入适量的洗涤液，用尖头玻璃棒充分搅拌后，再进行离心沉降，如此反复洗涤 2～3 次即可。

电动离心机的注意事项：

① 离心机应始终处于水平位置；

② 开机前应检查机腔有无异物掉入；

③ 样品的离心管加液应预先称重平衡；

④ 挥发性或腐蚀性液体离心时，应使用带盖的离心管，并确保液体不外漏以免侵蚀机腔或造成事故；

⑤ 每次操作完毕，注意清洁机腔。

## 2.8 溶解、蒸发与结晶

### 2.8.1 固体的溶解

当固体物质溶解于溶质时，如固体颗粒较大，溶解前应进行粉碎。固体的粉碎应在干燥、洁净的研钵中进行。

对一些溶解度随温度升高而增大的物质来说，加热对溶解过程有利。加热时要盖上表面皿，防止溶液剧烈沸腾而溅出。加热后要用去离子水冲洗表面皿和烧杯内壁，冲洗时也应使水流顺烧杯壁流下。加热时应根据被加热物质的热稳定性，选择不同的加热方法。

搅拌可加速溶质的扩散，从而加快溶解速度。搅拌时注意手持玻璃棒，轻轻转动，玻璃棒不要触及容器底部及器壁。

在试管中溶解固体时，可用振荡试管的方法加速溶解，振荡时不能上下振荡，也不能用手指堵住管口来回振荡。

### 2.8.2 蒸发与浓缩

当溶液很稀而所制备物质的溶解度又较大时，为了能从溶液中析出该物质的晶体，必须对溶液加热，使水分蒸发。当溶液蒸发到一定程度时冷却，方可析出晶体。若物质溶解度较大，必须蒸发到溶液表面出现晶膜时才可停止；若物质的溶解度较小或高温时溶解度较大而室温时溶解度较小，则不必蒸发到液面出现晶膜就可冷却、结晶。

蒸发浓缩时可视溶质的性质选用直接加热或水浴加热的方法进行。若无机物对热是稳定的，可以用酒精灯直接加热，否则就用水浴间接加热。

### 2.8.3 结晶与重结晶

在溶液中，溶质从溶液中析出并形成晶体的过程叫结晶。结晶是对物质进行分离和提纯的一种物理方法，是获得纯净的固态物质的方法之一。

结晶时要求溶质的浓度达到过饱和状态。普通化学实验中常用的结晶方法有两种，一种是蒸发结晶，即通过蒸发溶剂，使溶液由不饱和变为饱和，继续蒸发，过剩的溶质就会呈晶体析出。此法适用于溶解度受温度影响变化小的物质结晶，如氯化钠。另一种是冷却结晶，即通过降低温度使溶液达到饱和而析出晶体。此法适用于溶解度受温度影响变化大的物质结晶，如硝酸钾。有时需将两种方法结合使用。

析出晶体的颗粒大小与结晶条件有关。如果溶液的浓度较高，溶质在水中的溶解度是随温度下降而显著减小的，冷却得越快，析出的晶体就越细，否则就得到较大颗粒的结晶。搅拌溶液和静置溶液，可以得到不同的效果，前者有利于细小晶体的生成，后者有利于大晶体的生成。若溶液容易发生过饱和现象，可以用搅拌、摩擦器壁或投入几粒小晶体

（晶种）等方法，使其形成结晶中心而结晶析出。晶体太细时，能形成稠厚的糊状物，挟带母液太多，不易洗净；颗粒较大且均匀的晶体挟带母液较少，易于洗涤；只得到几粒大晶体时，母液中剩余的溶质较多，影响产率。

  第一次得到的晶体往往纯度较低，如要得到纯度较高的晶体，可将晶体溶解于适量的去离子水中，形成过饱和溶液，然后再进行蒸发、结晶、分离。这样被纯化的物质结晶析出，再过滤，杂质则留在母液中，即可得到较纯净的晶体。这种操作过程叫作重结晶。对有些物质的精制过程，若一次达不到要求，可能需要进行多次重结晶。

# 第3章 实验常用测量仪器

## 3.1 天平

化学实验室常用的称量仪器有托盘天平、电子台秤和电子分析天平。

### 3.1.1 托盘天平

（1）托盘天平的构造  托盘天平又称台天平，主要由底座、托盘架、托盘、标尺、平衡螺母、指针、分度盘、游码、横梁、砝码构成，如图3-1所示。

（2）托盘天平的原理  托盘天平依据杠杆原理制成，由支点在梁的中心支着天平梁而形成两个臂，每个臂上挂着或托着一个盘，左盘放置要称量的物体，右盘放置已知质量的砝码，需要添加1 g以下的砝码时，可滑动标尺上的游码代替。横梁的中央装有指针，固定在横梁上的指针在不摆动且指向正中刻度时或左右摆动幅度较小且相等时，表示两端达到平衡状态，砝码质量与游码位置示数

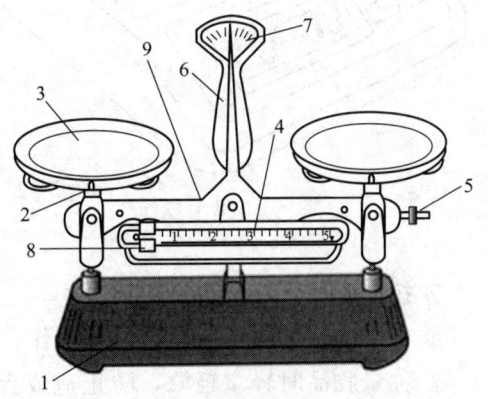

图3-1  托盘天平
1—底座；2—托盘架；3—托盘；4—标尺；
5—平衡螺母；6—指针；7—分度盘；
8—游码；9—横梁

之和就指示出待称重物体的质量。托盘天平的精确度不高，一般为0.1 g或0.2 g，砝码有1 g、2 g、50 g、100 g等。

（3）托盘天平的使用方法及注意事项

① 把天平放在水平的桌面上，称量前把游码拨到标尺的最左端零位，调节平衡螺母，使指针在停止摆动时正好对准刻度盘的中央红线。

② 天平调平后，将待称量的物体放在左盘中，在右盘中用不锈钢镊子由大到小加放砝码，当增减到最小质量砝码仍不平衡时，可移动游码使之平衡，此时所称的物体的质量

等于砝码的质量与游码刻度所指的质量之和。

③ 取用砝码必须用镊子,不能用手直接拿,游码也要用镊子拨动。取下的砝码要放回砝码盒中,称量完毕,应把游码移回零点。

④ 称量干燥的固体药品时,应在两个托盘上各放一张相同质量的纸,然后把药品放在纸上称量。易潮解的药品,必须放在玻璃器皿里称量。

⑤ 天平应放在干燥清洁的地方,称重物体不能超过天平最大量程。

### 3.1.2 电子台秤

电子台秤通常利用应变片传感器或电容式传感器原理制成,是普通化学实验室内应用最广泛的称量仪器,称量准确度可分为 0.1 g、0.01 g。与托盘天平相比,电子台秤的优点是操作简单、响应时间快、平衡时间短、称量准确度高。

(1) 电子台秤的面板结构　电子台秤的面板结构简单,通常由开启键(ON)、关闭键(OFF)、清零键(TARE)和校正键(CAL)构成,如图3-2所示。

(2) 电子台秤的操作方法及注意事项

① 接通电源,按"ON"键,仪器自动校准,显示称量模式"0.0"或者"0.00"。

② 放置称量纸或玻璃器皿,按"TARE键",台秤回到零状态。

③ 称量样品质量。

④ 取下称量物,按"TARE"键,台秤回到零状态。

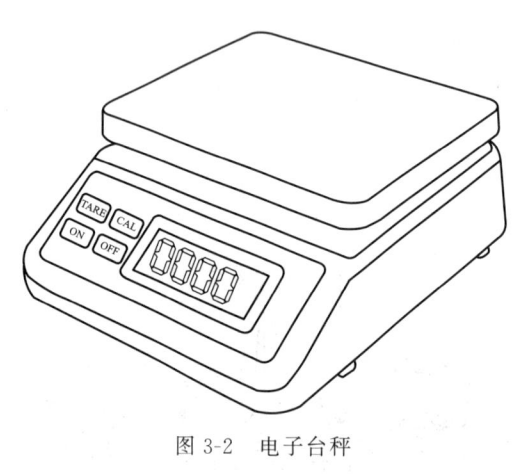

图 3-2　电子台秤

⑤ 按"OFF"键关机。

⑥ 台秤的校准通常由指导教师操作,学生实验时一般只做开机、称量和关机的操作。

⑦ 称量物品时轻拿轻放,防止造成台秤损坏。称量固体药品要放在称量纸上,潮湿的或者腐蚀性的药品要放在玻璃容器中称量。

⑧ 保持台秤的整洁,洒落的试剂及时用毛刷清理干净。

⑨ 实验结束时拔掉电源插头,在拔去电源时称量盘上必须保持空载。

### 3.1.3 电子分析天平

分析天平是用于化学分析和物质精确称量的高准确度天平,能精确称量到 0.0001 g。分析天平按其称量原理可分为机械类和电子类,前者最常见的是半自动电光天平。半自动电光天平利用杠杆原理制成,其最大优点是构造直观、较易察错,缺点是操作烦琐、耗时长。目前机械类天平正逐渐被电子类天平所取代。

电子分析天平(简称电子天平)是新一代的天平,随着现代科学技术的不断发展,电子分析天平产品的结构设计一直在不断改进和提高,向着功能多、平衡快、体积小、质量轻和操作简便的趋势发展。但就其基本结构和称量原理而言,各种型号的电子分析天平都是大同小异的。电子分析天平的基本原理是,利用电子装置完成电磁力补偿或电磁力矩的调节,使物体在重力场中实现力的平衡或力矩的平衡。一般结构都是机电结合式的,由载荷接收与传递装置、测量与补偿装置等部件构成。它们的最高载量一般为 100~200 g。电子分析天平的最大优点是操作简便、快速准确,缺点是不易察错。

目前的电子分析天平多数为上皿式(即顶部加载式),下皿式(悬盘式)已很少见,内校式(标准砝码预装在天平内,触动校准键后由马达自动加码并进行校准)多于外校式(附带标准砝码,校准时加到秤盘上),使用非常方便。

实验室常用的不同品牌的电子分析天平其外形、功能和操作基本相同,仅操作键的排列上略有差异。下面以 Sartorius BSA224S 型电子天平为例介绍其使用方法。

(1) 面板结构　Sartorius BSA224S 型电子天平的面板结构如图 3-3 所示。实际称量时常用的键是开关键和去皮键。

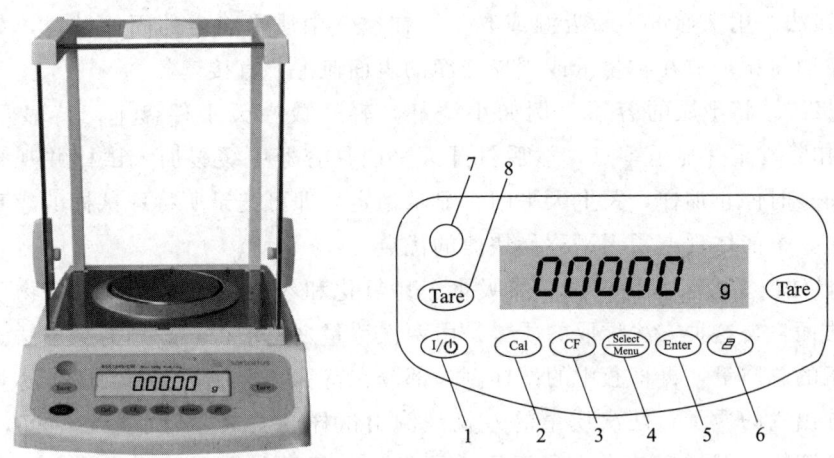

图 3-3　Sartorius BSA224S 型电子分析天平和控制面板
1—开关键;2—启动校正键;3—删除键;4—选择应用程序键;
5—启动应用程序键;6—数据输出键;7—水平仪;8—去皮键

(2) 操作步骤

① 调水平。调整地脚螺栓高度,使水平仪内空气泡位于圆环中央。

② 预热。天平在初次接通电源或长时间断电之后,至少需要预热 30 min。为取得理想的测量结果,天平应保持在待机状态。

③ 开机。接通电源,按开关键,使秤盘空载并接通电源,天平进行自检(显示屏所有字段短时点亮)并显示天平型号。当天平显示回零时,天平就可以称量了。

④ 校准。为获得准确的称量结果,首次使用天平必须进行校准。校准应在天平经过预热并达到工作温度后进行,遇到以下情况必须对天平进行校准:首次使用天平称量之前、天平改变安放位置后、称量工作中定期进行。具体校准方法如下:

准备好校准用的标准砝码，确保秤盘空载。

按"Tare"键使天平显示回零。

按"Cal"键显示闪烁的Cal—×××（×××一般为100、200或其他数字，提醒使用相对应的100 g、200 g或其他规格的标准砝码）。

将标准砝码放到秤盘中心位置，天平显示Cal……，等待十几秒后，显示标准砝码的质量。此时，移去砝码，天平显示回零，表示校准结束，可以进行称量了。如天平不回零，可再重复进行一次校准工作。

⑤ 称量。天平经校准后即可进行称量，使用去皮键"Tare"，去皮清零，天平显示"0.0000"。放置样品进行称量。称量时被测物必须轻拿轻放，并确保不使天平超载，以免损坏天平的传感器。

⑥ 关机。确保秤盘空载后关闭电源，不使用时将开关键关至待机状态，使天平保持保温状态，可延长天平使用寿命。如果较长时间（半天以上）不再用天平，应拔下电源插头，盖上防尘罩。

(3) 称量方法　电子天平进行称量，常用的称量方法有直接法、增量法、减量法。

① 直接法。用来称量不易吸湿或升华、在空气中质量稳定的固体试样，如金属、矿物等。称量时将试样放在称量纸或干燥洁净的表面皿上，直接读数。

② 增量法。将干燥的容器（例如小烧杯）轻轻放在天平秤盘上，待显示平衡后按"Tare"键扣除皮重并显示零点，然后打开天平门往容器中缓缓加入试样并观察屏幕，当达到所需质量时停止加样，关上天平门，显示稳定后即可记录所称取试样的净重。采用此法进行称量，最能体现电子天平称量快捷的优点。

③ 减量法。主要针对易挥发、易吸水、易氧化和易与二氧化碳反应的物质。相对于上述增量法而言，这种方法称取的质量是由两次称量之差求得，故称为减量法。先称出试样和称量瓶的总质量，再将瓶中的试样倒一部分在待称容器中，倒好后盖上称量瓶，放在天平上再称出它的质量。两次质量的差就是倒出试样的质量。为了节省时间，可采用此法：用称量瓶粗称试样后放在电子天平的秤盘上，显示稳定后，按"Tare"键使显示为零，然后取出称量瓶向容器中敲出一定量样品，再将称量瓶放在天平上称量，如果所示质量达到要求范围，即可记录称量结果。若需连续称取第二份试样，则再按一次"Tare"键，示零后向第二个容器中转移试样。

④ 注意事项

a. 将天平放在稳定的工作台上，避免振动、气流、阳光直射和剧烈的温度波动。

b. 称量样品时，应当把一侧天平门完全打开，以免手或物品碰到天平门发生物品的洒落。

c. 不要向天平上加载质量超过其称量范围的物体（最大值110 g），绝不能用手压秤盘或使天平跌落地下，以免损坏天平或使重力传感器的性能发生变化。另外，称量一个物体（特别是较重的物体）一般不要超过30 s。

d. 使用去皮功能时，容器和待称物的总重不可大于天平的最大称量。

e. 在读数时应关闭所有天平门，以免影响读数的稳定性。

f. 保持天平内外清洁，称量时洒落的废弃物及时用刷子小心去除。

g. 不能将潮湿的样品或容器放在天平上进行称量。如需称量溶液,则必须用密闭容器进行称量。

h. 当遇到各种功能键有误无法恢复时,重新开机即可恢复出厂设置。

## 3.2 酸度计

酸度计也称 pH 计,是一种通过测量电动势来测定溶液 pH 值的电子仪器。许多化学反应和实验条件都受溶液酸碱特性的影响,对酸碱条件要求不高的实验,溶液的酸碱度可以用 pH 试纸来测量。但对酸碱条件要求高、pH 值对测定结果有影响的实验,需要用酸度计来测量。酸度计具有结构简单,操作方便,测量准确和自动化程度高的优点。

### 3.2.1 测量原理

酸度计由电极和电位计两部分组成,电极部分是基于化学原电池的原理设计而成,由测量电极(也称指示电极)和参比电极(电极电位已知)组成。测量 pH 值时,由测量电极与参比电极在待测溶液中组成原电池,接入精密电位计,即可测得该电池的电动势。

$$E = E_{参比} - E_{测量}$$

测量电极对被测离子有响应,电极电位随离子浓度而变化。通常选用甘汞电极作为参比电极,pH 玻璃电极作为测量电极。甘汞电极的电极电位与溶液的 pH 值及其他组分无关,在一定温度下为一定值;pH 玻璃电极的电极电位 $E_{玻} = E_{玻}^{\ominus} - 0.0592 \text{ V pH}$(25 ℃时),$E_{玻}^{\ominus}$ 为电极的标准电位,在确定条件下为常量,即

$$E = E_{甘汞} - E_{玻}^{\ominus} + 0.0592 \text{ V pH} = K + 0.0592 \text{ V pH}$$

在一定条件下,$K$ 为常数,所以测得的玻璃电极电位与溶液的 pH 值成正比关系。只要确定 $K$ 值,就可以测得溶液的 pH 值。由于 $K$ 受到较多不确定因素的影响,很难获得一个确切的数值,所以在每次测量之前可以用一个已知 pH 值的缓冲溶液代替待测溶液而求得。

酸度计的主体是精密电位计,用来测量电池的电动势。为了省去将电动势换算为 pH 值的计算过程,可通过电位计将电动势转换成 pH 单位数值,因而从酸度计上可以直接读出溶液的 pH 值。所以,用酸度计可以测量溶液的电动势,也可测得溶液的 pH 值。

### 3.2.2 常用电极

#### 3.2.2.1 饱和甘汞电极

饱和甘汞电极是由金属汞、$Hg_2Cl_2$ 和饱和 KCl 溶液组成的电极,内玻璃管封接一根铂丝,铂丝插入纯汞中,纯汞下面有层甘汞($Hg_2Cl_2$)和汞的糊状物。外玻璃管中装入饱和 KCl 溶液,下端用素烧陶瓷塞塞住,通过陶瓷塞的毛细孔,可使内外溶液相通。甘汞电极可表示为:

$$Pt \mid Hg(l) \mid Hg_2Cl_2(s) \mid KCl(饱和)$$

电极反应为：

$$Hg_2Cl_2(s)+2e^- \rightleftharpoons 2Hg(l)+2Cl^-(aq)$$

饱和甘汞电极的电极电势不随溶液 pH 值的变化而变化，在一定温度和浓度下是一定值，25 ℃时为 0.2415 V。饱和甘汞电极的电极电势随温度（$t$）不同而略有变化，其关系如下：

$$E=0.2415 \text{ V}-7.6\times 10^{-4}(t/\text{℃}-25)\text{V}$$

使用饱和甘汞电极时，应注意以下几点：

① 使用温度不得超过 70 ℃，否则 $Hg_2Cl_2$ 会分解。保存和使用饱和甘汞电极的地方温度不能变化太大，否则会引起电极电势的改变。

② 饱和甘汞电极内应充满饱和氯化钾溶液，并有少许饱和氯化钾晶体存在；电极腔内的液接部位不能有气泡存在，否则可能引起测量断路或读数不稳定；电极腔内的液面高度应高于测量液面约 2 cm，以防止测量溶液向电极内渗透，如果液面过低，可从加液口添加饱和 KCl 溶液。

③ 打开甘汞电极下端的橡胶塞后，其渗出氯化钾溶液的速度应为几分钟在滤纸上就有一个湿印为宜。甘汞电极不用时应将其侧管的橡胶塞塞紧，将下端的橡胶套套上，存放在盒内。若甘汞电极盐桥端的毛细孔被氯化钾晶体堵塞，则可放入蒸馏水中浸泡溶解。图 3-4 为饱和甘汞电极的结构图。

#### 3.2.2.2 pH 玻璃电极

pH 玻璃电极是利用薄玻璃膜将两种溶液隔离而产生电势差的电极。pH 玻璃电极的结构如图 3-5 所示。电极头部是由特殊的导电玻璃吹制成的直径 0.5～1 cm、厚度约 0.1 mm 的空心小球，对 $H^+$ 有敏感作用，当它插入被测溶液中，其电位随被测液中 $H^+$ 的浓度和温度而改变，常用于测量溶液的 pH 值。球泡内充入内参比溶液，插入内参比电

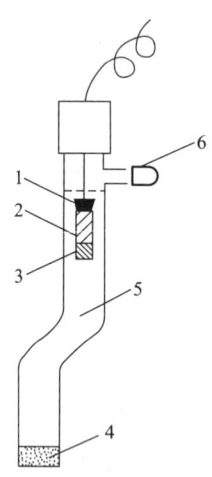

图 3-4 饱和甘汞电极
1—Hg；2—Hg+$Hg_2Cl_2$；3,4—多孔物质；
5—饱和 KCl 溶液；6—橡胶帽

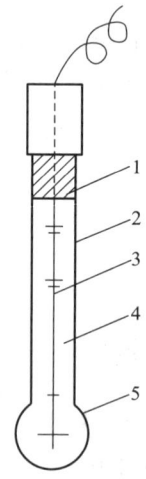

图 3-5 pH 玻璃电极
1—Ag+AgCl；2—玻璃管；3—铂丝；
4—内参比溶液；5—玻璃膜

极（一般用 Ag/AgCl 电极），用电极帽封接引出电线，就成为一支 pH 指示电极。单独一支 pH 指示电极是无法进行测量的，它必须和参比电极一起才能测量。$H^+$ 在玻璃膜内外表面进行交换，即有电势产生。小球内 $H^+$ 浓度是固定的，所以该电极电势随着待测液的 pH 值不同而改变，其关系式为：

$$E_{玻} = E_{玻}^{\ominus} + 0.0592 \text{ V pH}$$

不同玻璃电极的 $E_{玻}^{\ominus}$ 是不同的，而且同一玻璃电极的 $E_{玻}^{\ominus}$ 也会随着时间而变化，所以玻璃电极使用时要先用标准缓冲溶液进行标定。

pH 玻璃电极使用时应注意以下几点：

① 使用 pH 玻璃电极时要在蒸馏水或 $0.1 \text{ mol·L}^{-1}$ 的盐酸溶液中浸泡一段时间，以便形成良好的水合层。浸泡时间与玻璃组成、薄膜厚度有关，一般新制电极及玻璃电导率低、薄膜较厚的电极浸泡时间以 24 h 为宜，反之浸泡时间可短些。现在随着玻璃质量与制作工艺的提高，其说明书上都注明初用或久置不用的电极，使用时只需在 $3 \text{ mol·L}^{-1}$ 的 KCl 溶液或去离子水中浸泡 2~10 h 即可。

② 测定某溶液之后，要认真冲洗，并吸干水珠，再测定下一个样品。

③ 注意电极的适用 pH 值范围，超出范围时会产生较大的测量误差。

④ 测定乳化状物的溶液后，要及时用洗涤剂和蒸馏水清洗电极，然后浸泡在蒸馏水中。

⑤ 玻璃电极的内电极与球泡之间不能存在气泡，若有气泡可轻甩电极让气泡逸出。

⑥ 电极球的玻璃膜很薄，极易因碰撞或挤压而破碎，应注意保护。

#### 3.2.2.3 pH 复合电极

目前的酸度计大多配用 pH 复合电极，即把外参比电极（一般用 Ag/AgCl 电极）和外参比溶液以及 pH 玻璃电极一起装在一根塑料管中合为一体，底部露出的玻璃球泡用保护栅加以保护，电极头还有一个带有饱和 KCl 保护液的外套。pH 玻璃电极和外参比电极的引线用缆线及复合插头与测量仪器连接。相对于两个电极而言，pH 复合电极最大的好处就是操作更简易、保管更方便，使用时不易损坏。其结构如图 3-6 所示。

pH 复合电极使用维护的注意事项：

① 塑料保护栅内的敏感玻璃泡不能与脏手指、硬物接触，任何破损和擦毛都会使电极失效。

② 在测量前必须用已知 pH 值的标准缓冲溶液进行定位校准，其值越接近被测溶液越好。

③ 可充式 pH 复合电极在电极外壳上有一加液孔，当电极的外参比溶液流失后，可将加液孔打开，重新补充 KCl 溶液。

④ pH 复合电极插入被测溶液后，要搅拌晃动几下再静止放置，这样会加快电极的响应。尤其是使用塑壳 pH 复合电极时，搅拌晃动要厉害一些，因为球泡和塑壳之间会有一个小小的空腔，电

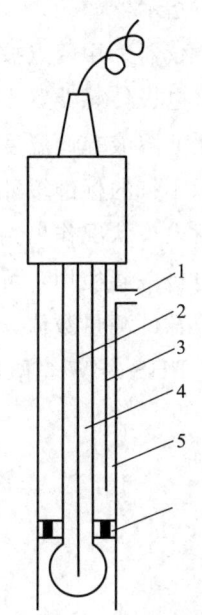

图 3-6 pH 复合电极
1—加液孔；
2—Ag/AgCl 内参比电极；
3—Ag/AgCl 外参比电极；
4—$0.1 \text{ mol·L}^{-1}$HCl；
5—$3 \text{ mol·L}^{-1}$KCl；
6—细孔陶瓷

极浸入溶液后有时空腔中的气体来不及排除会产生气泡，使球泡或液接界与溶液接触不良，因此必须用力搅拌晃动以排除气泡。

⑤ 更换测量溶液前，要认真洗净电极并用吸水纸吸干。

⑥ 复合电极的电极头不能朝上放置，使用时电极不能上下翻动或剧烈摇动。

⑦ 测量完毕，将电极泡在饱和 KCl 溶液内，以保持电极球泡的湿润和吸补外参比溶液，饱和 KCl 溶液内加 3 滴邻苯二甲酸氢钾，保证 pH 值为 4.00～4.50。

⑧ 电极不用时应洗净，然后套上带有保护液的电极套。要经常检查、添加保护套内的溶液，不能干涸。

⑨ 电极经长期使用后，如发现斜率略有降低，则可把电极下端浸泡在 4% HF 中 3～5 s，用蒸馏水洗净，然后在 $0.1\ mol \cdot L^{-1}$ 盐酸溶液中浸泡，使之复新。

⑩ 电极避免长期浸泡在蒸馏水、蛋白质溶液或酸性氟化物溶液中，并防止和有机硅油脂接触。

### 3.2.3 PHS-3BW 型酸度计

PHS-3BW 是一款高智能化的精密 pH 计，适用于测量 pH 值及电位（mV）值，如配用离子选择电极，通过测量离子电极电位，可测量溶液的粒子浓度，也可作为电位分析的终点指示器。

仪器采用两点按键自动校准，校准时屏幕具有标准缓冲溶液提示功能，只需要根据提示将电极传感器置入相应溶液中并按校准键，仪器即会根据设定的温度值自动校准当前标准缓冲溶液在此温度值下的 pH 值。校准中，如果没有使用标准缓冲溶液或使用了与仪器提示不符的标准缓冲溶液，仪器将自动报警。校准完毕，仪器将自动显示电极斜率百分比并对电极状况作出判断。仪器配有温度传感器，可实时测量样品溶液的温度，如与 pH 复合电极一起使用，可对仪器进行动态温度补偿。仪器带有大屏幕液晶显示，不仅能清晰显示仪器的测量数值，而且还具有操作状态提示。

PHS-3BW 型酸度计面板结构如图 3-7 所示。下面介绍其使用方法。

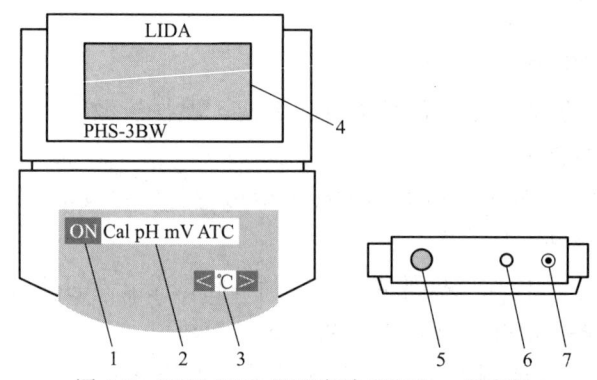

图 3-7　PHS-3BW 型酸度计正面板、后面板

1—电源开关；2—选择按键；3—温度设置按键；4—液晶显示屏；
5—测量电极接口；6—温度传感器接口；7—电源接口

(1) 使用前的准备工作

① 初次使用时，由于电极传感器比较干燥，可能影响仪器的测量精度，建议先将电极浸泡在 3 mol·L$^{-1}$ 的氯化钾溶液中 2 h。

② 接通电源，仪器全屏显示，约 2 s 后自动关闭。按下电源开关 ON 键，仪器开机，屏幕显示数值，仪器进入 pH 测量状态。

(2) 设置温度　仪器校准或测量前都需要根据待测溶液的温度设置仪器温度数值。设置完毕，仪器将根据设定的数值自动进行温度补偿。

PHS-3BW 型酸度计可选择使用手动温度设置或自动温度设置两种模式中的任意一种。

① 手动温度设置

a. 用温度计测量待测溶液的温度值并记录。

b. 按℃键，屏幕显示进入温度设置状态，按＞或＜键，将温度数值设置为当前溶液的温度值。

c. 设置完毕后，按 pH 键确认温度值，仪器转入 pH 测量状态；按 mV 键确认温度值，仪器转入 mV 测量状态；按 Cal 键确认温度值，仪器转入校准状态。

② 自动温度设置

a. 测量状态下，将仪器温度传感器置入待测溶液中。

b. 按 ATC 键，屏幕 ATC 图标显示。仪器自动测量溶液温度并进行温度补偿。

若取消自动温度补偿则按℃键，转入手动温度补偿。

(3) 校准仪器　第一次使用仪器或更换新电极必须进行校准。日常使用中，如果使用频率不高，建议在使用前校准一次。这样测得的数据将很准确。

校准前的注意事项：

① 校准缓冲溶液必须准确配制，否则将影响仪器的测量精度。

② 不能使用配制时间较长或已变质的标准缓冲溶液进行校准。

③ 每次从一个溶液置入另一个溶液前，电极都需在蒸馏水中清洗并用滤纸吸干电极上的水珠，保持电极探头的洁净。（清洗方法：用洗瓶冲洗电极探头，再用滤纸吸干水珠。）

所测样品为酸性，使用 pH＝6.86（混合磷酸盐）、pH＝4.00（邻苯二甲酸氢钾）标准缓冲溶液校准仪器：

① 设置待测样品的温度值。

② 按 Cal 键，屏幕显示 7-4。

③ 清洗电极并用滤纸吸干电极上的水珠。

④ 将电极置入 pH＝6.86 的标准缓冲溶液中，搅动数次，再次按 Cal 键，仪器开始校准 pH＝6.86 数值，此时 Cal 图标熄灭，数值开始变化。待校准数值稳定后，图标 Cal 再次出现，仪器显示设定温度值下的 pH＝6.86 标准数值。

⑤ 将电极从 pH＝6.86 标准缓冲溶液中取出，用蒸馏水清洗并用滤纸吸干电极上的水珠。

⑥ 按 Cal 键开始校准 pH＝4.00 标准缓冲溶液。将电极置入 pH＝4.00 的标准缓冲溶液中，搅动数次。待校准数值稳定后，图标 Cal 再次出现，仪器显示设定温度值下的

pH=4.00 标准数值。

⑦ 按 Cal 键确认,仪器自动显示电极斜率并进入 pH 测量状态,校准完毕。

注:如所测样品为碱性,则替换为 pH=9.18(四硼酸钠)标准缓冲溶液来校准。

(4) pH 值的测量

① 设置待测样品的温度值。

② 将电极在蒸馏水中清洗干净并用滤纸吸干电极上的水珠。

③ 将电极置于待测样品中稍稍晃动,待数据稳定后读数,测量完毕。

(5) 电位的测量

① 把测量电极(离子选择电极或金属电极)和参比电极夹在电极架上。

② 按 mV 键,仪器进入 mV 测量状态。把两种电极插在被测溶液内,将溶液搅拌均匀后,即可在显示屏上读出电位值。

## 3.3 电导率仪

### 3.3.1 基本原理

导体导电能力的大小,可用电阻 $R$ 或它的倒数 $G$ 来表示,即

$$G = 1/R$$

式中,$G$ 为电导,单位为西门子,简称西,符号 S。

电解质溶液的电阻与金属导体一样,也符合欧姆定律。温度一定时,两极间溶液的电阻与两极间的距离 $l$ 成正比,与电极面积 $A$ 成反比,比例系数 $\rho$ 为电阻率,即

$$R = \rho l / A$$

式中,$1/\rho = \kappa$,$\kappa$ 为电导率,单位为 $S \cdot m^{-1}$。对于电解质溶液来说,电导率是电极面积为 $1\ m^2$、两极间距离为 $1\ m$ 的两极之间的电导。

则

$$G = \kappa A / l$$

$$\kappa = Gl / A$$

令 $l/A = K$,$K$ 称为电导池常数或电极常数。对于一个给定电极来说,其电极面积 $A$ 和两极间的距离 $l$ 都是一定的,所以电池常数为一常数。当 $K=1$ 时,则数值上 $\kappa$ 就等于 $K$。

在研究溶液电导时,把电导率与溶液浓度 $c$ 的比称为摩尔电导率 $\Lambda_m$,即

$$\Lambda_m = \frac{\kappa}{c}$$

对于无限稀释的电解质溶液来说,则有

$$\Lambda_m^\infty = \frac{\kappa}{c'}$$

式中,$\Lambda_m^\infty$ 为溶液的极限摩尔电导率,也就是溶液在无限稀释时的摩尔电导率;$c'$ 为溶液无限稀释时的浓度,$mol \cdot L^{-1}$。

由于电导的单位 S 太大,常用毫西门子(mS)、微西门子(μS)表示,它们间的关系是

$$1\text{ S}=10^3\text{ mS}=10^6\text{ μS}$$

电导率仪的测量原理（如图 3-8 所示）是由振荡器发生的交流电压加到电导池电阻与量程电阻所组成的串联回路中时，如溶液的电压越大，电导池电阻越小，量程电阻两端的电压就越大，电压经交流放大器放大，再经整流后推动直流电表，由电表可直接读出电导值。一些难溶盐，如 $BaSO_4$、$PbSO_4$、$AgCl$ 等在水中溶解度很小，用普通滴定法很难准确测定，通常可以通过测定其饱和溶液电导率来计算其溶解度和溶度积。

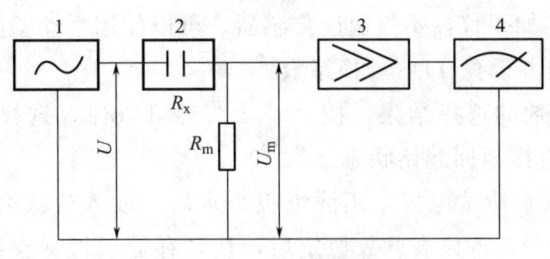

图 3-8　电导率仪测量原理
1—振荡器；2—电导池；3—转换器；4—电表

## 3.3.2　DDSJ-318 型电导率仪

DDSJ-318 型电导率仪适用于精确测量水溶液的电导率、总溶解固态量（TDS）、盐度值，也可用于测量纯水的纯度，以及海水淡化处理中的含盐量测定。仪器采用微处理技术，使仪器具有自动温度补偿、自动校准、自动量程切换等功能。仪器共有三种测量模式，分别为连续测量模式、定时测量模式和平衡测量模式，可以满足用户的不同测量需求。

（1）仪器结构　电导率仪的面板结构如图 3-9 所示。在电导率及 TDS 测量时，按照实际测量溶液的电导率范围选择合适的电导电极。通常，每支电导电极上面都标示有本支电极的常数值（参考值）。电导电极首次使用或长期储存后使用，需将电极在无水乙醇中浸泡 1 min，再用去离子水充分清洗。

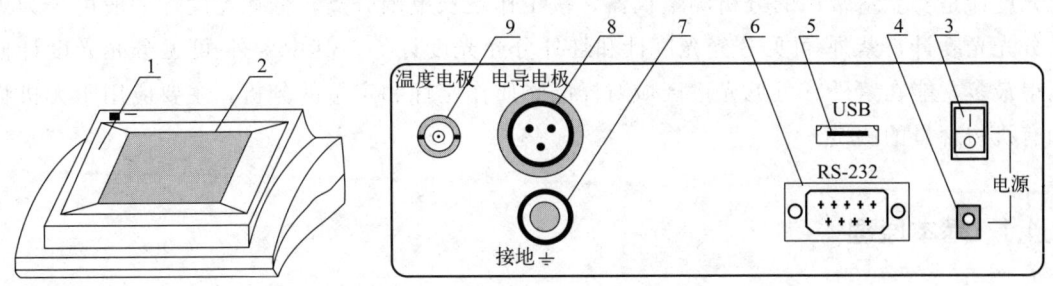

图 3-9　DDSJ-318 型电导率仪正面板、后面板
1—主机；2—触摸显示屏；3—开关；4—电源插座；5—USB 插座；
6—RS-232 插座；7—接地端；8—电导电极插座；9—温度电极插座

(2) 操作方法

① 开机。将仪器配套使用的电源插入电源插口，打开电源开关，稍等片刻，仪器自动进入起始状态。仪器必须开机预热 30 min 后方可进行测量。

② 设置测量模式。

a. 按"设置"键进入菜单，选择设置测量模式，根据测量要求，可以选择电导率、TDS、盐度三种测量参数。测量模式可以选择连续测量、定时测量、平衡测量，并且可以修改测量条件。

b. 设置手动温度：如果仪器不接温度传感器，可以使用手动温度值。

c. 设置电极常数或者设置 TDS 转换系数。

屏幕下方显示有试剂的选择结果，按"确认"键可以保存选择，返回起始状态；按"取消"键放弃选择，直接返回起始状态。

③ 测量。用去离子水清洗电极，用滤纸吸干水后，放入待测溶液中。按"测量"键进入到电导率值测量界面。待仪表读数稳定后，按"存储"键保存结果。按"结束"键，结束本次测量。按"查阅"键可以查看保存的数据。

④ 关机。测量结束后，按仪器背后的开关键，关机。

(3) 使用注意事项

① 仪器使用结束，用蒸馏水清洗电极。

② 若次日继续使用可以将电极浸泡于蒸馏水中，若长时间不使用应贮存于干燥环境中。

③ 高纯水被注入容器后应迅速测量，否则电导率值将很快增加（空气中的 $CO_2$、$SO_2$ 等溶入水中都会影响电导率的数值）。

④ 盛待测溶液的容器必须清洁，保证无其他离子污染。

⑤ 每测一份样品后，都要用去离子水冲洗电极，并用滤纸吸干，但不能擦拭。

## 3.4 分光光度计

用来测量和记录待测物质对光的吸光度并进行定量分析的仪器称为分光光度计。分光光度法是基于物质对不同波长的光波具有选择性吸收能力而建立起来的一种分析方法。分光光度计是实验室常用的分析测量仪器，按工作波长范围分类，分光光度计一般可分为可见分光光度计、紫外-可见分光光度计和红外分光光度计等。其中紫外-可见分光光度计使用得最多，能在紫外、可见光谱区域对样品物质作定性和定量的分析，主要应用于无机物和有机物含量的测定。

### 3.4.1 基本原理

分光光度计的基本原理是溶液中的物质在光的照射激发下，产生了对光的吸收效应，物质对光的吸收是具有选择性的。各种不同的物质都具有其各自的吸收光谱，因此一光源产生的连续辐射光经单色器分光后通过溶液时，其能量就会被吸收而减弱（图 3-10）。光能量减弱的程度和物质的浓度有一定的比例关系,也即符合比色原理——比尔定律。

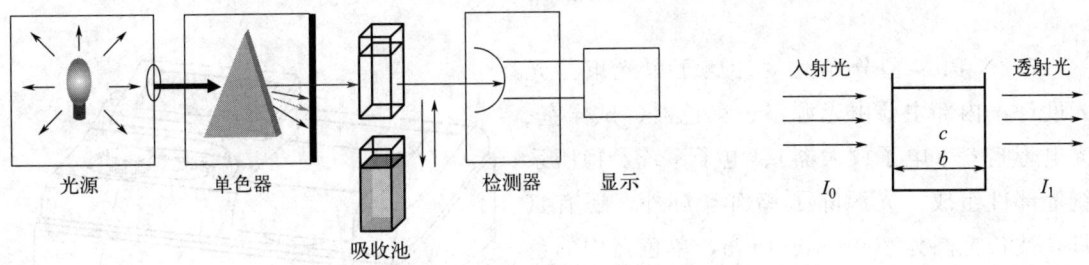

图 3-10 光吸收示意

由于物质对光的吸收具有选择性

$$A = \lg \frac{1}{T} = Kbc$$

$$T = \frac{I_1}{I_0}$$

式中,$A$ 为吸光度;$T$ 为透射比;$I_1$ 为透射光强度;$I_0$ 为入射光强度;$K$ 为比例常数;$c$ 为样品的浓度;$b$ 为样品在光路中的长度。

从以上公式可以看出,当入射光、吸收系数和溶液的光路长度不变时,透射光是根据溶液的浓度而变化的,分光光度计是根据上述物理光学现象而设计的。

通常用光的吸收曲线(光谱)来描述有色溶液对光的吸收情况。将不同波长的单色光一次照射一定浓度的有色溶液,分别测定其吸光度 $A$,以波长 $\lambda$ 为横坐标,以吸光度 $A$ 为纵坐标作图,所得的曲线称为光的吸收曲线(或光谱),图 3-11 所示。最大吸收峰处对应的单色光波长称为最大吸收波长 $\lambda_{max}$,选用 $\lambda_{max}$ 的光进行测量,此时物质对光的吸收程度最大,测定的灵敏度最高。

一般在测量样品浓度前,先测工作曲线,即在与测定样品相同的条件下,先测量一系列已知准确浓度的标准溶液的吸光度 $A$,画出 $A$-$c$ 的曲线,即工作曲线(图 3-12)。待测样品的吸光度 $A$ 测出后,就可以在工作线上求出相应的浓度 $c_x$。据此,可以通过测定溶液的吸光度间接测定溶液的浓度,也可通过特征吸收波长推测吸光物质的结构特点。

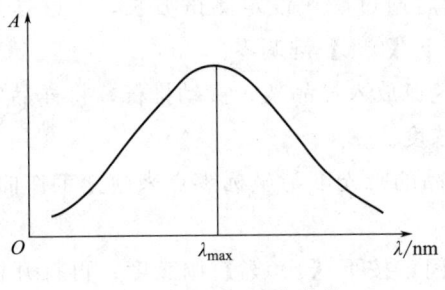

图 3-11 光的吸收曲线

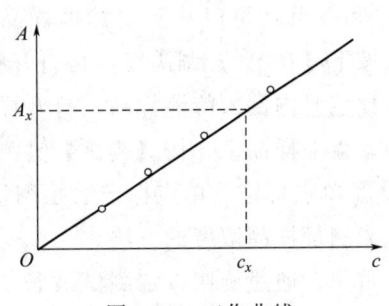

图 3-12 工作曲线

## 3.4.2 单光束 752N Plus 型分光光度计

752N Plus 型分光光度计属于单光束分光光度计，内部主要由光源室、单色器、试样室、光电管暗盒（电子放大器）、电子系统及稳压系统等部件组成。光源除了钨卤素灯外，还有氘灯，波长范围为 200~1000 nm，单色器中的色散元件是衍射光栅。752N Plus 型分光光度计能在紫外和可见光谱区域内对样品物质作定性和定量分析，应用的范围比 722 型分光光度计更广。752N Plus 型分光光度计外形如图 3-13 所示。

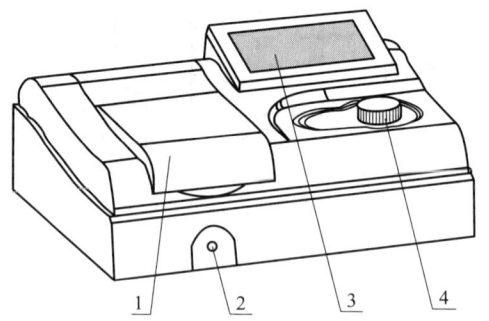

图 3-13 752N Plus 型分光光度计
1—比色皿暗箱；2—移动样品架；
3—液晶屏；4—波长调节旋钮

752N Plus 型分光光度计操作规程：

（1）开机预热 打开仪器开关，显示屏幕出现欢迎界面，稍后进行系统自检，仪器进入初始化状态。仪器初始化结束后，进入主菜单界面，点击屏幕上的图标即可进入所选测试功能。进入子菜单后，可点击屏幕右上角【Menu】返回主菜单。仪器进行测试前，要开机稳定 30 min，且要保持环境稳定，保证实验台水平且没有震动。

（2）光度测量

① 在主菜单中选择【光度测量】模式。

② 手动旋转右侧波长旋钮，观察波长显示窗，将标尺读数调整至需要的测量波长。

③ 合上样品室盖，按下【100%】键调满度，然后打开样品室门，按下【0%】键调零。

④ 选择测试用的比色皿，把盛放参比液和待测液的比色皿放入样品架内，拨动推杆，将样品对准光源。盖上样品室即可得到所需待测样品数据。可以通过【T%/Abs】键进行切换查看透射比和吸光度。

（3）定量测量

① 在主菜单中选择【定量测量】模式，点选界面上端 3 个页面标签，可在<K 系数法>、<单点标定>、<多点标定>这 3 种测试方法中选择。

② K 系数法。首先，在【参数】设置对话框完成各项参数，输入 K、B 的数值（斜率 K 和截距 B 可以从测定标准样品中得出）。然后通过旋钮设定测试波长，盖好样品室门，按下【100%】调满度，再打开样品室门，按下【0%】键调零。

比色皿内倒入待测样品，打开样品室，将比色皿放入样品架，拨动推杆，将样品对准光源。盖上样品室，按【测试】键测量未知样品浓度。

③ 单点标定。单点标定法是测量一个标样样品的吸光度与坐标零点来建立工作曲线，以此来测量样品浓度的方法。

首先，通过旋钮设定测试波长。盖好样品室门，按下【100%】调满度；再打开样品室门，按下【0%】键调零。然后，在【参数】设置对话框完成各项参数设置，在 Conc 编辑框输入浓度的数值。

比色皿内倒入标准样品和待测样品。打开样品室，将比色皿放入比色皿架。拨动推杆，将标准样品对准光源。盖上样品室，点击【标定】标定标样浓度。点击【√】标定完成，退回单点标定界面。拨动推杆，将待测样品对准光源。

盖上样品室，按【测试】键测量未知样品浓度。

④ 多点标定。多点标定法是测量出已知浓度的一系列样品的吸光度，来建立工作曲线，再根据建立的工作曲线来测量未知浓度的一种定量测量方法。

首先，通过旋钮设定测试波长。盖好样品室门，按下【100%】调满度；再打开样品室门，按下【0%】键调零。然后，点击【参数】进入参数设置子对话框。再点击【标定】进入标定设置子对话框。

在 Conc. 表格列中单击表格，弹出键盘输入一个对应的已知浓度。将对应浓度的标准样品比色皿放入比色皿架。拨动推杆，将标准样品对准光源。盖上样品室，点击【标定】可以根据当前吸光度标定输入的浓度值。重复本步骤，最多可以标定 10 个不同标准浓度的样品。

所有标准样品标定完毕后，点击【√】退回多点标定测试界面。

打开样品室，将待测样品比色皿放入比色皿架。拨动推杆，将待测样品对准光源。盖上样品室，按【测试】键测量未知样品浓度。

（4）动力学测量

① 在主菜单中选中【动力学测量】模式

② 通过旋钮设定测试波长。盖好样品室门，按下【100%】调满度；再打开样品室门，按下【0%】键调零。然后，点击【参数】进入参数设置子对话框，设置动力学测量参数。点击【√】返回动力学测试对话框。

将待测样品比色皿放入比色皿架。拨动推杆，将样品对准光源。盖上样品室盖，按【测试】键开始动力学测试。测试过程中，触摸曲线显示面板可以实时查看测试点信息。

（5）测量完毕

① 测量完毕后，清理样品室，将比色皿清洗干净，倒置晾干后收起。

② 关闭电源，盖好防尘罩，结束实验。

### 3.4.3 双光束 TU-1901 型分光光度计

TU-1901 型分光光度计是双光束紫外可见分光光度计，需要与计算机联机，使用 PC 端的 UVWin 软件操作仪器。双光束紫外可见分光光度计在光路上采用两束能量基本一致的光同时分别对样品和参比进行测量，通过参比光束实时反馈补偿测量系统的稳定性，提高仪器的测量精度。

在仪器结构上，双光束仪器与单光束最大的区别在于，双光束仪器的样品室有两路光，可以同时在两路光上放置参比和样品，如图 3-14 所示。

双光束仪器在使用上和单光束的差别在于：单光束仪器在校零和测量时，分两次将空白和样品放入样品池架中进行测量；而双光束仪器则是将空白和样品一次分别放入参比和

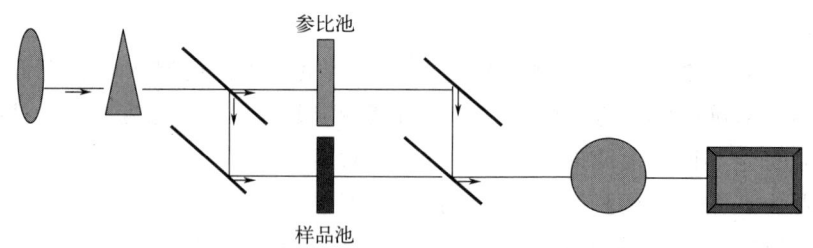

图 3-14　双光束分光光度计光路示意

样品两路池架中，然后进行校零和测量操作。单光束仪器构造简单，价廉，适用于在给定波长处测量吸光度或透光度，一般不能做全波段光谱扫描，要求光源和检测器具有很高的稳定性。双光束仪器能进行快速全波段扫描并自动记录吸光度值，可消除光源不稳定、检测器灵敏度变化等因素的影响，特别适合于结构分析，但仪器结构复杂，价格较高。

双光束 UV-1901 紫外可见光谱仪作为新一代双波长仪器，可独立完成光度测量、光谱扫描、定量测量、DNA 蛋白质测量等各种功能。

(1) TU-1901 操作规程

① 测定前的准备工作。打开计算机的电源开关，进入 Windows 操作环境。确认样品室中无挡光物，打开紫外分光光度计电源，单击"开始"选择"程序"→UVWin5 紫外软件 V5.0.4，进入紫外控制程序，出现紫外初始化画面，计算机对紫外进行自检并初始化。自检过程中，切勿开启样品室门，自检通过后进入主工作程序。

② 暗电流校正。在样品池插入黑挡板，选择"测量"菜单中的"暗电流校正"项，在整个波长范围内进行暗电流校正并存储数据。

③ 光谱扫描。在"应用"菜单中的测量模式(光谱测量、光度测量、定量测量和时间扫描四种模式)中选择"光谱测量"，此功能下，可记录样品的光度值随波长的变化曲线即光谱曲线。

④ 参数设定。单击"P"按钮弹出参数设定对话框"光谱扫描参数设置"对话框，从"光度模式(M)"中选择所需的扫描模式如"Abs（吸光度）"或"%T（透过率）"等，从"扫描参数"中设置扫描起点波长和终点波长以及扫描的速度和扫描间隔，从"显示范围"中设置显示的坐标值，然后点击"仪器"从"参数设置"备选框中设置"光谱带宽(S)"、"响应时间"以及"换灯波长"，点击"确定"后进入下一步操作。

⑤ 基线校正。在样品池和参比池中放入参比溶液，水溶液体系选择去离子水作为空白，将去离子水装入比色皿，放入双通道的内侧通道，选择"测量"菜单中的"基线校正"项提示（放入空白样品），在整个波长范围内进行基线校正，并存储数据。

⑥ 样品扫描。将样品池中的比色皿取出，清洗后装入样品，根据参比池在内、样品池在外的原则放入样品，点击按钮"开始"，此时弹出提示对话框"请插入样品"。如已经放好样品，可点击确认进行样品的光谱扫描，测量设定波长范围的吸光度，绘制 $A$-$\lambda$ 曲线，即紫外吸收光谱。中途可按"停止"停止扫描，扫描完成后弹出提示"扫描完成"，点击"确认"即可。

⑦ 图谱的峰值检出。样品图谱扫描完毕后，可从菜单中选择"图形（G）"中"峰值

检出（P）…"，调整阈值在 0～100% 之间标出所需峰，在"显示"中选择峰或谷或者两者都显示；在标记中选择合适的标记方式，若输入注释需要显示在图谱中，将"显示注释"的复选框选中即可。

⑧ 保存测量数据。选择菜单中"文件（F）"选择"另存为（A）……"选择保存路径后保存即可。

⑨ 取出样品池内的所有比色皿，退出紫外操作系统，关掉仪器电源，最后关闭计算机。

（2）注意事项

① 比色皿的使用。比色皿一般为长方体，其底及两侧为磨毛玻璃，另两面为光学玻璃制成的透光面。采用熔融一体、玻璃粉高温烧结和胶黏合而成。在可见区测定时用玻璃比色皿，在紫外区测定时须用石英比色皿。盛装溶液时，高度为比色皿的 2/3 处即可。拿取比色皿时，只能用手指接触两侧的毛玻璃，避免接触光学面（即光滑面）。不得将比色皿的光学面与硬物或脏物接触。光学面如有残液可先用滤纸轻轻吸附，然后再用镜头纸或丝绸擦拭。同时注意轻拿轻放，防止外力对比色皿产生应力后破损。凡含有腐蚀玻璃成分的溶液，不得长期盛放在比色皿中。不能将比色皿放在火焰或电炉上进行加热或放入干燥箱内烘烤。

② 测量完后需及时清洗比色皿。但比色皿不可用碱液洗涤，也不能用硬布或毛刷刷洗。

③ 测量样品时，测基线的空白比色皿不能取出，测量值为扣除空白吸收后的值。

④ 测量过程中一定不能退出紫外光谱操作软件，一旦退出，重新进入操作软件，需要重新初始化，短时间频繁初始化会出现仪器不能正常使用的情况。

⑤ 扫描过程不能使窗口最小化，否则会出现无法记录的情况。

⑥ 关机顺序务必是先退出操作软件，再关光谱仪，否则，电脑死机。

## 3.5 磁天平

古埃（Gouy）磁天平可用于测量顺磁性物质的磁化率，进而求得永久磁矩和推测未成对电子数，这对了解物质的原子、分子或离子在外磁场作用下的磁化现象，研究物质结构有着重要的意义。古埃磁天平具有结构简单紧凑、性能稳定、实验方便和灵敏度高的特点，适用于高等院校化学实验磁性测量的研究。

### 3.5.1 工作原理

如图 3-15 所示，在圆柱形的玻璃样品管中放入测定样品（内装粉末状或液体样品），把样品管悬挂在分析天平的臂上，样品管的底部处于外磁场强度最强处，即电磁铁两极的中心位置（$H$）。样品管中的样品要紧实、均匀安放，且量要足够多，以使样品的上端处于外磁场强度小到可以忽略的位置（$H_0$）。

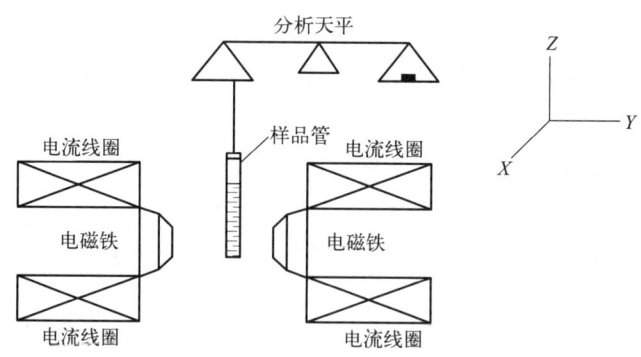

图 3-15 古埃磁天平的工作原理示意

## 3.5.2 古埃磁天平的仪器结构

磁天平的整机结构，如图 3-16，磁天平是由电流表、数字式毫特斯拉计、调节电位器、样品管、电磁铁、霍尔探头等构成，磁天平工作前须接通冷却水。仪器主要技术参数如下：

磁头直径 40 mm；磁隙宽度 0～40 mm，连续可调；磁场稳定度优于 $0.01\ h^{-1}$；磁场均匀度<1.5%；毫特斯拉计量程为 2 T，分辨率 1 mT；励磁电流 0～10 A，连续可调；励磁电流工作温度<60 ℃；整机功耗约 300 W。

（1）磁场　仪器的磁场由电磁铁构成，磁极材料用软铁。励磁线圈中无电流时，剩磁为最小（数字显示为±0000）。磁极极端为双截锥的圆锥体，磁极的端面须平滑均匀，使磁极中心磁场强度尽可能相同。磁极间的距离连续可调，便于实验操作。

（2）稳流电源　励磁线圈中的励磁电流由稳流电源供给。电源线路设计时，采用了电子反馈技术，可获得很高的稳定度，并能在较大幅度范围内任意调节其电流。

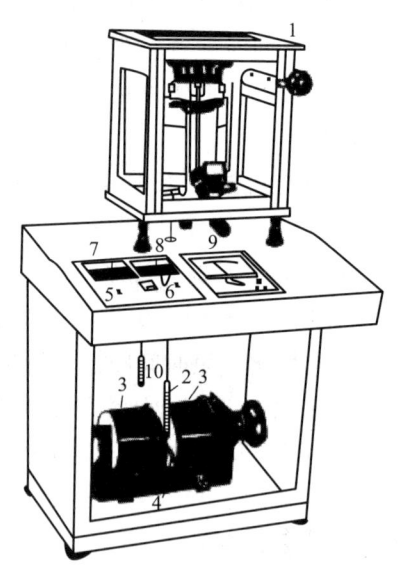

图 3-16 古埃磁天平的整机结构
1—分析天平；2—样品管；3—电磁铁；
4—霍尔探头；5—电源开关；6—调节
电位器；7—电流表；8—电压表；
9—特斯拉计；10—温度计

（3）分析天平（自配）　古埃磁天平需自配分析天平。在磁化率测量中，常配电子分析天平。在安装时，将电子分析天平底部中间的螺丝拧开，里面露出一挂钩，将一根细的尼龙线一头系在挂钩上，另一头连接一个与样品管口径相同的橡胶塞，以便与样品管连接。

（4）样品管（自配）　样品管由硬质玻璃管制成，内径 $\Phi 0.6～1.2$ cm，高度大于 16 cm，一般样品露在磁场外的长度应为磁极间隙的 10 倍或更大。样品管底部是平底，且样品管圆而均匀。测量时，用尼龙线将样品管垂直悬挂于天平盘下。注意样品管底部应处于磁场中部。

（5）样品（自配） 金属或合金物质可做成圆柱体直接在磁天平上测量；液体样品则装入样品管测量；固体粉末状物质要研磨后再均匀紧密地装入样品管中测量。古埃磁天平不能测量气体样品。微量的铁磁性杂质对测量结果影响很大，故制备和处理样品时要特别注意防止杂质的沾染。

### 3.5.3 古埃磁天平的使用

磁天平的毫特斯拉计和电流显示为数字式，可同装在一块面板上（图3-17）。

（1）检查两磁头间隙为20 mm，并使样品管尽可能在两磁头间的正中间。

（2）将励磁"电流调节"旋钮左旋至最小（即在接通电源时电流为零）。

（3）接通电源。A表显示0000，mT表显示值不一定是全零，先预热5 min。

（4）将毫特斯拉计的探头放入磁铁的中心架上，套上保护套。按"调零"键使毫特斯拉计的数字显示为"0000"。

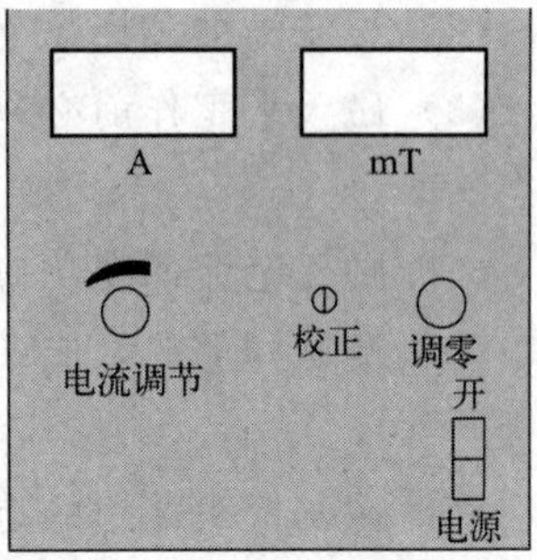

（5）除去保护套，把探头平面垂直置于磁场两极中心。

图3-17 磁天平的操作面板

接通冷却水，打开电源，调节励磁"电流调节"旋钮，使电流增大至毫特斯拉计上显示约"300 mT"，调节探头上下、左右位置，观察数字显示值，把探头位置调节至显示值最大的位置，此乃探头最佳位置。以探头沿此位置的垂直线，测定离磁铁中心高度，也就是样品管内应装样品的高度。随后调节励磁"电流调节"旋钮，使毫特斯拉计数字显示为零后，关闭电源。注意：关闭电源前应调节励磁"电流调节"旋钮使毫特斯拉计数字显示为零。

（6）取一支清洁、干燥的空样品管悬挂在磁天平的挂钩上，使样品管正好与磁极中心线平齐（样品管不可与磁极接触，并与探头有合适的距离）。准确称取空样品管（无磁场时）的质量，再调节励磁"电流调节"旋钮，缓慢升高励磁电流（如至3.0 A），使磁感应强度达到一定值（如300 mT），在上述磁感应强度下，称得空样品管的质量。再逐渐增大励磁电流，使磁感应强度达到所需值，再称得空样品管的质量。

为了抵消实验时磁场剩磁现象的影响，应采取调节电流由小到大、再由大到小的测定方法。例如：先准确称量空样品管，然后将励磁电流电源接通，依次称量电流在2.0 A、4.0 A、6.0 A时的空样品管。接着将电流调至7.0 A，然后减小电流。再依次称量电流在6.0 A、4.0 A、2.0 A时的空样品管。将励磁电流降为零时，再称量一次空样品管。由此可求出空样品管（无磁场时）质量及励磁电流在2.0 A、4.0 A、6.0 A时的质量（即重复一次取平均值）。

（7）取下样品管，用小漏斗装入事先研细并干燥过的样品，并不断将样品管底部在软垫上轻轻碰击，使样品均匀填实，直至所要求的高度（用尺准确测量）。按前述方法将装有莫尔盐的样品管置于磁天平称量，用于标定磁场强度。从而依次测得空样品管＋莫尔盐在无磁场和不同磁感应强度下的质量。

(8) 同一样品管中，按同样方法依次测得空样品管＋样品在无磁场和不同磁感应强度下的质量。

(9) 待所有样品称量完成后，将测定后的样品倒回试剂回收瓶，可重复使用。测量完毕后，关闭电源。注意：关闭电源前应调节励磁"电流调节"旋钮使毫特斯拉计数字显示为零。

### 3.5.4 使用注意事项

(1) 磁天平总机架必须放在水平位置，分析天平应做水平调整。
(2) 尼龙吊绳和样品管必须与其他物品相距 3 mm 以上。
(3) 磁天平工作前必须接通冷却水，以保证励磁线圈及大功率晶体管处于良好工作状态。
(4) 励磁电流的变化应平稳、缓慢，调节电流时不宜用力过大。
(5) 测试样品时，应关闭仪器玻璃门，避免环境对整机的影响，否则实验数据误差较大。
(6) 霍尔探头两边的有机玻璃螺丝可使其调节到最佳位置。在某一励磁电流下，打开毫特斯拉计，然后稍微转动探头使毫特斯拉计读数在最大值，此即为最佳位置，将有机玻璃螺丝拧紧。如发现毫特斯拉计读数为负值，只需将探头转动 180° 即可。
(7) 在测试完毕之后，请务必将电流调节旋钮左旋至最小（显示为 0000），然后方可关机。以防止反电动势将晶体管击穿，严禁在负载时突然切断电源。
(8) 影响磁化率测定的因素，除样品的纯度及堆积密度是否均匀外，保持励磁电流的稳定十分重要。为此需选用稳定性好的电源，还要防止电流通过电磁线圈后引起发热。因发热会使线圈的电阻增大，导致电流与磁场强度发生变化，而使天平称量的值难以重现。当室温较高时，线圈散热尤要注意。
(9) 励磁电流的选择应根据待测物质的磁化率而定。低磁化率的样品选择较大的励磁电流，高磁化率的样品选择较小的励磁电流。但过小的电流往往稳定性不好，且直接造成称量的误差。
(10) 对于液体样品的磁化率测定，常用新鲜的二次重蒸水作为参比物来标定磁场强度。

## 3.6 电化学工作站

电化学工作站（electrochemical workstation）是电化学测量系统的简称，仪器集成了几乎所有常用的电化学测量技术，包括电位扫描技术、电位跃迁技术、交流技术、恒电流技术和其他技术等，可以进行各种电化学常数的测量。主要应用于化学与物理电源、功能材料、腐蚀与防护、电化学沉积、电化学分析、光谱电化学、分析用途等。电化学测量技术是将化学物质的变化归结为电化学反应，也就是以体系中的电位、电流或者电量作为体系中发生化学反应的量度进行测定的方法。

目前，电化学工作站品牌非常多，国产电化学工作站 CHI（上海辰华仪器有限公司）比较受欢迎。其中，CHI600E 系列仪器集成了几乎所有常用的电化学测量技术。为了满足不同的应用需要以及经费条件，CHI600E 系列分成多种型号。不同的型号具有不同的电化学测量技术和功能，但基本的硬件参数指标和软件性能是相同的。CHI600E 和 CHI610E 为基本型，分别用于机理研究和分析应用，它们也是十分优良的教学仪器；CHI602E 和 CHI604E 可用于腐蚀研究；CHI620E 和 CHI630E 为综合电化学分析仪；而 CHI650E 和 CHI660E 为更先进的电化学工作站。一般实验测试可先选择技术方法，然后再点击参数按钮进行参数设置，设置好参数点击运行即可。不同技术的输出波形及参数意义、设置范围可参看说明书。

除电化学工作站外，电化学工作站测试系统（图 3-18）还需要配置计算机一台、三电极系统一套。测试系统控制与数据处理软件基于计算机的 Windows 操作系统。为了分别对电池或电解池的阴极、阳极发生的反应进行观察需用到三电极系统（即工作电极、辅助电极、参比电极）。被测定的电极叫作工作电极，与工作电极相对的电极叫作辅助电极。参比电极的作用是在测量过程中提供一个稳定的电极电位。对于一个三电极的测试系统，之所以要有一个参比电极，是因为有些时候工作电极和辅助电极的电极电位在测试过程中都会发生变化，为了确切地知道其中某一个电极的电位（通常我们关心的是工作电极的电极电位），我们就必须有一个在测试过程中电极电位恒定的电极作为参比来进行测量。在三电极系统中，为了能够在测定工作电极和参比电极之间电压的同时，又能任意调节工作电极的电位，最理想的设备为具有自动调节功能的恒电位仪。

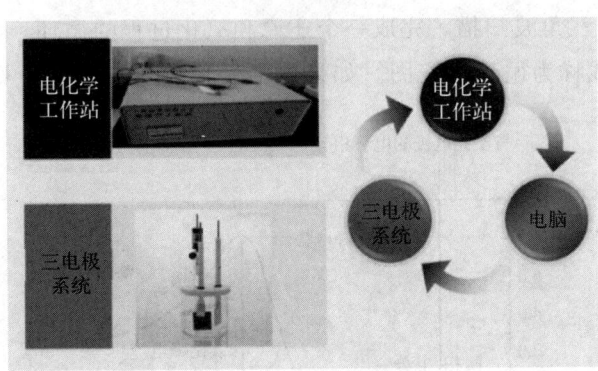

图 3-18　电化学工作站测试系统

测试步骤如下：

（1）开机。依次打开配套计算机和电化学工作站，预热 15 min。（即点击桌面 CHI 快捷键图标  。）

（2）根据实验需求，连接电路。红夹线接辅助电极，绿夹线接工作电极，白夹线接参比电极，黑夹线为接地线。

（3）打开软件，进行参数设置（图 3-19）。执行"Setup"菜单中的"Technique"命令，选择所需要的电化学测量技术，然后设置所需的实验参数（实验参数的动态范围可用 Help 看到，如果输入的参数超出了许可范围，程序会给出警告和许可范围，并要求重新修改）。

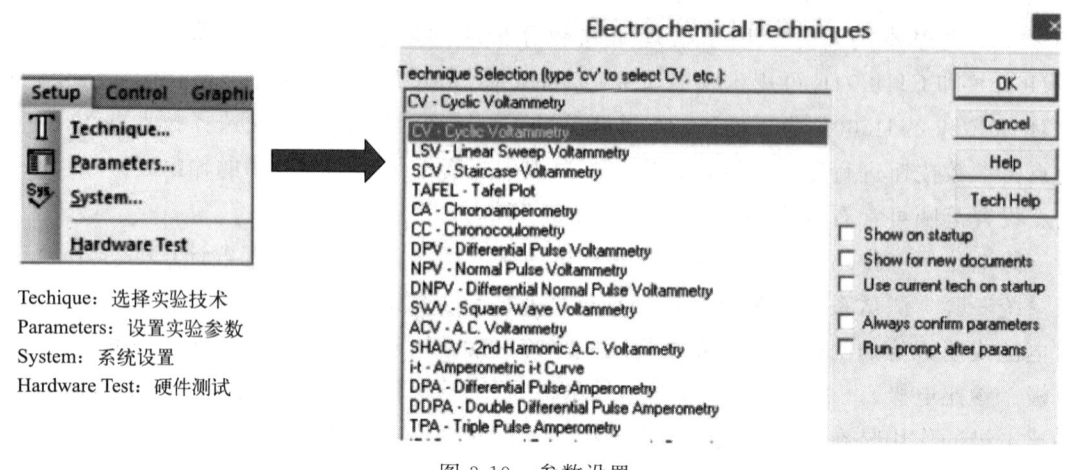

图 3-19　参数设置

（4）循环伏安（cyclic voltammetry，CV）的测定。以循环伏安法为例，它是一种常用的电化学研究方法。以等腰三角形的脉冲电压加在工作电极上，得到的电流-电压曲线包括两个分支（图 3-20），如果前半部分电位向阴极方向扫描，电活性物质在电极上还原，产生还原峰，那么后半部分电位向阳极方向扫描时，还原产物又会重新在电极上氧化，产生氧化峰。因此一次三角波扫描，完成一个还原和氧化过程的循环，故该法称为循环伏安法，其电流-电压曲线称为循环伏安图。如果电活性物质可逆性差，则氧化峰与还原峰的

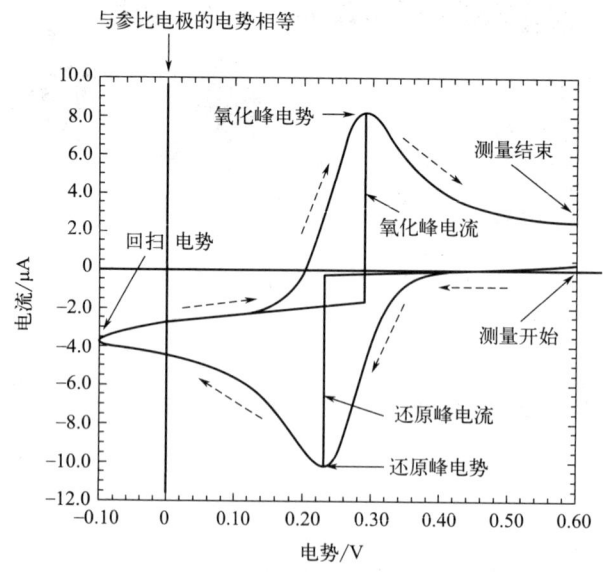

图 3-20　典型的循环伏安图

高度就不同，对称性也较差。循环伏安法中电压扫描速度可从 $1\ mV\cdot s^{-1}$ 到 $1\ V\cdot s^{-1}$，工作电极可用铂、玻碳、石墨等固体电极。该法控制电极电势以不同的速率随时间以三角波形一次或多次反复扫描，电势范围则使电极上能交替发生不同的还原和氧化反应，并记录电流-电势曲线。根据曲线形状可以判断电极反应的可逆程度，中间体、相界吸附或新相形成的可能性，以及偶联化学反应的性质等。循环伏安法常用来测量电极反应参数，判断其控制步骤和反应机理，并观察整个电势。对于一个新的电化学体系，首选的研究方法往往就是循环伏安法，可称之为"电化学的谱图"。

在这种循环伏安法技术中，基本上是将三种类型的电极（三电极系统）连接到恒电位仪上，恒电位仪以参比电极电势为参考基准来控制工作电极的电极电势大小，同时检测在工作电极和辅助电极之间流过的电流大小来完成测量。当在工作电极表面上发生氧化反应时，反应物分子失去的电子可通过连接在恒电位仪上的外部电路从工作电极流向辅助电极，也就是说，电流的流动方向是从辅助电极流向工作电极的。

点击"Technique"，选择实验方法中的"Cyclic Voltammetry"，双击实验方法中的"Cyclic Voltammetry"，出现参数设定菜单（图3-21）。

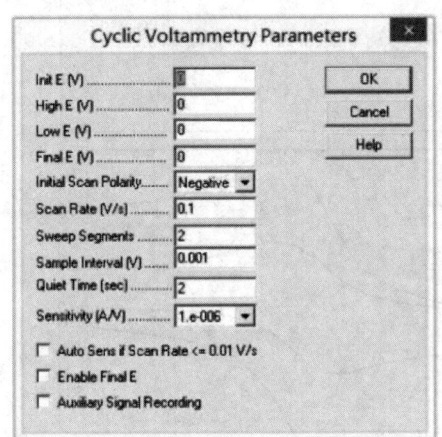

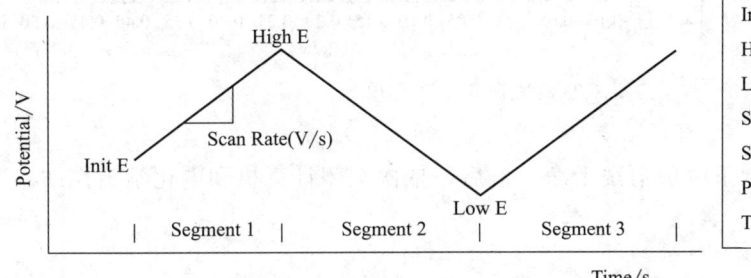

图 3-21　循环伏安测试的参数设定界面和相应含义

（5）参数设置完毕后，打开"Control"菜单（图3-22）下的"Run Experiment"，界面右上角出现"剩余时间"。实验中如需要电位保持或暂停扫描（针对循环伏安而言），可用"Control"菜单中的"Pause/Resume"命令。如果需要继续扫描，可再执行"Pause/

Resume"命令。执行"Stop Run"可手动终止实验。

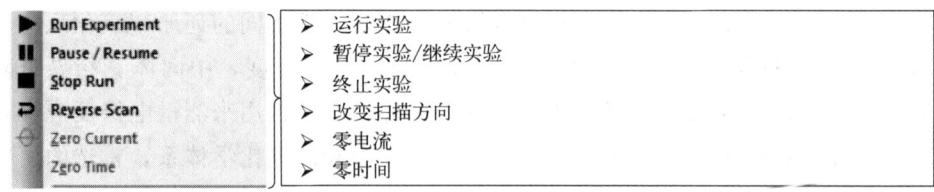

图 3-22 "Control"菜单

(6) 实验结束时"剩余时间"将消失,单击图标,弹出保存对话框,输入文件名及选择保存路径,单击保存。(注意可选择保存类型,一般保存工作站的默认类型和文本类型的 txt 格式)。可执行"Graphics"菜单(图 3-23)中的"Present Data Plot"命令进行数据显示,在"Graphics"菜单中的"Graph Options"命令中可控制数据显示方式。

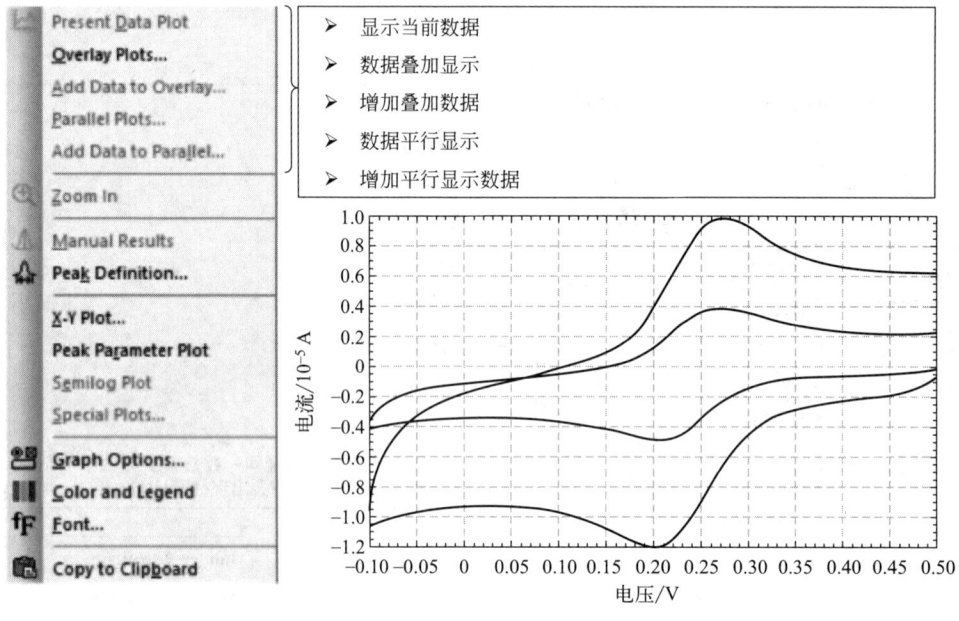

图 3-23 "Graphics"菜单

(7) 测量完成后,取下电极清洗干净。最后,依次关闭计算机和电化学工作站。

# 第4章 基础实验

## 4.1 基本物理量与物化参数的测定实验

### 实验1 摩尔气体常数的测定

**一、实验目的**

1. 学会一种测定摩尔气体常数的方法及其操作;
2. 进一步加深理解理想气体状态方程式和分压定律;
3. 学习称量、量气等操作技术。

**二、实验原理**

理想气体状态方程是描述理想气体在处于平衡态时,压强、体积、物质的量、温度间关系的状态方程。理想气体是指分子本身大小与分子间的距离相比可以忽略不计,且分子间不存在相互作用的引力和斥力的气体。实际气体在压强不太大、温度不太低的条件下,可视为理想气体。

理想气体状态方程可表示为:

$$pV = nRT \tag{4-1}$$

则

$$R = \frac{pV}{nT} \tag{4-2}$$

式中,$p$ 为气体的压力或分压,Pa;$V$ 为气体体积,$m^3$;$n$ 为气体物质的量,mol;$R$ 为摩尔气体常数,$m^3 \cdot Pa \cdot K^{-1} \cdot mol^{-1}$;$T$ 为气体的温度,K。由此可知,一定量理想气体的体积与压力的乘积与气体物质的量和它的热力学温度的乘积之比 $R$ 是一个常数,即摩尔气体常数。

本实验通过金属镁条和过量稀硫酸反应,置换出氢气的体积来测定摩尔气体常数 $R$ 的数值。化学反应式为:

$$Mg + H_2SO_4 \longrightarrow MgSO_4 + H_2(g)$$

先准确称取一定质量的镁条,使之与过量的稀硫酸作用,在一定温度和压力下测出氢气的体积。实验时的温度和压力分别由温度计和压力计测得。由于氢气是在水面上收集的,所以在氢气中混有饱和水蒸气。根据分压定律,氢气的分压为实验时的大气压减去该温度下水的饱和蒸气压(详见附录1):

$$p_{(H_2)} = p_{大气压} - p_{(H_2O)} \tag{4-3}$$

氢气的物质的量可由镁条的质量求得,其体积通过量气管读取。将以上各项数据代入式(4-2)中,可求得摩尔气体常数 $R$ 的数值。

利用此方法也可以测定在一定温度和标准状态下,气体的摩尔体积和金属的摩尔质量。

## 三、仪器与试剂

仪器:电子天平、长颈漏斗(用于试管底部注入浓硫酸)、普通漏斗(用于安装测试装置)、试管、量气管、橡胶塞、蝴蝶夹、橡胶管、铁架台、砂纸等。

试剂:Mg 条(纯度:99.95%)、$H_2SO_4$(3 $mol \cdot L^{-1}$)。

## 四、实验内容

1. 用砂纸打磨镁条去除表面氧化膜,准确称取两份已去除表面氧化膜的镁条,每份镁条质量在 0.0400~0.0600 g 范围内。注意:若镁条太重,产生氢气过多,导致玻璃漏斗水溢出;若质量太轻,则产生氢气量少,误差较大。

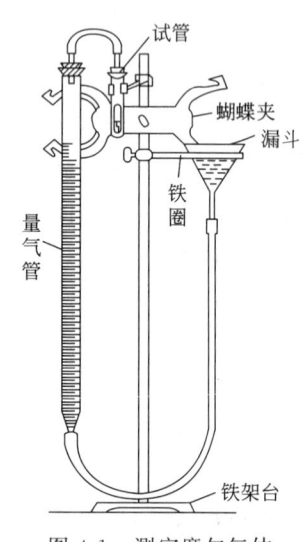

图 4-1 测定摩尔气体常数 $R$ 的装置

2. 安装测定装置。按图 4-1 所示安装好测定装置,打开试管的胶塞,由漏斗注水至量气管液面略低于刻度"0"的位置。反复上下移动漏斗,确保赶尽附着在橡胶管和量气管内壁的气泡,然后重新塞紧试管的胶塞。

3. 检漏。检查塞紧装置中所有橡胶塞,将漏斗下移一段距离,使漏斗内液面与量气管内液面维持一定的液面高度差,随后固定该漏斗的位置。如果量气管中的液面只在开始时稍有下降就维持恒定(3~5 min),便说明装置不漏气;如果液面持续下降,则表明该装置漏气,应检查各接口处是否严密,经检查与调整后再重复上述检漏操作,直至不漏气为止。

4. 测定

(1) 从装置上取下试管,根据称取的镁条质量,用长颈漏斗将 4~5 mL 硫酸(3 $mol \cdot L^{-1}$)注入试管底部,这个操作过程一定要小心,切勿使硫酸粘在试管壁上。然后稍微倾斜试管,将镁条弯成 U 形卡在试管内部(或将用水润湿的镁条粘在试管内壁上部),确保镁条不与硫酸接触,如图 4-2 所示。装好试管,塞紧橡胶塞,再一次检查装置是否漏气(注意:动作一定要轻缓,谨防镁条落入硫酸溶液中)。

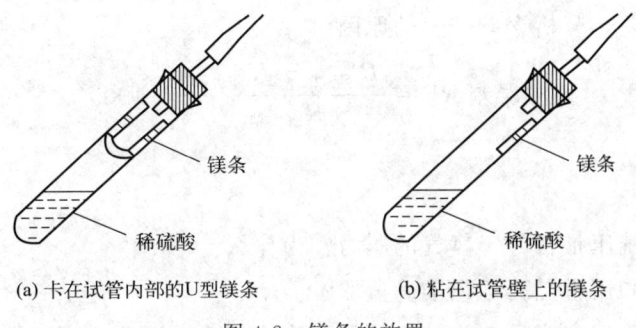

(a) 卡在试管内部的U型镁条　　(b) 粘在试管壁上的镁条

图 4-2　镁条的放置

（2）调节装置中右侧漏斗高度，使漏斗和量气管中液面保持同一水平，准确读出量气管中的液面位置 $V_1$（水凹液面的最低点位置）。

（3）把试管底部略微抬高，使镁条与硫酸接触发生反应，但切勿使硫酸接触到橡胶塞，随后固定试管。这时由于反应产生的氢气进入量气管中，把量气管中的水压入漏斗内。为了避免量气管内压力过大而造成装置漏气，在量气管液面下降的同时，要缓慢下移漏斗，使量气管内液面和漏斗液面大体保持同一水平。此外，连接试管和量气管间的橡胶管勿打折，保证管路通畅。

（4）镁条完全反应后，待试管冷却至室温，并调整漏斗液面与量气管的液面处于同一水平，这时准确读取量气管中液面的位置 $V_2$（切勿试管没有冷却到室温就开始读取液面位置）。再稍等 1~2 min，读取液面位置，如果两次读数相等，表明管内气体温度已与室温一致，记下室内的温度与大气压。随后，用另一份已称量的镁条重复上述实验。

## 五、实验结果与数据处理

1. 将实验相关数据记录于表 4-1 中。

表 4-1　数据记录

| 项目 | 第1组 | 第2组 | 第3组(选做) |
| --- | --- | --- | --- |
| 实验时温度/℃ | | | |
| 实验时大气压/Pa | | | |
| 镁条质量/g | | | |
| 反应前量气管液面读数 $V_1$/mL | | | |
| 反应后量气管液面读数 $V_2$/mL | | | |
| 氢气体积 $(V_2-V_1)$/mL | | | |
| 实验温度下水的饱和蒸气压/Pa | | | |
| 氢气的分压/Pa | | | |
| 氢气的物质的量/mol | | | |
| 摩尔气体常数 $R$/m$^3$·Pa·K$^{-1}$·mol$^{-1}$ | | | |
| 相对误差/% | | | |

2. 计算相对误差，分析误差产生的原因。

$$相对误差 RE = \frac{|R_{实验值} - R_{真实值}|}{R_{真实值}} \times 100\%$$

### 六、思考题

1. 量气管内的气压是否等于氢气的压力？为什么？
2. 硫酸的浓度和用量是否必须准确量取？
3. 镁条与硫酸反应完毕后，为什么要等试管冷却至室温后才可读数？
4. 检查实验装置是否漏气的原理是什么？
5. 试分析下列情况对实验结果有何影响：
（1）量气管内气泡未赶尽；
（2）镁条表面的氧化物没有除净；
（3）镁条装入试管时，不小心与硫酸发生接触；
（4）读取液面位置时，量气管和漏斗中的液面不在同一水平面上；
（5）读数时，量气管的温度还高于室温；
（6）反应过程中，量气管压入漏斗的水过多而溢出；
（7）装置发生漏气现象。

## 实验 2  电导率法测定氯化银的溶度积

### 一、实验目的

1. 巩固多相离子平衡的概念及规律；
2. 理解电导、电导率、摩尔电导率、溶度积的概念；
3. 理解电导率法测定 AgCl 溶度积常数的原理和方法；
4. 掌握电导率仪的使用方法。

### 二、实验原理

在难溶电解质 AgCl 的饱和溶液中，存在下列平衡：

$$AgCl(s) \rightleftharpoons Ag^+(aq) + Cl^-(aq)$$

其溶度积为
$$K_{sp}^{\ominus}(AgCl) = (c_{Ag^+}/c^{\ominus})(c_{Cl^-}/c^{\ominus}) \tag{4-4}$$

式中，$c^{\ominus}$ 为溶液中溶质的标准态浓度，$c^{\ominus} = 1 \text{ mol} \cdot \text{L}^{-1}$。由于难溶电解质的溶解度很小，离子浓度很难直接测定，因此本实验利用浓度与电导率之间的关系，通过测定溶液的电导率，从而计算其溶度积。

电解质溶液的电导率（$\kappa$）及摩尔电导率（$\Lambda_m$）随溶液浓度的变化而变化，并存在如下关系：

$$\Lambda_m = \kappa V_m = \kappa/c \tag{4-5}$$

式中，$\Lambda_m$ 为摩尔电导率，是 1 mol 的电解质溶液在相距为 1 m 的平行电极之间的电导，在国际单位制中，摩尔电导率 $\Lambda_m$ 的单位为 $S \cdot m^2 \cdot mol^{-1}$；$\kappa$ 为电导率，$S \cdot m^{-1}$；$V_m$ 为 1 mol 电解质溶液的体积，$m^3/mol$；$c$ 为电解质溶液的浓度，$mol/m^3$。

由于难溶电解质的溶解度很小，其饱和溶液可近似为无限稀释。难溶电解质饱和溶液的摩尔电导率 $\Lambda_m$ 与其无限稀释溶液中的摩尔电导率 $\Lambda_m^\infty$（即极限摩尔电导率）近似相等，故

$$\Lambda_m \approx \Lambda_m^\infty \tag{4-6}$$

因此，溶液无限稀释时的浓度、电导率与极限摩尔电导率之间存在以下关系：

$$c = \frac{\kappa}{\Lambda_m^\infty} \tag{4-7}$$

在本实验中，作为难溶电解质的 AgCl 沉淀已经进行了多次洗涤，因此进行电导率测试的 AgCl 饱和溶液中，银离子和氯离子均来自 AgCl 沉淀的电离。所以在溶液中存在下列关系：

$$c_{Ag^+} = c_{Cl^-} = \frac{\kappa_{AgCl}}{\Lambda_{m,AgCl}^\infty} \tag{4-8}$$

$$\Lambda_{m,AgCl}^\infty = \Lambda_{m,Ag^+}^\infty + \Lambda_{m,Cl^-}^\infty$$

通过查阅表 4-2，即可得到在 25 ℃时 AgCl 的极限摩尔电导率 $\Lambda_{m,AgCl}^\infty$。

**表 4-2　在 298.15 K 无限稀释水溶液中离子的极限摩尔电导率**

| 阳离子 | $10^4 \Lambda_m^\infty / S \cdot m^2 \cdot mol^{-1}$ | 阴离子 | $10^4 \Lambda_m^\infty / S \cdot m^2 \cdot mol^{-1}$ |
|---|---|---|---|
| $H_3O^+$ | 349.82 | $OH^-$ | 199.00 |
| $Li^+$ | 38.69 | $Cl^-$ | 76.34 |
| $Na^+$ | 50.11 | $Br^-$ | 78.40 |
| $K^+$ | 73.52 | $I^-$ | 76.80 |
| $NH_4^+$ | 73.40 | $NO_3^-$ | 71.44 |
| $Ag^+$ | 61.92 | $ClO_4^-$ | 57.30 |
| $\frac{1}{2}Mg^{2+}$ | 53.60 | $CH_3COO^-$ | 40.70 |
| $\frac{1}{2}Ca^{2+}$ | 59.50 | $\frac{1}{2}SO_4^{2-}$ | 80.00 |
| $\frac{1}{2}Ba^{2+}$ | 63.64 | $\frac{1}{2}CO_3^{2-}$ | 69.80 |
| $\frac{1}{3}Fe^{3+}$ | 68.00 | $\frac{1}{2}C_2O_4^{2-}$ | 74.20 |

这里需要注意的是，难溶电解质在水中的溶解度极小，电导率仪测出的饱和溶液的电导率 $\kappa_{溶液}$ 实际是电解质的正、负离子和溶剂（$H_2O$）解离的正、负离子的电导率之和。

$$\kappa_{溶液} = \kappa_{电解质} + \kappa_{H_2O} \tag{4-9}$$

因此，需要对数值进行修正：

$$\kappa_{AgCl} = \kappa_{AgCl溶液} - \kappa_{H_2O} \tag{4-10}$$

式中，$\kappa_{\text{AgCl溶液}}$ 为通过电导率仪测出的 AgCl 饱和溶液的电导率读数；$\kappa_{\text{H}_2\text{O}}$ 为通过电导率仪测出的用以溶解 AgCl 的水的电导率读数。

综上可得，电导率法测定 AgCl 溶度积的公式为：

$$K_{\text{sp}}(\text{AgCl}) = \left(\frac{\kappa_{\text{AgCl溶液}} - \kappa_{\text{H}_2\text{O}}}{\Lambda_{\text{m,AgCl}}^{\infty}}\right)^2 \tag{4-11}$$

### 三、仪器与试剂

仪器：电导率仪、磁力搅拌器、滤纸、烧杯、量筒、玻璃棒、胶头滴管、石棉网、酒精灯等。

试剂：$AgNO_3$（0.05 mol·L$^{-1}$）、HCl（0.05 mol·L$^{-1}$）、二苯胺的浓硫酸溶液（新鲜配制）。

### 四、实验内容

1. AgCl 饱和溶液的制备：用量筒量取 20 mL $AgNO_3$（0.05 mol·L$^{-1}$）和 20 mL HCl（0.05 mol·L$^{-1}$）分别置于两个烧杯中，在磁力搅拌下，用滴管将 $AgNO_3$ 溶液逐滴加入到装有 HCl 溶液的烧杯中（2~3 滴/s），观察到有白色的 AgCl 沉淀生成。当 $AgNO_3$ 全部滴加完毕，将烧杯放置到沸水浴中加热并搅拌 10 min，静置冷却 20 min 后，使用倾析法倒掉上层的清液得到 AgCl 沉淀。然后用近沸的 40 mL 去离子水洗涤沉淀，重复洗涤 5~6 次，直到用二苯胺的浓硫酸溶液检验上层清液中无硝酸根离子残留为止。最后，向洗净的 AgCl 沉淀中加入 40 mL 去离子水，并加热煮沸 3~5 min，其间不断搅拌，最后冷却至室温。注意本实验所使用的玻璃棒、烧杯、量筒等玻璃仪器，在使用前必须用去离子水清洗干净并干燥，以排除杂质离子的干扰。

提示：二苯胺的浓硫酸溶液与硝酸根在一定条件下发生硝基化显色反应，即二苯胺在酸性条件下，经硝酸氧化后颜色变为深蓝色或紫色。操作步骤：先加数滴二苯胺的浓硫酸溶液，倾斜试管，沿壁慢慢流入已酸化后的含硝酸根离子试液，此时浓硫酸和试液分为明显两层，两层界面处出现蓝色环。

2. 组装并校准电导率仪（电导率仪使用方法参见第 3 章）。

3. 使用电导率仪进行测试：在恒温条件下，先测定去离子水的电导率 $\kappa_{\text{H}_2\text{O}}$，再测定已制得的 AgCl 饱和溶液的电导率 $\kappa_{\text{AgCl溶液}}$，数据记录到表 4-3 中。

4. 重复步骤 1.~3. 进行两次实验，分别将实验结果记为第 1 组和第 2 组数据。

## 五、实验结果与数据处理

实验温度_____℃，$\Lambda_{m,AgCl}^{\infty}$_____$S \cdot m^2 \cdot mol^{-1}$。

将实验相关数据记录于表 4-3 中。

表 4-3 数据记录

| 项目 | 第 1 组 | 第 2 组 | 平均值 |
| --- | --- | --- | --- |
| $\kappa_{AgCl溶液}/S \cdot m^{-1}$ | | | |
| $\kappa_{H_2O}/S \cdot m^{-1}$ | | | |
| $K_{sp}(AgCl)$ | | | |

查附录 3 中 AgCl 的 $K_{sp}^{\ominus}$ 标准值，计算实验误差，并讨论误差产生的原因。

## 六、思考题

1. 为什么要向洗涤完成的 AgCl 沉淀中加入 40 mL 去离子水，并加热煮沸？为什么还要待溶液冷却至室温后再进行电导率测试？

2. 若待测 AgCl 饱和溶液中存在硝酸根离子，对电导率的测试结果有什么样的影响？

3. 为什么配制好的 AgCl 饱和溶液转移时，必须使用干燥过的容器，否则对实验结果有何影响？

# 实验 3　弱酸电离度与电离平衡常数的测定

## 一、实验目的

1. 掌握测定弱酸电离度与电离平衡常数的方法；
2. 加深对弱电解质电离平衡的理解；
3. 掌握酸度计的正确使用方法。

## 二、实验原理

醋酸（HAc）是一元弱酸，在水溶液中存在着下列电离平衡：

$$HAc \rightleftharpoons H^+ + Ac^-$$

$$K_a^{\ominus} = (c_{H^+}/c^{\ominus})(c_{Ac^-}/c^{\ominus})/(c_{HAc}/c^{\ominus}) \tag{4-12}$$

$$H_2O \rightleftharpoons H^+ + OH^-$$

$$K_w^{\ominus} = (c_{H^+}/c^{\ominus})(c_{OH^-}/c^{\ominus}) \tag{4-13}$$

式(4-12) 和式(4-13) 中，$c^{\ominus}$ 为标准浓度，即 $1 \, mol \cdot L^{-1}$；$c_{H^+}$、$c_{Ac^-}$、$c_{HAc}$ 分别为 $H^+$、$Ac^-$、HAc 的平衡浓度；$K_a^{\ominus}$ 为电离平衡常数。由于水电离出的 $H^+$ 受到 HAc 电离

的抑制，总是小于 $10^{-7}$ mol·L$^{-1}$，因此可以忽略水的电离。

再根据

$$HAc \rightleftharpoons H^+ + Ac^-$$

起始浓度　　　　　　　　$c$　　　$0$　　　$0$

平衡浓度　　　　　　$c-c\alpha$　　$c\alpha$　　$c\alpha$

式中，$c$ 为 HAc 溶液的原始浓度；$\alpha$ 为 HAc 的电离度，且 $\alpha = \dfrac{c_{H^+}}{c} \times 100\%$，可得：

$$K_a^\ominus = (c_{H^+}/c^\ominus)(c_{Ac^-}/c^\ominus)/(c_{HAc}/c^\ominus)$$

可简化为：
$$K_a^\ominus = (c_{H^+} \, c_{Ac^-})/c_{HAc} = \frac{(c\alpha)^2}{c-c\alpha} = \frac{c\alpha^2}{1-\alpha} \tag{4-14}$$

当 $c/K_a^\ominus \geqslant 400$，即 HAc 的电离度 $\alpha \leqslant 5\%$，则 $c - c_{H^+} \approx c$，则获得简化的计算公式 $c_{H^+} \approx \sqrt{K_a^\ominus c}$。在一定温度下，用酸度计测定一系列 HAc 标准溶液的 pH 值，并根据 pH = $-\lg c_{H^+}$，可计算出 $c_{H^+}$。随后根据简化的计算公式 $c_{H^+} \approx \sqrt{K_a^\ominus c}$ 以及 $\alpha = \dfrac{c_{H^+}}{c} \times 100\%$，即可得到一系列对应的电离平衡常数 $K_a^\ominus$ 和电离度 $\alpha$。取其平均值即为该温度下 HAc 的电离平衡常数 $K_a^\ominus$。

### 三、仪器与试剂

仪器：酸度计、烧杯、移液管、玻璃棒等。

试剂：HAc 标准溶液（0.1000 mol·L$^{-1}$，实验准备室教师事先标定）、标准缓冲溶液（0.05 mol·L$^{-1}$ 邻苯二甲酸氢钾、0.025 mol·L$^{-1}$ 混合磷酸盐、0.01 mol·L$^{-1}$ 四硼酸钠）、去离子水。

### 四、实验内容

一系列 HAc 溶液的配制及 pH 值的测定：

1. 取 5 只清洁干燥的 100 mL 烧杯编成 1～5 号。
2. 根据表 4-4，用移液管分别量取相应体积的 HAc 标准溶液和去离子水，并混合均匀，从而配成一系列不同浓度的 HAc 溶液。
3. 按从稀到浓的顺序，用酸度计依次测定一系列 HAc 溶液的 pH 值（酸度计使用前需要先用标准缓冲溶液定位校准，使用方法详见第 3 章），并将数据记录于表 4-4 中。

注意：一系列不同浓度的 HAc 溶液需在同一台酸度计上测定 pH 值，测定的时间间隔不宜太长，以防止由于电压波动对 pH 值读数产生影响。

4. 测定全部结束后，及时清洗酸度计电极，并小心套上电极帽，关闭电源。

### 五、实验结果与数据处理

测定时溶液的温度：_____℃。

将实验相关数据记录于表 4-4 中。

表 4-4　一系列 HAc 溶液的配制及 pH 值测定

| 编号 | HAc 标准溶液体积/mL | 去离子水体积/mL | HAc 原始浓度 $c/\text{mol}\cdot\text{L}^{-1}$ | 测得 pH 值 | $c_{H^+}/\text{mol}\cdot\text{L}^{-1}$ | 电离度 $\alpha/\%$ | 电离平衡常数 $K_a^\ominus$ | |
|---|---|---|---|---|---|---|---|---|
| | | | | | | | 测定值 | 平均值 |
| 1 | 48.00 | 0.00 | | | | | | |
| 2 | 24.00 | 24.00 | | | | | | |
| 3 | 12.00 | 36.00 | | | | | | |
| 4 | 6.00 | 42.00 | | | | | | |
| 5 | 3.00 | 45.00 | | | | | | |

1. 根据测得的 pH 值，计算各 HAc 溶液的 $c_{H^+}$。
2. 计算各 HAc 溶液的电离平衡常数 $K_a$ 和电离度 $\alpha$，分析两者与溶液浓度各有什么关系。
3. HAc 电离平衡常数的文献值为 $1.76\times10^{-5}$，计算实验值的相对误差，并分析产生误差的原因。

## 六、思考题

1. 在相同温度下，不同浓度的 HAc 溶液的电离度是否相同？电离平衡常数是否相同？如果改变温度，电离平衡常数会怎么变化？
2. "电离度愈大，酸度就愈大。"这句话是否正确，为什么？
3. 若 HAc 溶液浓度很稀，是否还可以用近似公式 $K_a^\ominus \approx \dfrac{(c_{H^+})^2}{c_{HAc}}$ 求解电离平衡常数？为什么？
4. 为什么要按照溶液浓度从稀到浓的次序来测定 pH 值？
5. 配制一系列 HAc 溶液，为什么选择用移液管量取溶液，而不是用量筒？

# 实验 4　配合物的解离平衡与稳定常数的测定

## 一、实验目的

1. 初步了解分光光度法测定溶液中配合物的组成和稳定常数的原理及方法；
2. 学习相应的数据处理和作图方法；
3. 巩固溶液配制的操作，熟悉分光光度计的使用方法。

## 二、实验原理

在溶液中，金属离子 M 和配体 L 可以形成配合物。与弱电解质类似，配合物在溶液中也存在一定程度的解离。当配合物生成速度与其解离速度相等时，则达到配位-解离平衡，简称配位平衡，可表示为：

$$M + nL \rightleftharpoons ML_n$$

配合物的稳定性，可以用生成配合物的平衡常数来表示，称为配合物的稳定常数（$K_稳^\ominus$，也称形成常数、结合常数）。它是金属离子和配体相互作用强度的量度。$K_稳^\ominus$值越大，表示形成配合物的倾向越大，配合物越稳定。配合物在溶液中的生成与解离，与多元酸、碱相似，也是分级进行的，而且各级解离或稳定常数也不一样，通常所说的稳定常数是指配合物的累积稳定常数。以上述反应为例，配合物形成的稳定常数可以表述为：

$$K^\ominus(稳，ML_n) = \frac{c_{ML_n}/c^\ominus}{[c_M/c^\ominus][c_L/c^\ominus]^n} \tag{4-15}$$

式中，$n$ 为配体数。

根据配合物的性质可以采用电化学法和分光光度法进行稳定常数的测定。其中，分光光度法所用仪器简单、操作便利，是测定有色配合物组成和稳定常数的首选方法。其前提条件是溶液中的中心离子和配体都为无色，只有它们所形成的配合物有色。磺基水杨酸（简式为 $H_3L$）与 $Fe^{3+}$ 可以形成稳定的配合物，配合物的组成因溶液的 pH 不同而不同。当 pH＜4 时，形成紫红色配合物 [FeL]；pH 在 4～10 之间，形成红色配离子 $[FeL_2]^{3-}$；pH 在 10 左右，形成黄色配离子 $[FeL_3]^{6-}$。由于本实验控制溶液的 pH 在 2～3 之间，此时所测溶液中磺基水杨酸是无色的，$Fe^{3+}$ 溶液的浓度很稀时也可以认为是无色的，因此溶液中只有配合物是有颜色的。利用这一特点，通过测定溶液的吸光度，就可以求出配合物的组成。

根据朗伯-比尔定律，当入射波长、溶液温度和溶液厚度均一定时，有色物质对光的吸光度（$A$）与有色物质浓度成正比，即

$$A = Kbc \tag{4-16}$$

式中，$c$ 为有色物质的浓度；$b$ 为溶液厚度；$K$ 为比例常数，其数值与入射光波长、有色物质的性质和温度有关。当有色物质成分明确，其分子量已知的情况下，可用 $\varepsilon$ 代替 $K$，$\varepsilon$ 称为摩尔吸光系数，在数值上等于单位摩尔浓度在单位光程中所测得的溶液的吸光度。式(4-16)即可表述为：

$$A = \varepsilon bc \tag{4-17}$$

用分光光度法测定配合物的组成及稳定常数，常用的方法有等摩尔连续变化法、摩尔比法、平衡移动法等。本实验采用的是等摩尔连续变化法，即在保持每份溶液中金属离子的浓度（$c_M$）和配体的浓度（$c_L$）之和不变（即总的物质的量不变）的前提下，改变这两种溶液的相对量，配成一系列溶液，选择最大吸收波长下的入射光测定各溶液相应的吸光度（$A$）。以 $A$ 为纵坐标，以不同的物质的量比 $\frac{n_M}{n_M + n_L}$ 为横坐标作图，得一曲线（如图 4-3），将曲线两边的直线延长相交于点 $B$，由 $B$ 点的横坐标数值即可求出配合物中金属离子与配位体的配位比 $n$。

图 4-3 表示的是典型的低稳定性配合物 ML 的物质的量比与吸光度关系曲线。$B$ 点的横坐标数值为 0.5，对应金属离子与配体的物质的量之比 $n=1$。该点对应的最大吸光度 $A_1$，可被认为是 M 与 L 全部形成配合物时的吸光度。由于配位平衡的存在，配合物有部分解离，导致配合物浓度要稍小些，所以实验中测得的最大吸光度 $A_2$ 值小于 $A_1$ 值。若

配合物的解离度为 $\alpha$，则

$$\alpha = \frac{A_1 - A_2}{A_1} \tag{4-18}$$

组成为 1∶1 的配合物 ML 满足下列平衡：

$$M + L \rightleftharpoons ML$$

起始浓度　　　　　　　　　　0　　0　　$c$

平衡浓度　　　　　　　　　$c\alpha$　$c\alpha$　$c(1-\alpha)$

所以

$$K_{稳}^{\ominus} = \frac{c_{ML}/c^{\ominus}}{(c_M/c^{\ominus})(c_L/c^{\ominus})} = \frac{(1-\alpha)c^{\ominus}}{c\alpha^2} \tag{4-19}$$

式中，$c_{ML}$、$c_M$、$c_L$ 分别为解离平衡时各物质的浓度；$c$ 为溶液内 ML 的起始浓度，即与图 4-3 中 $B$ 点对应的 M 的浓度。将根据式(4-18)求得的 $\alpha$ 值代入式(4-19)即得 $K_{稳}^{\ominus}$。这样计算得到的稳定常数是表观稳定常数，如果要测定热力学稳定常数，还要考虑弱酸的解离平衡，对酸效应进行校正。

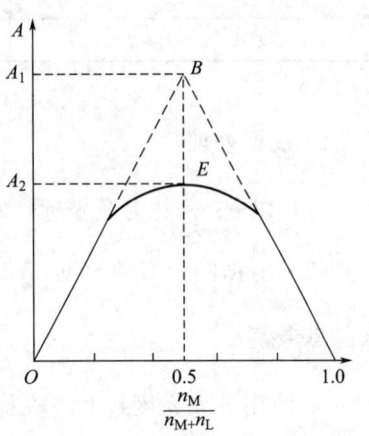

图 4-3　吸光度与物质的量之比关系

### 三、仪器与试剂

仪器：分光光度计、容量瓶（100 mL，2 个）、烧杯（25 mL，11 只）、吸量管（10 mL，2 支）、玻璃比色皿、镜头纸、滤纸条、pH 广泛试纸及精密试纸等。

试剂：$H_2SO_4$（6 mol·$L^{-1}$）、NaOH（1 mol·$L^{-1}$）、磺基水杨酸（0.01 mol·$L^{-1}$）、$NH_4Fe(SO_4)_2$（0.01 mol·$L^{-1}$，在 pH＝2 的 $H_2SO_4$ 中）、蒸馏水。

### 四、实验内容

1. 配制 0.001 mol·$L^{-1}$ 的 $NH_4Fe(SO_4)_2$ 和磺基水杨酸溶液。用吸量管吸取实验室准备的 $NH_4Fe(SO_4)_2$（0.01 mol·$L^{-1}$）和磺基水杨酸（0.01 mol·$L^{-1}$）溶液各 10.00 mL，分别置于两只 100 mL 的容量瓶中，稀释至刻度线，并使 pH 均为 2（在接近刻度时，检查 pH，若 pH 偏离 2，可以滴加 6 mol·$L^{-1}$ $H_2SO_4$ 或 1 mol·$L^{-1}$ NaOH 调整，使 pH 为 2）。

2. 用吸量管按表 4-5 中列出的体积，分别吸取 0.001 mol·$L^{-1}$ $NH_4Fe(SO_4)_2$ 和 0.001 mol·$L^{-1}$ 磺基水杨酸溶液，置于 11 只 25 mL 烧杯中，分别标号，混合均匀。注意：溶液配好后，必须静置 30 min 才能进行测定。

3. 吸光度的测定。用分光光度计进行测定。选用槽长为 1 cm 的比色皿，以蒸馏水作空白，用 500 nm 波长分别测定每号混合溶液的吸光度。

先将去离子水冲洗过的比色皿用待测溶液荡洗 3 遍，然后装入待测溶液至比色皿的 2/3 体积处，并用镜头纸仔细地将比色皿透光面擦净（水滴较多时用滤纸吸去大部分水后，再用镜头纸擦净），按编号依次放入比色皿框内，进行测定，记下吸光度。

### 五、实验结果与数据处理

1. 将实验相关数据记录于表 4-5 中。

表 4-5 实验数据记录

| 项目 | 1 | 2 | 3 | 4 | 5 | 6 | 7 | 8 | 9 | 10 | 11 |
|---|---|---|---|---|---|---|---|---|---|---|---|
| $V[NH_4Fe(SO_4)_2]$/mL | 0 | 1.00 | 2.00 | 3.00 | 4.00 | 5.00 | 6.00 | 7.00 | 8.00 | 9.00 | 10.00 |
| $V$(磺基水杨酸)/mL | 10.00 | 9.00 | 8.00 | 7.00 | 6.00 | 5.00 | 4.00 | 3.00 | 2.00 | 1.00 | 0 |
| $\dfrac{n_M}{n_M+n_L}$ | | | | | | | | | | | |
| 吸光度 $A$ | | | | | | | | | | | |

2. 数据处理

(1) 以 $\dfrac{n_M}{n_M+n_L}$ 为横坐标，对应的吸光度 $A$ 为纵坐标作图。

(2) 根据图中有关数据，求出配合物的配位比 $n$、解离度 $\alpha$ 和标准稳定常数 $K_{稳}^{\ominus}$。

### 六、思考题

1. 使用分光光度计时，在操作上应注意些什么？
2. 若入射光不是单色光，能否准确测出配合物的组成与稳定常数？
3. 在测定吸光度时，如果温度变化较大，对测得的稳定常数有何影响？
4. 用等摩尔连续变化法测定配合物组成时，为什么溶液中金属离子的物质的量与配体的物质的量之比正好与配合物组成相同时，配合物的浓度最大？

## 实验 5　化学反应速率与活化能的测定

### 一、实验目的

1. 了解浓度、温度和催化剂对化学反应速率的影响，加深对活化能的理解；
2. 通过测定 $(NH_4)_2S_2O_8$ 与 KI 反应的反应速率，掌握反应级数、反应速率常数和活化能的确定方法；
3. 巩固作图法处理实验数据；
4. 熟悉恒温水浴的操作。

### 二、实验原理

化学反应速率是指在单位时间内反应物或生成物浓度的变化值，常用单位是 $mol \cdot L^{-1} \cdot s^{-1}$，有平均速率和瞬时速率之分。只有少数化学反应是由一个基元反应组成的简单反应，其反应速率与反应物浓度的幂（即化学方程式中该物质的化学计量数）的乘积成正比，符合质量作用定律。而多数化学反应是由若干个基元反应组成的复杂反应，其反应速率与反应物浓度的关系不适合用质量作用定律来预测。通过实验测定反应速率与反应物浓度间的计量关系，是化学反应动力学的重要研究内容。

在水溶液中 $(NH_4)_2S_2O_8$ 和 KI 发生如下反应：

$$(NH_4)_2S_2O_8 + 3KI \longrightarrow (NH_4)_2SO_4 + K_2SO_4 + KI_3$$

$$S_2O_8^{2-} + 3I^- \longrightarrow 2SO_4^{2-} + I_3^- \qquad 反应(1)$$

其反应速率 $v$ 根据速率方程可表示为

$$v = k[c_{S_2O_8^{2-}}]^m[c_{I^-}]^n \tag{4-20}$$

式中，$k$ 为反应速率常数；$m$ 与 $n$ 之和是反应级数；$v$ 为在此条件下反应的瞬时速率。若 $c_{S_2O_8^{2-}}$、$c_{I^-}$ 是起始浓度，则 $v$ 表示起始反应速率。

实验中很难测得瞬时间内溶液浓度微观量的改变，测定的速率往往是在一段时间 ($\Delta t$) 内反应的平均速率 $\bar{v}$。如果在 $\Delta t$ 时间 $S_2O_8^{2-}$ 浓度的改变为 $\Delta c_{S_2O_8^{2-}}$，则平均速率

$$\bar{v} = -\Delta c_{S_2O_8^{2-}}/\Delta t \tag{4-21}$$

为了测出反应在 $\Delta t$ 时间内 $S_2O_8^{2-}$ 浓度的改变值，需要在混合 $(NH_4)_2S_2O_8$ 和 KI 溶液的同时，加入一定体积的已知浓度的 $Na_2S_2O_3$ 溶液和淀粉溶液作为指示剂，这样在反应 (1) 进行的同时还进行下面的反应：

$$2S_2O_3^{2-} + I_3^- \longrightarrow S_4O_6^{2-} + 3I^- \qquad 反应(2)$$

反应 (2) 进行得非常快，几乎瞬间完成，而反应 (1) 比反应 (2) 慢得多。因此，由反应 (1) 生成的 $I_3^-$ 立即与 $S_2O_3^{2-}$ 反应，生成无色的 $S_4O_6^{2-}$ 和 $I^-$。所以在反应的开始阶段看不到碘与淀粉反应而显示的特有蓝色。但是当 $Na_2S_2O_3$ 耗尽，反应 (1) 继续生成的 $I_3^-$ 就与淀粉反应而呈现特有的蓝色。

由于从反应开始到蓝色出现标志着 $S_2O_3^{2-}$ 全部耗尽，所以从反应开始到出现蓝色这段时间 $\Delta t$ 里 $S_2O_3^{2-}$ 浓度的改变 $\Delta c_{S_2O_3^{2-}}$ 实际上就是 $Na_2S_2O_3$ 的起始浓度。

再从反应 (1) 和反应 (2) 可以看出，$S_2O_8^{2-}$ 减少的量为 $S_2O_3^{2-}$ 减少量的一半，所以 $S_2O_8^{2-}$ 在 $\Delta t$ 时间内减少的量可以从下式求得：

$$\Delta c_{S_2O_8^{2-}} = \Delta c_{S_2O_3^{2-}}/2 \tag{4-22}$$

故有

$$\bar{v} = -\Delta c_{S_2O_8^{2-}}/\Delta t = -\Delta c_{S_2O_3^{2-}}/2\Delta t = c_{S_2O_3^{2-}\text{始}}/2\Delta t$$

当满足 $c_{S_2O_8^{2-}} \gg c_{S_2O_3^{2-}}$ 时，可以近似地用平均速率代替起始速率，式 (4-20) 和式 (4-21) 相等，则

$$v = -\Delta c_{S_2O_8^{2-}}/\Delta t = k[c_{S_2O_8^{2-}}]^m[c_{I^-}]^n$$

实验中，通过改变反应物 $S_2O_8^{2-}$ 和 $I^-$ 的初始浓度，测定消耗等量的 $S_2O_8^{2-}$ 的物质的量浓度 $\Delta c_{S_2O_8^{2-}}$ 所需要的不同的时间间隔 ($\Delta t$)，计算得到反应物不同初始浓度的初始速率，进而确定该反应的速率方程和反应速率常数。

由 Arrhenius 方程：

$$\lg k = -\frac{E_a}{2.303RT} + \lg A \tag{4-23}$$

式中，$E_a$ 为反应活化能；$R$ 为摩尔气体常数；$T$ 为热力学温度；$A$ 为指前因子。测出不同温度时的 $k$ 值，以 $\lg k$ 对 $1/T$ 作图，可得一直线，由直线斜率$\left(等于 -\dfrac{E_a}{2.303R}\right)$可求得反应的活化能 $E_a$。

催化剂可以改变反应机理，降低反应活化能，加快反应速率，且催化剂有选择性，不同反应常采用不同催化剂。本实验采用 $Cu^{2+}$ 作为催化剂探究催化剂对化学反应速率的影响。

### 三、仪器与试剂

仪器：烧杯（50 mL、500 mL）、试管、量筒（10 mL、25 mL）、秒表、温度计、玻璃棒、滴管、恒温水浴锅等。

试剂：$(NH_4)_2S_2O_8$（0.20 mol·L$^{-1}$，新鲜配制）、KI（0.20 mol·L$^{-1}$）、$Na_2S_2O_3$（0.01 mol·L$^{-1}$）、$KNO_3$（0.20 mol·L$^{-1}$）、$(NH_4)_2SO_4$（0.20 mol·L$^{-1}$）、$Cu(NO_3)_2$（0.02 mol·L$^{-1}$）、淀粉溶液（0.4%）、冰等。

### 四、实验内容

1. 浓度对化学反应速率的影响

（1）将 5 只烧杯编号，贴好标签备用。

（2）在室温下进行表 4-6 中编号 1 的实验。用量筒分别量取 20.0 mL 0.20 mol·L$^{-1}$ KI 溶液、8.0 mL 0.01 mol·L$^{-1}$ $Na_2S_2O_3$ 溶液和 2.0 mL 0.4%淀粉溶液，全部注入烧杯中，用玻璃棒搅拌均匀。然后用另一支量筒取 20.0 mL 0.20 mol·L$^{-1}$ $(NH_4)_2S_2O_8$ 溶液，迅速倒入上述混合液中，同时开动秒表，并不断搅动，仔细观察。当溶液刚出现蓝色时，立即按停秒表，记录反应时间和室温。

（3）用同样的方法按照表 4-6 的用量进行编号 2~5 的实验。为使每次实验中溶液的总体积和离子强度保持不变，在编号为 2~5 实验中相应地加入不同体积的 0.20 mol·L$^{-1}$ $KNO_3$ 溶液或 0.20 mol·L$^{-1}$ $(NH_4)_2SO_4$ 溶液调整到一致。

表 4-6 浓度对反应速率的影响

| | 项目 | 1 | 2 | 3 | 4 | 5 |
|---|---|---|---|---|---|---|
| 试剂及用量/mL | 0.20 mol·L$^{-1}$ $(NH_4)_2S_2O_8$ | 20.0 | 10.0 | 5.0 | 20.0 | 20.0 |
| | 0.20 mol·L$^{-1}$ KI | 20.0 | 20.0 | 20.0 | 10.0 | 5.0 |
| | 0.01 mol·L$^{-1}$ $Na_2S_2O_3$ | 8.0 | 8.0 | 8.0 | 8.0 | 8.0 |
| | 0.4%淀粉溶液 | 2.0 | 2.0 | 2.0 | 2.0 | 2.0 |
| | 0.20 mol·L$^{-1}$ $KNO_3$ | 0 | 0 | 0 | 10.0 | 15.0 |
| | 0.20 mol·L$^{-1}$ $(NH_4)_2SO_4$ | 0 | 10.0 | 15.0 | 0 | 0 |

续表

| 项目 | | 1 | 2 | 3 | 4 | 5 |
|---|---|---|---|---|---|---|
| 混合物中反应物起始浓度 /mol·L$^{-1}$ | $(NH_4)_2S_2O_8$ | | | | | |
| | KI | | | | | |
| | $Na_2S_2O_3$ | | | | | |
| 反应时间 $\Delta t$/s | | | | | | |
| $S_2O_8^{2-}$ 浓度变化 $\Delta c$/mol·L$^{-1}$ | | | | | | |
| 反应速率 $v$/mol·L$^{-1}$·s$^{-1}$ | | | | | | |
| 反应速率常数 $k$ | | | | | | |
| 反应速率常数的平均值 | | | | | | |

### 2. 温度对化学反应速率的影响

（1）在一只 50 mL 烧杯中，加入 10.0 mL 0.20 mol·L$^{-1}$ KI 溶液、8.0 mL 0.01 mol·L$^{-1}$ $Na_2S_2O_3$ 溶液、2.0 mL 0.4% 淀粉溶液和 10.0 mL 0.20 mol·L$^{-1}$ $KNO_3$ 溶液，用玻璃棒搅拌均匀。在另一只 50 mL 烧杯中加入 20.0 mL 0.20 mol·L$^{-1}$ $(NH_4)_2S_2O_8$ 溶液。

（2）将这两只装有溶液的烧杯同时放入同一冰水浴中，待它们的温度冷却到低于室温 10 ℃时，将 $(NH_4)_2S_2O_8$ 溶液迅速加到含 KI 的混合溶液中，立即开始计时并不断搅拌，当溶液刚出现蓝色时停止计时，记录反应时间。

（3）用同样的方法，分别在高于室温 10 ℃和 20 ℃的热水浴中进行实验。

将此三次实验数据（编号为 7、8、9）和室温下得到的实验 4 的数据记入表 4-7 中进行比较。

表 4-7 温度对化学反应速率的影响

| 项目 | 4 | 7 | 8 | 9 |
|---|---|---|---|---|
| 反应温度/℃ | | | | |
| 反应时间 $\Delta t$/s | | | | |
| 反应速率 $v$/mol·L$^{-1}$·s$^{-1}$ | | | | |
| 反应速率常数 $k$ | | | | |

### 3. 催化剂对化学反应速率的影响

按表 4-6 中实验 4 的用量，把 KI、$Na_2S_2O_3$、$KNO_3$ 和淀粉溶液加到 50 mL 烧杯中，再加入 2 滴 0.02 mol·L$^{-1}$ $Cu(NO_3)_2$ 溶液，搅匀，然后迅速加入 $(NH_4)_2S_2O_8$ 溶液，搅动并开始计时。将此实验的反应速率与表 4-6 中实验 4 的反应速率进行比较，可得到什么结论？

注意：所用试剂中如混有少量 $Cu^{2+}$、$Fe^{3+}$ 等杂质，则会对反应有催化作用，必要时可滴入几滴 0.1 mol·L$^{-1}$ 乙二胺四乙酸（EDTA）溶液。

## 五、实验结果与数据处理

**1. 反应级数和反应速率常数的计算**

将反应速率表示式 $v=k[c_{S_2O_8^{2-}}]^m[c_{I^-}]^n$ 两边取对数

$$\lg v = m\lg[c_{S_2O_8^{2-}}] + n\lg[c_{I^-}] + \lg k$$

当 $c_{I^-}$ 不变时（即实验 1、2、3），以 $\lg v$ 对 $\lg[c_{S_2O_8^{2-}}]$ 作图，可得一直线，斜率即为 $m$。同理，当 $c_{S_2O_8^{2-}}$ 不变时（即实验 1、4、5），以 $\lg v$ 对 $\lg[c_{I^-}]$ 作图，可求得 $n$。此反应的级数则为 $m+n$。

将求得的 $m$ 和 $n$ 代入 $v=k[c_{S_2O_8^{2-}}]^m[c_{I^-}]^n$ 即可求得反应速率常数 $k$。将数据填入表 4-8。

**表 4-8 计算反应速率常数的实验数据记录**

| 项目 | 1 | 2 | 3 | 4 | 5 |
| --- | --- | --- | --- | --- | --- |
| $\lg v$ | | | | | |
| $\lg[c_{S_2O_8^{2-}}]$ | | | | | |
| $\lg[c_{I^-}]$ | | | | | |
| $m$ | | | | | |
| $n$ | | | | | |
| 反应速率常数 | | | | | |

**2. 反应活化能的计算**

根据不同温度下的速率常数，代入 Arrhenius 方程，计算反应活化能，并完成表 4-9。

**表 4-9 计算反应活化能的实验数据记录**

| 项目 | 4 | 7 | 8 | 9 |
| --- | --- | --- | --- | --- |
| 反应速率常数 $k$ | | | | |
| $\lg k$ | | | | |
| $1/T$ | | | | |
| 反应活化能 $E_a$ | | | | |

## 六、思考题

1. 下列操作情况对实验有何影响？
   (1) 取用试剂的量筒没有分开专用；
   (2) 先加 $(NH_4)_2S_2O_8$ 溶液，最后加 KI 溶液；
   (3) $(NH_4)_2S_2O_8$ 溶液慢慢加入 KI 等混合溶液中。
2. 每次实验的计时操作要注意什么？

3. 若不用 $S_2O_8^{2-}$ 的浓度,而用 $I^-$ 或 $I_3^-$ 的浓度变化来表示反应速率,则反应速率常数 $k$ 是否一样?

4. 实验中反应溶液出现蓝色是否意味着反应终止了?

5. 本实验研究了浓度、温度、催化剂对反应速率的影响,对有气体参加的反应,压力有怎样的影响?如果对 $2NO+O_2 \longrightarrow 2NO_2$ 的反应,将压力增加到原来的 2 倍,那么反应速率将增加几倍?

## 实验 6  原电池电动势和电极电势的测定

### 一、实验目的

1. 掌握测定电极电势的原理和方法;
2. 了解影响电极电势的因素及 Nernst 方程的应用;
3. 学习用酸度计测量原电池电动势的方法;
4. 熟悉作图法分析处理数据。

### 二、实验原理

电动势和电极电势是电化学中最基本也是最重要的两个概念。当电极(金属或其他导电体)插入电解质溶液时,在电极与电解质溶液界面处即有电势差产生,这个电势差称作电极电势。不同电极的性质不同,所产生的电极电势也不同。将两个电极与电解质和盐桥组合成闭合的回路,就构成了原电池。放电时,负极发生氧化反应,不断输出电子,通过外电路流入正极。正极不断得到电子,发生还原反应。当外电路连接上检流计时,可以粗略地测出原电池的电动势为:

$$E_{池} = E_{正} - E_{负} \tag{4-24}$$

式中,$E_{池}$ 为电池的电动势;$E_{正}$ 为正极的电极电势;$E_{负}$ 为负极的电极电势。

目前尚无法测得电极电势的绝对值,采用的办法是使用其相对值代替。通常所用的某电对的标准电极电势是由该电对与标准氢电极组成原电池时所测出的电动势而确定的。标准氢电极对使用条件的要求非常严格,作为参比电极在实际应用中很不方便。因此在测定电极电势时,常用电极电势稳定、制作简单、易于保管、使用方便的电极替代标准氢电极作参比。其中饱和甘汞电极由 Hg、糊状 $Hg_2Cl_2$ 和饱和 KCl 溶液组成,以铂丝作导体,是常用的参比电极之一。

实验中以饱和甘汞电极为参比电极,与待测电极组成原电池,用检流计(或酸度计)测定原电池的电动势,然后计算出待测电极的电极电势。根据能斯特(Nernst)方程则可进一步求出待测电极的标准电极电势:

$$E(氧化态/还原态) = E^{\ominus}(氧化态/还原态) + \frac{RT}{zF} \ln \frac{c(氧化态)/c^{\ominus}}{c(还原态)/c^{\ominus}} \tag{4-25}$$

式中应该用各物种的活度(即溶液的有效浓度)。活度 $a$ 与理论浓度 $c$ 之间的关系为:

$$a = fc \tag{4-26}$$

其中 $f$ 为活度系数。$ZnSO_4$、$CuSO_4$ 溶液的 $f$ 值见表 4-10。

表 4-10  $CuSO_4$、$ZnSO_4$ 溶液的活度系数

| 浓度/mol·$L^{-1}$ | 0.1000 | 0.2000 | 0.3000 | 0.4000 | 0.5000 | 0.8000 |
|---|---|---|---|---|---|---|
| $f(CuSO_4)$ | 0.150 | 0.104 | 0.083 | 0.071 | 0.062 | 0.048 |
| $f(ZnSO_4)$ | 0.150 | 0.104 | 0.084 | 0.071 | 0.063 | 0.048 |

当测定铜电极的电极电势时,将铜电极与饱和甘汞电极组成原电池,测定其电动势 $E$,其原电池电池符号为:

$$(-)Pt|Hg(l)|Hg_2Cl_2(s)|KCl(饱和)\|CuSO_4(c)|Cu(+)$$

在 25 ℃,饱和甘汞的电极电势 $E(Hg_2Cl_2/Hg) = 0.2415\ V$,根据式(4-24)

有 $\qquad E_{池} = E(Cu^{2+}/Cu) - E(Hg_2Cl_2/Hg)$

则 $\qquad E(Cu^{2+}/Cu) = E_{池} + E(Hg_2Cl_2/Hg) = E_{池} + 0.2415 \tag{4-27}$

若铜电极处在标准状态下,则测得的电极电势为标准电极电势 $E^{\ominus}(Cu^{2+}/Cu)$。若铜电极与其测定条件为非标准态,则需要通过 Nernst 方程进一步求算:

$$E(Cu^{2+}/Cu) = E^{\ominus}(Cu^{2+}/Cu) + 2.303\frac{RT}{2F}\lg[a(Cu^{2+})/c^{\ominus}] \tag{4-28}$$

在实验中,通过测定不同 $a(Cu^{2+})$ 下的 $E(Cu^{2+}/Cu)$ 值,以其为纵坐标,以 $\lg[a(Cu^{2+})/c^{\ominus}]$ 为横坐标作图,即可得 $E(Cu^{2+}/Cu) \sim \lg[a(Cu^{2+})/c^{\ominus}]$ 的变化关系。若所得的数据点在同一直线上,说明该实验精度好。将直线外推,与纵坐标相交的点所对应的值即为 $E^{\ominus}(Cu^{2+}/Cu)$。由直线的斜率则可以求出气体常数 $R$ 或法拉第常数 $F$。

从 Nernst 方程可以看出,温度对电极电势具有一定影响,包括实验中所用的参比电极。因此,在实验中要对甘汞电极进行温度校正。甘汞电极的电极反应为:

$$Hg_2Cl_2(s) + 2e^- \rightleftharpoons 2Hg(l) + 2Cl^-(aq)$$

$$E(Hg_2Cl_2/Hg) = E^{\ominus}(Hg_2Cl_2/Hg) + 2.303\frac{RT}{2F}\lg\frac{1}{[a(Cl^-)/c^{\ominus}]^2} \tag{4-29}$$

从式中可以看出,除了温度,甘汞电极的电极电势大小还与 $Cl^-$ 的浓度,即 KCl 溶液的浓度有关。表 4-11 为常用的三种甘汞电极及其电极电势与温度 $T(K)$ 的关系。甘汞电极在 70 ℃(343 K)以上时电势不稳定,在 100 ℃(373 K)以上时电极只有 9 h 的寿命,因此甘汞电极应在 70 ℃(343 K)以下使用,超过 70 ℃(343 K)时可以采用 Ag/AgCl 电极作为参比电极。

表 4-11  常用甘汞电极的电极电势

| KCl 溶液 | 名称 | $E(Hg_2Cl_2/Hg)(298\ K)$/V | 温度影响 |
|---|---|---|---|
| 0.1 mol·$L^{-1}$ | 0.1 mol·$L^{-1}$ 甘汞电极 | 0.3338 | $E(Hg_2Cl_2/Hg) = 0.3338 - 7.0\times10^{-5}(T-298)$ |

续表

| KCl 溶液 | 名称 | $E(Hg_2Cl_2/Hg)$ (298 K) /V | 温度影响 |
|---|---|---|---|
| $1.0\ mol \cdot L^{-1}$ | $1.0\ mol \cdot L^{-1}$ 甘汞电极 | 0.2802 | $E(Hg_2Cl_2/Hg)=0.2802-2.4\times10^{-4}(T-298)$ |
| 饱和 | 饱和甘汞电极 | 0.2415 | $E(Hg_2Cl_2/Hg)=0.2415-7.6\times10^{-4}(T-298)$ |

除了温度外，原电池正、负极中参与电极反应的物质的浓度改变对电极电势具有很大影响。如生成配合物或生成沉淀时均会使正、负极物质浓度变化，导致原电池的电动势发生改变。

### 三、仪器与试剂

仪器：酸度计、铜电极、锌电极、饱和甘汞电极、盐桥、容量瓶（50 mL，4 个）、移液管（25 mL，4 支）、烧杯（50 mL，2 只；10 mL，1 只）、试管、砂纸、滤纸、温度计等。

试剂：$HCl(2\ mol \cdot L^{-1})$、$H_2SO_4(0.1\ mol \cdot L^{-1})$、$CuSO_4(0.8000\ mol \cdot L^{-1}$，$0.2000\ mol \cdot L^{-1})$、$ZnSO_4(0.8000\ mol \cdot L^{-1}$，$0.2000\ mol \cdot L^{-1})$、$NH_3 \cdot H_2O(6\ mol \cdot L^{-1})$、$Na_2S(0.1\ mol \cdot L^{-1})$、$ZnSO_4(0.1\ mol \cdot L^{-1}$，$1.0\ mol \cdot L^{-1})$、$CuSO_4(0.1\ mol \cdot L^{-1})$、KCl 饱和溶液。

### 四、实验内容

1. 测定 $Cu^{2+}/Cu$、$Zn^{2+}/Zn$ 氧化还原电对的标准电极电势

（1）组装原电池

① 电极的活化。将待测电极用细砂纸打磨光亮（必要时可在 $2\ mol \cdot L^{-1}$ 的 HCl 或 $0.1\ mol \cdot L^{-1}$ 的 $H_2SO_4$ 溶液内浸洗 5 s 后，用去离子水洗净，并用滤纸吸干备用）。

② 配制已知浓度的电解质溶液。用移液管吸取 25 mL 实验室配制的 $0.8000\ mol \cdot L^{-1}$ 及 $0.2000\ mol \cdot L^{-1}$ $CuSO_4$ 溶液分别置于 50 mL 容量瓶中，配制 $0.4000\ mol \cdot L^{-1}$ 及 $0.1000\ mol \cdot L^{-1}$ $CuSO_4$ 溶液。

用移液管吸取 25 mL 实验室配制的 $0.8000\ mol \cdot L^{-1}$ 及 $0.2000\ mol \cdot L^{-1}$ $ZnSO_4$ 溶液分别置于 50 mL 容量瓶中，配制 $0.4000\ mol \cdot L^{-1}$ 及 $0.1000\ mol \cdot L^{-1}$ $ZnSO_4$ 溶液。

③ 组装。用少量配好的电解质溶液将电极及电极管冲洗两次后，再将电解质溶液倒入电极管内（液面高度为容器的 2/3 处，应超过弯管顶部），把待测电极插入电极管内并塞紧橡胶塞，使其不得漏气。装好的电极，其虹吸管（包括管口）不能有气泡，也不能有漏液现象。在 10 mL 烧杯中加入约 2/3 容量的饱和 KCl 溶液，将待测电极与饱和甘汞电极一同插入其中，组装成原电池（图 4-4）。

注意：饱和甘汞电极使用时要将电极帽取下，使用后恢复原位并按要求保存电极。

（2）测量电动势。将饱和甘汞电极接到酸度计的负极，铜电极接酸度计的正极。测量

铜电极分别在 0.1000 mol·L$^{-1}$、0.2000 mol·L$^{-1}$、0.4000 mol·L$^{-1}$、0.8000 mol·L$^{-1}$ CuSO$_4$ 溶液中与饱和甘汞电极组成原电池的电动势。

用上述同样的方法，测定锌电极与饱和甘汞电极组成的原电池的电动势（注意：此时饱和甘汞电极为正极，锌电极为负极）。

2．影响电极电势的因素

（1）组装 Cu-Zn 原电池。在两只 50 mL 烧杯中分别加入 20 mL 0.1 mol·L$^{-1}$ CuSO$_4$ 和 20 mL 0.1 mol·L$^{-1}$ ZnSO$_4$ 溶液，并将铜电极和锌电极分别插入 CuSO$_4$ 和 ZnSO$_4$ 溶液中，放入盐桥组成原电池（图 4-5）。用导线将原电池与酸度计相连，测定该原电池电动势（记为 $E_1$）。

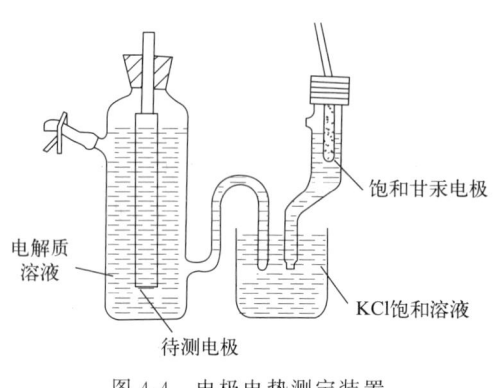

图 4-4　电极电势测定装置

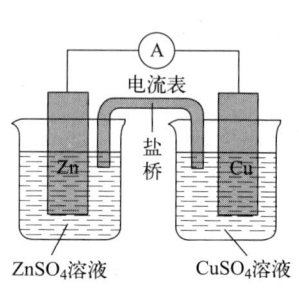

图 4-5　Cu-Zn 原电池装置

（2）形成配合物对电极电势的影响。取出上述 Cu-Zn 原电池中的盐桥，在 CuSO$_4$ 溶液中缓慢滴入 6 mol·L$^{-1}$ NH$_3$·H$_2$O，不断搅拌直到生成的沉淀又溶解为止。然后放入盐桥，测此时 Cu-Zn 原电池的电动势（记为 $E_2$）。

（3）浓度对电极电势的影响。将 ZnSO$_4$ 溶液浓度由 0.1 mol·L$^{-1}$ 换为 1.0 mol·L$^{-1}$，重新组装本实验内容 2.（1）中 Cu-Zn 原电池，然后测定该原电池的电动势（记为 $E_3$）。

（4）形成沉淀对电极电势的影响。重新组装本实验内容 2.（1）中 Cu-Zn 原电池，取出盐桥，在 CuSO$_4$ 溶液中逐滴加入 0.1 mol·L$^{-1}$ Na$_2$S 溶液，搅拌静置，待沉淀完全后再插入盐桥，然后测定该原电池的电动势（记为 $E_4$）。

## 五、实验结果与数据处理

1．Cu$^{2+}$/Cu、Zn$^{2+}$/Zn 氧化还原电对的标准电极电势。测定待测电池的电动势，并将实验相关数据记录于表 4-12 中。

表 4-12　待测电池的电动势数据记录

| 待测电池 | 0.1000 mol·L$^{-1}$ | 0.2000 mol·L$^{-1}$ | 0.4000 mol·L$^{-1}$ | 0.8000 mol·L$^{-1}$ |
|---|---|---|---|---|
| | $E$/mV | | | |
| Zn-甘汞(饱和) | | | | |
| Cu-甘汞(饱和) | | | | |

(1) 根据测量结果按式(4-24)和式(4-25)计算出待测电对的电极电势 $E$(氧化态/还原态)和标准电极电势 $E^{\ominus}$(氧化态/还原态)。

(2) 分别以 $\lg[a(Cu^{2+})/c^{\ominus}]$、$\lg[a(Zn^{2+})/c^{\ominus}]$ 为横坐标,以电对的电极电势 $E$(氧/还)为纵坐标作图。

(3) 由图中找出待测电对的标准电极电势,再与由公式计算出的标准电极电势进行比较得出结论。

(4) 分析误差原因。

2. 影响电极电势的因素。测定不同原电池的电动势,并将实验相关数据记录于表 4-13 中。

表 4-13 影响电极电势测定的数据记录

| 项目 | 初始 Cu-Zn 原电池($E_1$) | 形成配合物后的原电池($E_2$) | 改变浓度后的原电池($E_3$) | 形成沉淀后的原电池($E_4$) |
|---|---|---|---|---|
| 电动势 $E_{(1\sim 4)}$/mV | | | | |
| $E(Cu^{2+}/Cu)$ 或 $E(Zn^{2+}/Zn)$ | | | | |

根据实验结果,试分析配合物的形成、浓度、沉淀的形成对电极电势的影响。

## 六、思考题

1. 如何正确测定电池电动势?盐桥的作用是什么?
2. 哪些因素影响电极电势?
3. 应选用何种仪器测电极电势?
4. 为什么要用砂纸擦净金属表面?
5. Nernst 方程式中 $\lg c$(氧化态)、$\lg c$(还原态)为什么不能直接用所测溶液的浓度?
6. 测定配合物的形成对电极电势的影响时,在加 $NH_3 \cdot H_2O$ 之前为什么要先取出盐桥?
7. 某电对的电极电势与其标准电极电势有怎样的关系?它们之间如何进行换算?

# 实验 7 分光光度法测定配合物的分裂能

## 一、实验目的

1. 了解配合物的吸收光谱,加深对配合物分裂能的理解;
2. 熟悉分光光度法测定配合物分裂能的基本原理和方法;
3. 巩固分光光度计的正确使用方法。

## 二、实验原理

根据配合物的晶体场理论，过渡金属离子形成配合物后，中心原子（离子）在配体场的影响下，五个简并的 d 轨道发生能级分裂，在正八面体场情况下分裂为两组能量不同的 $e_g$、$t_{2g}$ 轨道，其中 $e_g$ 为二重简并轨道，$t_{2g}$ 为三重简并轨道，分裂能 $\Delta_0$ 即为 $e_g$ 轨道和 $t_{2g}$ 轨道的能量之差 $\Delta_0 = E_{e_g} - E_{t_{2g}}$。d 轨道在八面体场的能级分裂如图 4-6 所示。

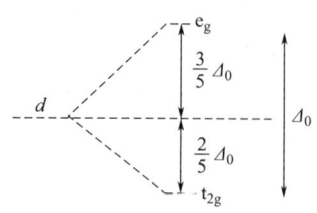

图 4-6　d 轨道在八面体场的能级分裂

当分裂后的 d 轨道（$d^1 \sim d^9$）没有完全充满电子时，电子可以在不同能量的 d 轨道之间跃迁。该跃迁被称为 d-d 跃迁，其产生的光谱被称为 d-d 跃迁光谱。由于正八面体场的分裂能通常为 150~500 kJ·mol$^{-1}$，与可见光的波长范围（700~400 nm）大体一致。当可见光照射到具有八面体构型的配合物，与分裂能相当能量的光便可能被吸收，使电子从 $t_{2g}$ 轨道激发到 $e_g$ 轨道上去。因此，可以利用被配合物吸收的一定波长的光能量（$E = h\nu$）来计算其分裂能。

根据

$$\Delta_0 = E_{e_g} - E_{t_{2g}} = E_{光} = h\nu = h\frac{c}{\lambda} \tag{4-30}$$

式中，$h$ 为普朗克常数（$6.626 \times 10^{-34}$ J·s）；$\nu$ 为吸收光频率，s$^{-1}$；$\lambda$ 为波长，cm；$c$ 为光在真空中的速率（$2.9979 \times 10^{10}$ cm·s$^{-1}$）；$1/\lambda$ 为波数，cm$^{-1}$。

$$hc = 6.626 \times 10^{-34} \text{ J·s} \times 2.9979 \times 10^{10} \text{ cm·s}^{-1} = 1.986 \times 10^{-23} \text{ J·cm}$$

$\Delta_0$ 也常用单位 cm$^{-1}$ 表示（$1/\lambda$），1 cm$^{-1}$ 相当于 $1.986 \times 10^{-23}$ J。当 $\lambda$ 的单位为 nm，而 $\Delta_0$ 用 cm$^{-1}$ 表示时，经换算可表示为：

$$\Delta_0 / \text{cm}^{-1} = \frac{1}{\lambda / \text{nm}} \times 10^7 \tag{4-31}$$

$\Delta_0$ 的大小反映了 d 轨道分裂的程度，它取决于多种因素，主要包括中心离子所带的电荷数、d 轨道的主量子数 $n$、价层电子构型以及配体的结构和性质。在八面体场中，同一元素与相同配体形成的配合物，中心离子电荷数多的比电荷数少的 $\Delta_0$ 值大。

如　$[Cr(H_2O)_6]^{3+}$　　　　　　　$\Delta_0 = 17600$ cm$^{-1}$
　　$[Cr(H_2O)_6]^{2+}$　　　　　　　$\Delta_0 = 14000$ cm$^{-1}$

同族、相同电荷的过渡金属离子的八面体配合物，随主量子数 $n$ 增加，其 $\Delta_0$ 值也增加。$\Delta_0$ 值从第一过渡系到第二过渡系增加 40%~50%，从第二过渡系到第三过渡系增加 25%~30%。

如　$[CrCl_6]^{3-}$　　　　　　　　$\Delta_0 = 13600$ cm$^{-1}$
　　$[MoCl_6]^{3-}$　　　　　　　　$\Delta_0 = 19200$ cm$^{-1}$

对于同一种金属离子，在八面体配合物中分裂能的大小随配体的不同而呈现"光谱化学序列"，即随配位场由弱到强，$\Delta_0$ 值由小到大的顺序（～表示二者强度相当）：

卤素＜$OH^-$＜$C_2O_4^{2-}$＜$H_2O$＜$NCS^-$＜$EDTA^{4-}$＜py(吡啶)～$NH_3$＜en＜bpy(联吡啶)～phen(邻菲罗啉)＜$NO_2^-$＜$CN^-$，CO

从此序列可以粗略看出，按配位原子来说 $\Delta_0$ 值的大小为：卤素＜氧＜氮＜碳。分裂能大的配体场对中心离子（或原子）的作用大，称为强场，大体上可以从 $NH_3$ 开始算作强场。

本实验中将氯化铬和硫酸铜分别与水、EDTA 二钠盐（EDTA：乙二胺四乙酸）反应配制两个系列金属配合物的溶液：$[Cr(H_2O)_6]^{3+}$、$[Cr(EDTA)]^-$、$[Cu(H_2O)_6]^{2+}$、$[Cu(EDTA)]^{2-}$。取一定浓度的配合物的溶液，用分光光度法测出不同波长下的吸光度 $A$。以波长 $\lambda$ 为横坐标、吸光度 $A$ 为纵坐标作图得配合物的吸收曲线，找出吸收峰值所对应的最大波长 $\lambda_{max}$，代入式(4-31)，即可计算出配合物所对应的晶体场分裂能。八面体场中当 d 电子数为 1 时，只有一个简单的吸收峰，可直接由该曲线最高峰所对应的 $\lambda_{max}$ 作为最大吸收波长计算 $\Delta_0$ 值。当 d 电子数增加时，电子间的相互作用产生进一步的能级分裂，吸收曲线中出现多个吸收峰，此时由最大波长的吸收峰位置 $\lambda_{max}$ 来计算 $\Delta_0$ 值。

### 三、仪器与试剂

仪器：分光光度计、托盘天平、烧杯（50 mL，4 只）、玻璃比色皿、滴管、镜头纸、滤纸条等。

试剂：$CrCl_3 \cdot 6H_2O$(s，AR)、$CuSO_4 \cdot 5H_2O$(s，AR)、EDTA 二钠盐(s，AR)。

### 四、实验内容

1. $[Cr(H_2O)_6]^{3+}$ 溶液的配制：称取 0.3 g $CrCl_3 \cdot 6H_2O$ 于 50 mL 烧杯中，加少量去离子水溶解，加水稀释定容至 50 mL，混合均匀。观察溶液呈灰蓝色（是否会有其他颜色出现？）。

2. $[Cr(EDTA)]^-$ 溶液的配制：称取 0.5 g EDTA 二钠盐于 50 mL 烧杯中，加 30 mL 去离子水加热溶解后，加入约 0.05 g $CrCl_3 \cdot 6H_2O$，稍加热溶解，得到紫色的 $[Cr(EDTA)]^-$ 溶液，待溶液降至室温后加水稀释定容至 50 mL。

3. $[Cu(H_2O)_6]^{2+}$ 溶液的配制：称取 0.16 g $CuSO_4 \cdot 5H_2O$ 于 50 mL 烧杯中，加少量去离子水溶解，加水稀释定容至 50 mL，混合均匀，观察该溶液为极浅的蓝色。

4. $[Cu(EDTA)]^{2-}$ 溶液的配制：称取 0.16 g $CuSO_4 \cdot 5H_2O$ 于 50 mL 烧杯中，加少量去离子水溶解；再称取 0.24 g EDTA 二钠盐用少量去离子水溶解后缓慢加入 $CuSO_4$ 溶液中并不断搅拌，之后加水稀释定容至 50 mL，混合均匀。观察该溶液呈蓝色。

5. 测定吸光度：在分光光度计的波长范围（400～900 nm）内以去离子水为参比液，用 1 cm 比色皿依次取适量配合物溶液，每隔 10 nm 波长测定上述溶液的吸光度（在吸收峰最大值附近，波长间隔可适当减少）。

注意：测试后的配合物溶液要倒入实验室指定的废液桶，需统一处理。

## 五、实验结果与数据处理

1. 以表格形式（表 4-14）记录上述溶液 λ 的测量值。

表 4-14  λ 的测量值

| λ/nm | $A([Cr(H_2O)_6]^{3+})$ | $A([Cr(EDTA)]^-)$ | $A([Cu(H_2O)_6]^{2+})$ | $A([Cu(EDTA)]^{2-})$ |
|---|---|---|---|---|
| 400 | | | | |
| 410 | | | | |
| 420 | | | | |
| 430 | | | | |
| … | | | | |

2. 由实验测得的波长 λ 和相应的吸光度 A 分别绘制出上述几种溶液的吸收曲线，找出吸收峰值所对应的最大波长。

3. 分别计算出上述配合物的分裂能（表 4-15），并与理论值比较。

表 4-15  分裂能

| 配合物 | $\lambda_{max}/nm$ | $\Delta_0/cm^{-1}$ |
|---|---|---|
| $[Cr(H_2O)_6]^{3+}$ | | |
| $[Cr(EDTA)]^-$ | | |
| $[Cu(H_2O)_6]^{2+}$ | | |
| $[Cu(EDTA)]^{2-}$ | | |

## 六、思考题

1. 配合物的分裂能受哪些因素的影响？
2. 在测定吸收光谱时，配合物的浓度是否要十分准确，为什么？
3. 实验获得的光谱化学序列是什么？与文献值是否一致？为什么？

# 实验 8  配合物磁化率的测定

## 一、实验目的

1. 了解磁化率的意义及其与配合物结构的内在联系；
2. 掌握古埃（Gouy）法测定物质磁化率的实验原理和操作；
3. 学会利用配合物的磁化率推断中心离子未成对电子数及配合物分子的空间构型。

## 二、实验原理

磁化率的测定是研究物质结构的重要方法之一。通过对物质磁性的测定,可以计算化合物中未成对的电子数,为研究配合物的化学键、空间构型及配合物的稳定性提供重要依据。

### 1. 物质的磁性和磁化率

物质的磁性与组成物质的原子、分子或离子的微观结构有关,物质在外磁场作用下的磁化现象有三种:第一种,当有外磁场存在时,物质内部原子、分子中的电子轨道运动受外磁场作用,产生感应的"分子电流",相应产生一种与外磁场方向相反的诱导磁矩。由于诱导磁矩与外磁场是反向的,所以称这类物质为反磁性物质。第二种,当原子、分子或离子中存在未成对的电子时,物质就具有永久磁矩。在外磁场中永久磁矩将顺着磁场方向定向排列,其方向与外磁场是一致的,所以这类物质称为顺磁性物质。第三种,有少数物质被磁化的强度与外磁场强度不存在正比关系,而是随着外磁场强度的增加,其磁性急剧增加,外电场消失后其磁性仍不消失,呈现滞后现象,此类物质称为铁磁性物质。

在化学上常用摩尔磁化率 $\chi_M$ 来表征物质在外加磁场下的磁化强度。原子、分子中由于未成对电子的永久磁矩定向排列产生的顺磁化率以 $\chi_{M顺}$ 表示;由诱导磁矩产生的反磁化率以 $\chi_{M反}$ 表示,则

$$\chi_M = \chi_{M反} + \chi_{M顺} \tag{4-32}$$

对顺磁性物质,因为 $\chi_{M顺} \gg \chi_{M反}$ 所以 $\chi_M = \chi_{M顺}$;对反磁性物质,因为 $\chi_{M顺} = 0$,所以 $\chi_M = \chi_{M反}$。顺磁化率是原子、分子的永久磁矩在外磁场中定向排列产生的,因此它的大小与分子磁矩 $\mu$ 有关。此外,由于永久磁矩的定向排列受原子、分子热运动的干扰,所以 $\chi_{M顺}$ 还与温度有关。

顺磁性物质的磁化率与分子磁矩和温度的关系服从居里定律,关系式为

$$\chi_M = \chi_{M顺} = \frac{N_A \mu_{eff}^2}{3kT} \tag{4-33}$$

$$\mu_{eff} = \sqrt{\frac{3kT}{N_A} \chi_{M顺}} = 2.828 \sqrt{\chi_{M顺} T} \tag{4-34}$$

式中,$\chi_M$ 为摩尔磁化率,$cm^3 \cdot mol^{-1}$;$T$ 为热力学温度;$N_A$ 为阿伏伽德罗常量 $6.022 \times 10^{23}\ mol^{-1}$;$k$ 为玻尔兹曼常量 $1.3806 \times 10^{-23}\ J \cdot K^{-1}$;$\mu_{eff}$ 为有效磁矩,它的单位为玻尔磁子,常用 B.M. 或 $\mu_B$ 表示。

居里定律把物质的宏观磁性质 $\chi$ 与物质分子的微观磁性质 $\mu_{eff}$ 联系在一起。因而通过对物质宏观磁性的实验测定可求得分子的有效磁矩 $\mu_{eff}$。具有未成对电子的分子、自由基和某些第一系列过渡元素离子的磁矩 $\mu$ 由未成对电子数 $n$ 决定,其关系式为

$$\mu_{eff} = \sqrt{n(n+2)} \mu_B \tag{4-35}$$

由 $\mu_{eff}$,通过上式可求未成对电子数 $n$。这对于研究某些原子或离子的电子组态,以及判断配合物分子的价键类型是很有意义的。

2. 古埃（Gouy）法测量磁化率的简单原理

古埃磁天平法是测定物质磁化率的实验方法之一，其实验装置详见第 3 章。在圆柱形的玻璃样品管中放入测定样品，把样品管悬挂在天平的臂上，样品管的底部处于外磁场强度最强处（$H$），即电磁铁两极的中心位置。样品管中的样品要紧密、均匀安放，且量要足够多，以使样品的上端处于外磁场强度小到可以忽略的位置（$H_0$）。此时整个样品处于不均匀磁场中，样品上端所处位置的弱磁场趋近于零，可以忽略不计。在样品周围气体的磁化率也忽略不计的条件下，样品在非均匀磁场中受到的作用力 $F$ 可以表示为：

$$F = \frac{1}{2}\chi H^2 S \tag{4-36}$$

式中，$S$ 为样品横截面积；$H$ 为磁场中心位置的强度；$\chi$ 为样品的体积磁化率，它的量纲为 1，与摩尔磁化率 $\chi_M$ 的关系为：

$$\chi_M = \frac{\chi}{\rho} M_r \tag{4-37}$$

式中，$M_r$ 为物质的分子量；$\rho$ 为物质的密度。

在非均匀磁场中，顺磁性物质受力向下所以增重，而反磁性物质受力向上所以减重。测量时在天平右臂加减砝码使之平衡。设 $\Delta W$ 为施加磁场前后的质量差，则

$$F = \frac{1}{2}\chi H^2 S = g\Delta W \tag{4-38}$$

式中，$g$ 为重力加速度。

若空样品管在无外磁场作用和有外磁场作用两种情况下的质量差为 $\Delta W_0$，同一样品管装有样品后在无外磁场和有外磁场作用时的质量差为 $\Delta W_{样}$，则

$$\frac{1}{2}\chi H^2 S = (\Delta W_{样} - \Delta W_0)g \tag{4-39}$$

已知 $H$、$S$，测得 $\Delta W_{样}$ 和 $\Delta W_0$，由式(4-39) 可求算 $\chi$。而 $H$ 和 $S$ 的大小可直接测量，也可采用标准样品测定。后一种方法是在样品管中装入标准样品，做同样的实验测定，有

$$\frac{1}{2}\chi_{标} H^2 S = (\Delta W_{标} - \Delta W_0)g \tag{4-40}$$

式(4-39) 和式(4-40) 相除，得

$$\frac{\chi}{\chi_{标}} = \frac{\Delta W_{样} - \Delta W_0}{\Delta W_{标} - \Delta W_0} \tag{4-41}$$

已知 $\chi_{标}$，可求 $\chi$。

因为

$$\chi_M = \frac{\chi}{\rho} M_r = \chi_{标} \frac{\Delta W_{样} - \Delta W_0}{\Delta W_{标} - \Delta W_0} \times \frac{V M_r}{W_{样}} \tag{4-42}$$

而

$$\chi_{M标} = \frac{\chi_{标}}{\rho_{标}} M_{r标} = \frac{\chi_{标} V}{W_{标}} M_{r标} \tag{4-43}$$

$$\chi_{标} V = \chi_{M标} W_{标} / M_{r标} \tag{4-44}$$

$$\chi_M = \frac{\chi_{M标} W_{标}}{M_{r标}} \times \frac{(\Delta W_{样} - \Delta W_0)}{(\Delta W_{标} - \Delta W_0)} \times \frac{M_r}{W_{样}} \tag{4-45}$$

一般以莫尔盐 $[(NH_4)_2SO_4 \cdot FeSO_4 \cdot 6H_2O]$ 为标准样，它的摩尔磁化率与温度的关系为

$$\chi_{M莫} = \frac{9500}{T+1} \times 4\pi \times M \times 10^{-9} (m^3 \cdot mol^{-1}) \tag{4-46}$$

式中，$T$ 为热力学温度；$M$ 为莫尔盐的摩尔质量，$kg \cdot mol^{-1}$。

由实验测得样品的摩尔磁化率 $\chi_M$ 后，由式(4-34)求算分子磁矩 $\mu_{eff}$，再由式(4-35)估算未成对电子数 $n$。求得 $n$ 值后可以进一步判断有关配合物分子中金属离子的电子层结构。例如，$Fe^{2+}$ 外层电子结构为 $3d^6 4s^0 4p^0$。当它作为中心离子与 6 个 $H_2O$ 配体形成 $[Fe(H_2O)_6]^{2+}$ 配离子时，实验测得 $n \approx 4$，表明 $Fe^{2+}$ 仍然保持自由离子状态下的电子层结构，处于高自旋状态。如图 4-7(a) 所示。如果 $Fe^{2+}$ 与 6 个 $CN^-$ 配体形成 $[Fe(CN)_6]^{4-}$ 配离子，此时 $Fe^{2+}$ 的外层电子结构发生变化，$n=0$，对应低自旋状态，如图 4-7(b) 所示。

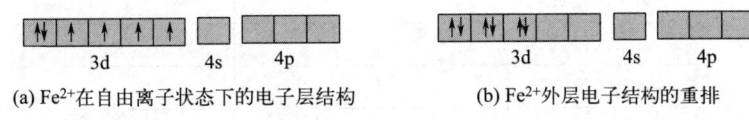

(a) $Fe^{2+}$ 在自由离子状态下的电子层结构　　(b) $Fe^{2+}$ 外层电子结构的重排

图 4-7　$Fe^{2+}$ 在自由离子状态下的电子层结构与 $Fe^{2+}$ 外层电子结构的重排

### 三、仪器与试剂

仪器：磁天平、样品管、研钵、小漏斗、平头玻璃棒、电子天平 (0.0001 g)、温度计。

试剂：$(NH_4)_2SO_4 \cdot FeSO_4 \cdot 6H_2O$(AR)、$FeSO_4 \cdot 7H_2O$(AR)、$K_4Fe(CN)_6 \cdot 3H_2O$(AR)。

### 四、实验内容

本实验以莫尔盐 $[(NH_4)_2SO_4 \cdot FeSO_4 \cdot 6H_2O]$ 为标准样用磁天平测定样品 $FeSO_4 \cdot 7H_2O$ 和 $K_4Fe(CN)_6 \cdot 3H_2O$ 在磁场中的受力情况，并分别计算样品的摩尔磁化率。

1. 测定样品管的质量：将样品管洗净烘干后悬挂在天平的臂上，样品管的底端应放置在电磁铁两磁极的中心位置。在无磁场情况下测定样品管的质量，然后分别在电磁铁电流为 1.0 A、1.5 A、2.0 A 和 3.0 A 的外磁场下测定样品管的质量。

2. 把莫尔盐及测定样品 $FeSO_4 \cdot 7H_2O$ 和 $K_4Fe(CN)_6 \cdot 3H_2O$ 在研钵中研细后备用。

3. 标准物的测定：取下空样品管，将事先研细的莫尔盐通过小漏斗或纸条装入样品管，直至所需的高度（装样高度视磁极情况而定）。装样时应不断地将样品管垂直在实验台上轻击，并用平头玻璃棒压紧管中的莫尔盐粉末，使装样均匀紧密。在无磁场情况下测定样品管的质量，然后分别在电磁铁电流为 1.0 A、1.5 A、2.0 A 和 3.0 A 的外磁场下测定样品管的质量，同时记录实验温度。

4. 样品的测定：倒出标准样，将样品管洗净烘干，然后装入事先研细的待测样品 $FeSO_4 \cdot 7H_2O$，装样方法与标准物一致。在无磁场情况下测定样品管的质量，然后分别在电磁铁电流为 1.0 A、1.5 A、2.0 A 和 3.0 A 的外磁场下测定样品管的质量，同时记录实验温度。重复上述操作，测量 $K_4Fe(CN)_6 \cdot 3H_2O$ 的相关实验数据。

## 五、实验结果与数据处理

1. 将实验相关数据记录于表 4-16 中。

表 4-16 配合物磁化率测定的相关实验数据

| 实验项目 | | 无外磁场下称重 | 有外磁场下称重 | | | |
|---|---|---|---|---|---|---|
| | | | 1.0 A | 1.5 A | 2.0 A | 3.0 A |
| 样品管(空) | 第一次读数 | | | | | |
| | 第二次读数 | | | | | |
| | 平均值 | | | | | |
| 样品管＋莫尔盐 | 第一次读数 | | | | | |
| | 第二次读数 | | | | | |
| | 平均值 | | | | | |
| 样品管＋$FeSO_4 \cdot 7H_2O$ | 第一次读数 | | | | | |
| | 第二次读数 | | | | | |
| | 平均值 | | | | | |
| 样品管＋$K_4Fe(CN)_6 \cdot 3H_2O$ | 第一次读数 | | | | | |
| | 第二次读数 | | | | | |
| | 平均值 | | | | | |

2. 根据实验温度，用式(4-46)计算 $\chi_{M标}$。

3. 根据称量数据，用式(4-45)计算样品 $FeSO_4 \cdot 7H_2O$、$K_4Fe(CN)_6 \cdot 3H_2O$ 的 $\chi_M$。其中应用式(4-45)时，应注意 $\Delta W_{样}$、$\Delta W_0$、$\Delta W_{标}$ 的数据应为相同磁场强度（即电流相同）下得出的数据，故几个不同的外磁场强度下的测定数据应分别计算。

4. 试讨论亚铁氰化钾与硫酸亚铁中 $Fe^{2+}$ 的外层电子层结构。

## 六、思考题

1. 样品管中装样多少对实验有无影响？为什么样品要装得均匀紧密？

2. 对同一样品，在不同磁电流下测得的样品摩尔磁化率是否相同？实验结果若有不同应如何解释？

3. 对同一样品，在相同磁电流下，前后两次测量的结果有无差异？两次测量取平均的目的是什么？

4. 本实验测定的 $\chi_M$ 的主要误差来源是什么？

## 4.2 基本原理验证性实验

### 实验 9 胶体与吸附

**一、实验目的**

1. 掌握水解法制备 $Fe(OH)_3$ 溶胶的原理和方法；
2. 了解溶胶的稳定性和高分子化合物溶液对溶胶的保护作用；
3. 验证胶体的介稳性质；
4. 加深理解固体在溶液中的吸附作用。

**二、实验原理**

胶体是由直径为 1~100 nm 的分散相粒子分散在分散介质中构成的高分散多相体系。肉眼和普通显微镜看不见胶体中的粒子，整个体系是透明的。分散介质为液态或气态的胶体体系，能流动，外观类似普通的真溶液，通常称为溶胶。而分散介质不能流动的胶体，则称为凝胶。

溶胶可由以下两个途径获得。①分散法：把较大的物质颗粒变为胶体大小的质点。②凝聚法：把物质的分子或离子聚合成胶体大小的质点。本实验采用化学凝聚法，通过在溶液中进行化学反应，产生不溶解的物质。通过控制沉淀的颗粒大小，使之正好落在胶体的尺寸范围。例如加热 $FeCl_3$ 溶液使之水解就可以得到 $Fe(OH)_3$ 溶胶，或采用以柠檬酸钠为还原剂的化学还原法制备银纳米溶胶。

$$FeCl_3 + 3H_2O \longrightarrow Fe(OH)_3(溶胶) + 3HCl$$

溶胶具有独特的光学性质、电学性质和介稳性质。通常用丁达尔效应来区别真溶液，用电泳来验证胶粒所带电性。由于胶体粒子表面具有电荷及溶剂化膜，是动力学稳定体系。但胶体的高度分散性，从热力学的角度看又是不稳定体系。若除去胶粒表面的电荷及溶剂化膜，溶胶将发生聚沉。若通过加入电解质、加热或者加入异性电荷胶团，都会破坏胶团的双电层结构和溶剂化膜，从而导致溶胶的聚沉。例如，向溶液中加入电解质，反离子将中和胶粒电荷而使之聚沉，电解质使溶胶聚沉的能力主要取决于与胶粒所带电荷相反的离子电荷数，电荷数越大，聚沉能力越强。若两种带相反电荷的溶胶相混合，电荷相互中和而彼此聚沉，而加热则会使粒子运动加剧，克服相互间的电荷斥力而聚沉。但是，若在加入电解质之前，在溶胶中加入适量的高分子溶液，胶粒会受到保护而免于聚沉。此外，液体中固体小颗粒具有较大的表面能，易吸引液体中的分子或离子到固体小颗粒表面来降低表面能，此过程称为吸附。而胶体分散系比表面大、表面能高，所以很容易发生吸附。同时溶胶的胶核因为带有电荷，易发生离子吸附。

**三、仪器与试剂**

仪器：恒温磁力搅拌器、试管、滴管、表面皿、烧杯、量筒、激光笔等。

试剂：$K_4[Fe(CN)_6]$($3\ mol\cdot L^{-1}$、$0.01\ mol\cdot L^{-1}$)、$AgNO_3$($0.001\ mol\cdot L^{-1}$)、柠檬酸钠(1%)、NaCl($2\ mol\cdot L^{-1}$)、$Na_2SO_4$($0.01\ mol\cdot L^{-1}$)、$FeCl_3$(20%、$0.01\ mol\cdot L^{-1}$)、白明胶(1%)溶液、蛋白质的稀溶液、饱和$(NH_4)_2SO_4$溶液、KI($0.1\ mol\cdot L^{-1}$)溶液。

### 四、实验内容

1. 水解反应制备$Fe(OH)_3$溶胶

(1) 制备$Fe(OH)_3$溶胶。在烧杯中加入50 mL蒸馏水，盖上表面皿，用恒温磁力搅拌器加热至沸腾，往沸水中逐滴加入2 mL $FeCl_3$(20%)溶液(约1 min完成滴加)，边滴加边不断搅拌。滴加完毕后继续煮沸1~2 min，观察颜色变化，并写出反应式。立即用冷水将上述溶胶冷却到室温，留待后续实验。

(2) $Fe(OH)_3$溶胶与$FeCl_3$溶液的区别。取2支试管，第1支试管中加入2 mL $Fe(OH)_3$溶胶，第2支试管加入1 mL $FeCl_3$($0.01\ mol\cdot L^{-1}$)溶液及1 mL蒸馏水(观察两个试管颜色有何不同，为什么?)，再向2支试管中分别加入1~2滴$K_4[Fe(CN)_6]$($3\ mol\cdot L^{-1}$)溶液，观察现象，并解释之。

2. 化学还原法制备银纳米溶胶

在烧杯中加入50 mL $AgNO_3$($0.001\ mol\cdot L^{-1}$)溶液，盖上表面皿，用恒温磁力搅拌器加热至沸腾，随后迅速加入8 mL柠檬酸钠(1%)溶液，在剧烈搅拌下继续煮沸2~4 min。用激光笔检测到溶液有明亮光路时停止加热，再立即用冷水将上述溶胶冷却到室温，同时观察银纳米溶胶的颜色变化。

3. 溶胶的聚沉

(1) 取3支试管各加入2 mL上述制备的$Fe(OH)_3$溶胶，分别滴加$0.01\ mol\cdot L^{-1}$的$K_3[Fe(CN)_6]$、$Na_2SO_4$和NaCl($2\ mol\cdot L^{-1}$)溶液，边滴加边振荡，直至出现聚沉现象为止，记下溶胶出现聚沉时所需各种电解质溶液的滴数，比较三种电解质的聚沉能力，并解释之。

(2) 取2 mL上述制备的银纳米溶胶于试管中，加热至沸腾，观察颜色有何变化，静置冷却后观察有何现象，并加以解释。

4. 高分子溶液对胶体的保护作用

取2支试管，各加入上述制备的$Fe(OH)_3$溶胶2 mL，然后在第1支试管中加去离子水10滴，而第2支试管中加入10滴白明胶(1%)溶液，振荡均匀后各加入5滴$Na_2SO_4$($0.01\ mol\cdot L^{-1}$)溶液，放置片刻，观察变化是否相同，试说明原因。

5. 高分子化合物溶液的盐析

取2 mL蛋白质稀溶液(或白明胶)于试管中，加入同体积的饱和$(NH_4)_2SO_4$溶液，将混合液稍加振荡，析出蛋白质沉淀(即呈浑浊或絮状)，将1 mL浑浊的液体倾入另一支试管中，加入1~3 mL水振荡，发现蛋白质沉淀又重新溶解，试解释此现象。

6. 溶胶的吸附作用

(1) AgI溶胶(A)制备：取15 mL KI($0.1\ mol\cdot L^{-1}$)溶液于50 mL烧杯中，一边

搅拌一边用滴管缓慢滴加 10 mL AgNO₃(0.01 mol·L⁻¹) 溶液，制得 AgI 溶胶（A）。

(2) AgI 溶胶（B）制备：取 15 mL AgNO₃(0.1 mol·L⁻¹) 溶液于 50 mL 烧杯中，一边搅拌一边用滴管缓慢滴加 10 mL KI(0.01 mol·L⁻¹) 溶液，制得 AgI 溶胶（B）。

将上述 5 mL AgI 溶胶（A）和 5 mL AgI 溶胶（B）混合，观察实验现象，并解释原因。

### 五、思考题

1. 若把 $FeCl_3$ 溶液加入到冷水中，能否制得 $Fe(OH)_3$ 胶体溶液？试解释原因。
2. 溶胶稳定存在的原因是什么？
3. 在制备银纳米溶胶中，柠檬酸钠具有哪些作用？
4. 不同电解质对溶胶的聚沉作用有何不同？

## 实验10　缓冲溶液与酸碱平衡

### 一、实验目的

1. 了解缓冲溶液的组成及性质；
2. 学习缓冲溶液的配制方法及其 pH 值的测定方法，并检验其缓冲作用；
3. 进一步理解并掌握同离子效应、盐效应和盐类水解的基本原理；
4. 熟悉酸碱指示剂、pH 试纸的选用和使用方法；
5. 进一步巩固酸度计的使用方法。

### 二、实验原理

1. 缓冲溶液

共轭酸碱对（弱酸与弱酸盐或弱碱与弱碱盐）组成的溶液，具有保持 pH 值相对稳定的性质，即不受外加少量酸碱影响而保持 pH 值基本不变（图 4-8），这种溶液被称为缓冲溶液。如 HAc-NaAc、$NH_3$-$NH_4Cl$、$H_3PO_4$-$NaH_2PO_4$ 等。我们可按照实际需要组成不同 pH 值范围的缓冲溶液，例如：在 HAc 和 NaAc 的混合溶液中，HAc-NaAc 可以配制 pH 值在 4.76 附近的缓冲溶液，其计算公式如下：

$$pH = pK_{a(HAc)}^{\ominus} + \lg \frac{c_{NaAc}}{c_{HAc}} \tag{4-47}$$

且 $K_{a(HAc)}^{\ominus} = 1.76 \times 10^{-5}$。

$NH_3$-$NH_4Cl$ 可以配制 pH 值在 9.25 附近的缓冲溶液，其计算公式如下：

$$pH = 14 - pK_{b(NH_3)}^{\ominus} + \lg \frac{c_{NH_3}}{c_{NH_4Cl}} \tag{4-48}$$

且 $K_{b(NH_3)}^{\ominus} = 1.79 \times 10^{-5}$。

缓冲溶液的缓冲能力与组成缓冲溶液的各物质的浓度有关，当弱酸与它的共轭碱浓度

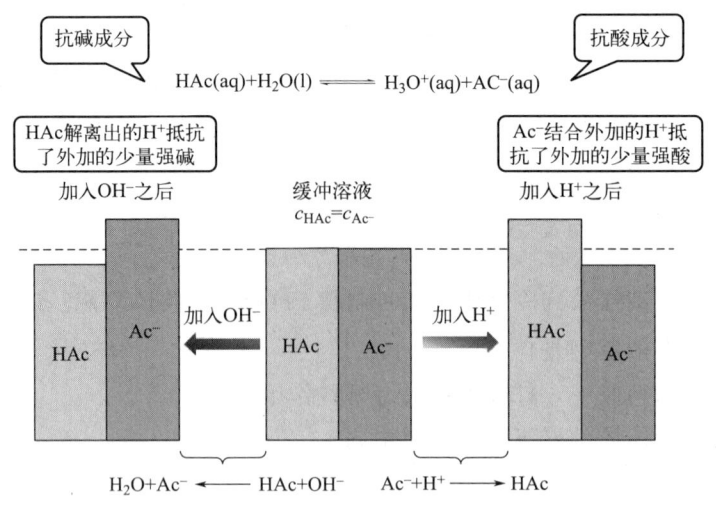

图 4-8　缓冲溶液中共轭酸碱对的抗酸抗碱示意

较大时，缓冲溶液的缓冲能力较强。此外，根据式(4-47)和式(4-48)可知，缓冲能力还与弱酸-共轭碱之间的浓度比值有关，当比值接近 1 时，缓冲溶液的缓冲能力最强。此比值通常选在 0.1～10 之间，此时缓冲溶液的缓冲范围为：

$$pH = pK_a^\ominus \pm 1 \tag{4-49}$$

2. 同离子效应

在一定温度下，弱酸或弱碱在水中只是部分电离，以弱酸 HAc 和弱碱 $NH_3$ 为例，其电离平衡如下：

$$HAc(aq) + H_2O(l) \rightleftharpoons H_3O^+(aq) + Ac^-(aq)$$

$$NH_3(aq) + H_2O(l) \rightleftharpoons NH_4^+(aq) + OH^-(aq)$$

在弱酸或弱碱溶液中，加入与弱酸或弱碱具有相同离子的强电解质时，可使弱酸或弱碱的电离度降低，即电离平衡向生成弱酸或弱碱的方向移动，这种现象称为同离子效应。

3. 盐效应

在已经建立电离平衡的弱电解质溶液中加入不含相同离子的强电解质（例如 HAc 中加入 NaCl），将产生盐效应使弱电解质的解离度略有增高（图 4-9）。盐效应的产生，是由于溶液中离子氛的作用加强（即离子强度增大）而使离子的有效浓度 $a$（活度）减小所造成的。注意：产生同离子效应时，必然伴随盐效应的发生，而且两者的效果相反，但同离子效应的影响要大。对于稀溶液，同离子效应存在时，不必考虑盐效应。

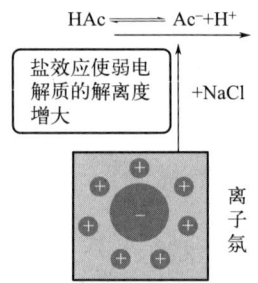

图 4-9　盐效应示意图

三、仪器与试剂

仪器：酸度计、广泛 pH 试纸、精密 pH 试纸、量筒、烧杯、点滴板、试管、石棉网、电炉等。

试剂：$NH_3 \cdot H_2O$(0.1 mol·L$^{-1}$、1 mol·L$^{-1}$)、$NH_4Cl$(0.1 mol·L$^{-1}$)、NaOH(0.1 mol·L$^{-1}$)、HAc(0.1 mol·L$^{-1}$、1 mol·L$^{-1}$)、NaAc(0.1 mol·L$^{-1}$、1 mol·L$^{-1}$)、NaAc(s)、$NH_4Cl$(s)、NaCl(0.1 mol·L$^{-1}$)、$Na_2CO_3$(0.1 mol·L$^{-1}$)、HCl(0.1 mol·L$^{-1}$、2 mol·L$^{-1}$)、$Al_2(SO_4)_3$(0.1 mol·L$^{-1}$)、$NaHCO_3$(0.5 mol·L$^{-1}$)、$CrCl_3$(0.1 mol·L$^{-1}$)、未知的四种溶液（A、B、C、D）、$FeCl_3$(0.5 mol·L$^{-1}$)、甲基橙、酚酞。

## 四、实验内容

### 1. 缓冲溶液的配制及其 pH 值的测定

按表 4-17 的方案配制 4 种缓冲溶液，用酸度计分别测定其 pH 值并记录在表中，并将测定结果与计算值进行比较。

**表 4-17　缓冲溶液的配制及其 pH 值的测定**

| 实验编号 | 缓冲溶液配制方案(各取 25.0 mL) | pH 测定值 | pH 计算值 |
| --- | --- | --- | --- |
| 1 | $NH_3 \cdot H_2O$(1 mol·L$^{-1}$)<br>$NH_4Cl$(0.1 mol·L$^{-1}$) | | |
| 2 | HAc(0.1 mol·L$^{-1}$)<br>NaAc(1 mol·L$^{-1}$) | | |
| 3 | HAc(1 mol·L$^{-1}$)<br>NaAc(0.1 mol·L$^{-1}$) | | |
| 4 | HAc(0.1 mol·L$^{-1}$)<br>NaAc(0.1 mol·L$^{-1}$) | | |

### 2. 缓冲溶液的缓冲作用

在表 4-17 所配的第 4 号缓冲溶液中加入 0.5 mL HCl(0.1 mol·L$^{-1}$) 溶液，混合搅拌均匀后，用酸度计测定其 pH 值并记录在表 4-18 内，然后再向此溶液中加入 1 mL NaOH(0.1 mol·L$^{-1}$) 溶液，混合搅拌均匀后，再用酸度计测定其 pH 值，记录测定结果，并与计算值相比较。

**表 4-18　缓冲溶液产生缓冲作用时的 pH 值比较**

| 实验编号 | 溶液组成 | pH 测定值 | pH 计算值 |
| --- | --- | --- | --- |
| 5 | 向第 4 号缓冲溶液中加入<br>0.5mL HCl(0.1 mol·L$^{-1}$) | | |
| 6 | 向上述混合溶液中再加入<br>1 mL NaOH(0.1 mol·L$^{-1}$) | | |

### 3. 同离子效应

(1) 在试管中加入 1 mL $NH_3 \cdot H_2O$(0.1 mol·L$^{-1}$) 溶液和一滴酚酞溶液，摇匀后溶液显示什么颜色？再加入少量的 $NH_4Cl$(s)，振荡使其溶解，溶液的颜色又有何变化？

为什么？

（2）在试管中加入 1 mL HAc(0.1 mol·L$^{-1}$) 和一滴甲基橙溶液，摇匀后溶液显示什么颜色？再加入少量的 NaAc(s)，振荡使其溶解，溶液的颜色又有什么变化？为什么？

4. 盐类水解

（1）A、B、C、D 是四种失去标签的盐溶液，只知它们是浓度均为 0.1 mol·L$^{-1}$ 的 NaAc、NH$_4$Cl、NaCl、Na$_2$CO$_3$ 溶液，选用合适精度的 pH 试纸，并通过 pH 试纸测定其 pH 值，确定该四种溶液。

（2）取 3 支试管，各加入 1 mL FeCl$_3$(0.5 mol·L$^{-1}$) 溶液，第 1 支留作比较，第 2 支加 3 滴 HCl(2 mol·L$^{-1}$)，第 3 支小火加热煮沸。观察现象，并解释现象。加入 HCl 或加热对水解平衡有何影响？试加以说明。

（3）取 2 支试管，分别加入 0.5 mL Al$_2$(SO$_4$)$_3$(0.1 mol·L$^{-1}$) 溶液和 0.5 mL NaHCO$_3$(0.5 mol·L$^{-1}$) 溶液，用 pH 试纸测定其 pH 值。随后将这两种溶液混合，观察并解释实验现象。

（4）在试管中加入 2 滴 CrCl$_3$(0.1 mol·L$^{-1}$) 溶液和 3 滴 Na$_2$CO$_3$(0.1 mol·L$^{-1}$) 溶液，观察并解释实验现象。

## 五、思考题

1. 同离子效应对弱电解质的电离度及难溶电解质的溶解度各有什么影响？在 CaCO$_3$ 饱和溶液中加入 Na$_2$CO$_3$ 是否产生同离子效应？有何现象？
2. 在实际操作中，有哪些测定溶液 pH 值的方法？
3. 缓冲溶液的 pH 值由哪些因素决定？其中主要的决定因素是什么？
4. 将下面两种溶液混合，所得的溶液是否具有缓冲作用？为什么？

（1）10 mL HAc(0.2 mol·L$^{-1}$) 和 10 mL NaOH(0.1 mol·L$^{-1}$)；

（2）10 mL HCl(0.2 mol·L$^{-1}$) 和 10 mL 氨水（0.1 mol·L$^{-1}$）。

# 实验 11　难溶电解质的沉淀-溶解平衡

## 一、实验目的

1. 理解沉淀-溶解平衡的基本原理，熟悉溶度积规则的实际运用；
2. 进一步理解同离子效应在难溶电解质中的作用；
3. 掌握沉淀生成、溶解及转化的条件及混合离子的分离方法；
4. 掌握离心机的使用和相关离心分离操作。

## 二、实验原理

1. 沉淀溶解平衡与溶度积规则

在难溶电解质的饱和溶液中，存在难溶电解质与溶液中相应离子之间的多相离子平衡，这种平衡称为沉淀-溶解平衡，通式表示如下：
$$A_mB_n(s) \rightleftharpoons mA^{n+}(aq) + nB^{m-}(aq)$$

上述平衡的平衡常数称为溶度积常数，可表示为：
$$K_{sp}^{\ominus} = [c^{eq}(A^{n+})/c^{\ominus}]^m [c^{eq}(B^{m-})/c^{\ominus}]^n \text{（饱和溶液）} \tag{4-50}$$

当溶液处于非饱和态时，则用 $J$ 表示反应商或难溶电解质的离子积，可表示为：
$$J = [c(A^{n+})/c^{\ominus}]^m [c(B^{m-})/c^{\ominus}]^n \text{（非饱和溶液）} \tag{4-51}$$

依据平衡移动原理，沉淀的生成和溶解可以根据溶度积规则进行判断：

$J > K_{sp}^{\ominus}$，平衡向左移动，沉淀从溶液中析出；

$J = K_{sp}^{\ominus}$，溶液为饱和溶液，溶液中的离子与沉淀之间处于平衡状态；

$J < K_{sp}^{\ominus}$，溶液为不饱和溶液，没有沉淀析出，若原来系统中有沉淀，则平衡向右移动，导致原来系统中的沉淀溶解。

**2. 同离子效应与盐效应**

在难溶电解质的饱和溶液中，加入含有相同离子的强电解质时，难溶电解质的多相离子平衡将发生移动，而使难溶电解质的溶解度降低，这种现象称为同离子效应。

将易溶强电解质加入难溶电解质的溶液中，在有些情况下，难溶电解质的溶解度比在纯水中的溶解度大，这种因加入易溶强电解质而使难溶电解质溶解度增大的现象，称为盐效应。

一般来说，若难溶电解质的溶度积很小，盐效应的影响也很小，可忽略不计。若难溶电解质的溶度积较大，溶液中各种离子的总浓度也较大时，盐效应的作用就比较明显，应该考虑盐效应的影响。

**3. 分步沉淀与沉淀的转化**

在溶液中如果含有多种被沉淀离子时，随着沉淀剂的不断加入，会有一种离子先沉淀，而另外一些离子按先后顺序依次沉淀，这种先后沉淀的现象叫作分步沉淀。对于相同类型的难溶电解质，可以根据其 $K_{sp}^{\ominus}$ 的相对大小直接判断沉淀的先后顺序；对于不同类型的难溶电解质，则要根据计算所需沉淀剂浓度的大小来判断沉淀的先后顺序。

两种沉淀之间相互转化的难易程度要根据沉淀转化反应的 $K_{sp}^{\ominus}$ 确定。若沉淀类型相同，$K_{sp}^{\ominus}$ 大者向 $K_{sp}^{\ominus}$ 小者转化，二者 $K_{sp}^{\ominus}$ 相差越大，转化越完全，例如下述转化反应：

$$CaSO_4(s) + CO_3^{2-}(aq) \rightleftharpoons CaCO_3(s) + SO_4^{2-}(aq)$$

$$K^{\ominus} = \frac{c_{SO_4^{2-}}/c^{\ominus}}{c_{CO_3^{2-}}/c^{\ominus}} = \frac{(c_{SO_4^{2-}}/c^{\ominus})(c_{Ca^{2+}}/c^{\ominus})}{(c_{CO_3^{2-}}/c^{\ominus})(c_{Ca^{2+}}/c^{\ominus})} = \frac{K_{sp(CaSO_4)}^{\ominus}}{K_{sp(CaCO_3)}^{\ominus}} = \frac{4.93 \times 10^{-5}}{3.36 \times 10^{-9}} = 1.47 \times 10^4 \tag{4-52}$$

由此可知，该沉淀转化反应进行比较完全。

反之 $K_{sp}^{\ominus}$ 小者向 $K_{sp}^{\ominus}$ 大者转化较为困难，但在一定条件下也能实现（如改变溶液的溶度、温度等）。若沉淀类型不同，需计算反应的平衡常数 $K$ 后再下结论。

### 三、仪器与试剂

仪器：离心机、试管、离心试管、玻璃棒、烧杯等。

试剂：Pb(Ac)$_2$(0.01 mol·L$^{-1}$)、KI(0.01 mol·L$^{-1}$、2 mol·L$^{-1}$)、HCl(2 mol·L$^{-1}$、6 mol·L$^{-1}$)、HNO$_3$(6 mol·L$^{-1}$)、NH$_3$·H$_2$O(2 mol·L$^{-1}$)、Pb(NO$_3$)$_2$(0.1 mol·L$^{-1}$)、Na$_2$S(0.1 mol·L$^{-1}$)、K$_2$CrO$_4$(0.1 mol·L$^{-1}$)、AgNO$_3$(0.1 mol·L$^{-1}$)、NaCl(0.1 mol·L$^{-1}$)、CaCl$_2$(0.5 mol·L$^{-1}$)、Na$_2$SO$_4$(0.5 mol·L$^{-1}$)、MgCl$_2$(0.1 mol·L$^{-1}$)、NH$_4$Cl(2 mol·L$^{-1}$)、NaNO$_3$(s)、Na$_2$CO$_3$饱和溶液、去离子水。

### 四、实验内容

**1. 沉淀的生成和溶解**

（1）取 3 支试管，各加入 2 滴 Pb(Ac)$_2$(0.01 mol·L$^{-1}$) 溶液和 2 滴 KI(0.01 mol·L$^{-1}$) 溶液，振荡试管后观察现象。再向第 1 支试管中加入 1 mL 去离子水，振荡试管并观察现象；向第 2 支试管中加入少量 NaNO$_3$(s) 和 1 mL 去离子水，振荡试管并观察现象；向第 3 支试管中加入 1 mL KI(2 mol·L$^{-1}$) 溶液，振荡试管并观察现象。

（2）取 2 支试管，各加入 3 滴 Na$_2$S(0.1 mol·L$^{-1}$) 溶液和 3 滴 Pb(NO$_3$)$_2$(0.1 mol·L$^{-1}$) 溶液，振荡试管后观察现象。再向第 1 支试管中加入 6 滴 HCl(6 mol·L$^{-1}$) 溶液，第 2 支试管中加入 6 滴 HNO$_3$(6 mol·L$^{-1}$) 溶液，振荡试管，分别观察现象并分析原因。

（3）取 2 支试管，各加入 1 mL MgCl$_2$(0.1 mol·L$^{-1}$) 溶液，然后分别滴入数滴氨水（2 mol·L$^{-1}$）溶液，至产生沉淀为止。随后向第 1 支试管中滴加 NH$_4$Cl(2 mol·L$^{-1}$) 溶液，至沉淀消失为止；向第 2 支试管滴加 HCl(2 mol·L$^{-1}$) 溶液，至沉淀消失为止。比较在沉淀中加入 NH$_4$Cl 和 HCl 溶液后，对平衡的影响如何。

**2. 分步沉淀**

（1）取 1 支离心试管，依次加入 2 滴 Na$_2$S(0.1 mol·L$^{-1}$) 溶液和 4 滴 K$_2$CrO$_4$(0.1 mol·L$^{-1}$) 溶液，再加入 5 mL 去离子水后振荡均匀。再向上述混合溶液中首先加入 2 滴 Pb(NO$_3$)$_2$(0.1 mol·L$^{-1}$) 溶液，发现有沉淀产生。将沉淀用离心机离心分离，上清液转移至另一试管中，观察离心试管底部沉淀的颜色。然后再向盛有上清液的试管中，继续滴加 Pb(NO$_3$)$_2$(0.1 mol·L$^{-1}$) 溶液至沉淀不再生成，观察此时试管中再次生成沉淀的颜色，并指出两种先后出现的沉淀各是什么物质。

（2）取 1 支试管，依次加入 2 滴 AgNO$_3$(0.1 mol·L$^{-1}$) 溶液和 2 滴 Pb(NO$_3$)$_2$(0.1 mol·L$^{-1}$) 溶液，再加入 5 mL 去离子水后振荡均匀。然后再向试管中逐滴滴加 K$_2$CrO$_4$(0.1 mol·L$^{-1}$) 溶液（注意每加一滴溶液，都要充分振荡），随着沉淀剂的不断加入，观察试管中先后生成沉淀的颜色有何不同，指出先后出现的沉淀各是什么物质，并解释实验现象。

**3. 沉淀的转化**

（1）取 2 支离心试管，各加入 2 mL CaCl$_2$(0.5 mol·L$^{-1}$) 溶液和 2 mL Na$_2$SO$_4$(0.5 mol·L$^{-1}$)，振荡试管后，试管内均有白色沉淀生成，离心分离弃去上清液。向第 1 支含有沉淀的离心试管中，加入 1 mL HCl(2 mol·L$^{-1}$) 溶液，观察沉淀是否溶解。向第 2 支含有沉淀的离心试管中,加入 1 mL $Na_2CO_3$ 饱和溶液,充分振荡几分钟,使沉淀转化,离心分离弃去上清液,再用蒸馏水洗涤沉淀 1~2 次,并在沉淀中加入 1 mL HCl($2\ mol\cdot L^{-1}$)溶液,观察实验现象,并解释现象产生的原因。

(2) 取 1 支试管,加入 6 滴 $AgNO_3$($0.1\ mol\cdot L^{-1}$)溶液和 3 滴 $K_2CrO_4$($0.1\ mol\cdot L^{-1}$)溶液,观察沉淀的颜色,并将沉淀离心分离后洗涤 2~3 次。然后再向沉淀中逐滴加入 NaCl($0.1\ mol\cdot L^{-1}$)溶液,充分振荡,观察有什么变化。写出反应方程式,并计算该沉淀转化反应的标准平衡常数。

## 五、思考题

1. 为什么会出现分步沉淀的现象?溶度积小的难溶电解质一定先析出沉淀吗?试举例说明。
2. 离心分离操作的要点是什么?
3. 进行分步沉淀实验时,沉淀剂为什么要逐滴加入?
4. 分析溶解度和溶度积的异同点。

## 实验 12  氧化-还原平衡

### 一、实验目的

1. 加深理解电极电势与氧化还原反应的关系;
2. 应用电极电势判断氧化剂、还原剂的相对强弱及氧化还原反应进行的方向;
3. 了解浓度、介质酸碱性、温度、催化剂对电极电势及氧化还原反应方向和速率的影响。

### 二、实验原理

氧化还原反应的实质是反应物之间发生了电子转移或偏移。物质氧化还原能力的大小可以根据相应的电极电势大小来判断。电极电势值越大,氧化还原电对中氧化型物质的氧化能力越强;电极电势值越小,则电对中还原型物质的还原能力越强。根据氧化剂和还原剂对应电极电势的相对大小,可以判断氧化还原反应进行的方向。

$$E_{池}=E_{正}-E_{负} \tag{4-53}$$

当氧化剂电对的电极电势($E_{正}$)与还原剂电对的电极电势($E_{负}$)的差值 $E_{池}$:①大于 0 时,该电池反应能自发进行;②等于 0 时,该电池反应处于平衡状态;③小于 0 时,该电池反应不能自发进行。实际上,许多电池反应是在非标准状态下进行的,浓度、压力、温度对电极电势 $E$ 的影响可用 Nernst 方程式表示:

$$E(氧化态/还原态)=E^{\ominus}(氧化态/还原态)+\frac{RT}{zF}\ln\frac{c(氧化态)/c^{\ominus}}{c(还原态)/c^{\ominus}} \tag{4-54}$$

式中,$R$ 为气体常数;$F$ 为法拉第常数;$z$ 为电极半反应参与的电子数;$T$ 为热力学温度；$E$ 为电对的电极电势；$E^{\ominus}$ 为电对的标准电极电势（可在附录中查到）。在 25 ℃ 时，式(4-54) 可简化为：

$$E(\text{氧化态}/\text{还原态}) = E^{\ominus}(\text{氧化态}/\text{还原态}) + \frac{0.0592\ \text{V}}{z} \lg \frac{c(\text{氧化态})/c^{\ominus}}{c(\text{还原态})/c^{\ominus}} \quad (4\text{-}55)$$

一般情况下，特别是酸碱介质不参与的氧化还原反应，当氧化剂电对与还原剂电对的标准电极电势 $E^{\ominus}$ 的差值大于 0.2 V 时，可直接用 $E^{\ominus}_{池}$ 判断氧化还原反应能够发生，因为此时氧化剂或还原剂浓度、压力、温度的改变对电极电势的影响较小。某些电极反应的标准电极电势见表 4-19。

**表 4-19　某些电极反应的标准电极电势 (298.15 K)**

| 电极反应 | $E^{\ominus}/\text{V}$ |
| --- | --- |
| $SO_4^{2-} + 4H^+ + 2e^- \rightleftharpoons H_2SO_3 + H_2O$ | 0.172 |
| $H_2SO_3 + 4H^+ + 4e^- \rightleftharpoons S + 3H_2O$ | 0.449 |
| $Cl_2 + 2e^- \rightleftharpoons 2Cl^-$ | 1.35827 |
| $Br_2(l) + 2e^- \rightleftharpoons 2Br^-$ | 1.066 |
| $I_2 + 2e^- \rightleftharpoons 2I^-$ | 0.5355 |
| $2IO_3^- + 12H^+ + 10e^- \rightleftharpoons I_2 + 6H_2O$ | 1.195 |
| $Fe^{3+} + e^- \rightleftharpoons Fe^{2+}$ | 0.771 |

从表 4-19 可知，$Cl_2$ 与 $I^-$ 可自发进行氧化还原反应，生成的 $I_2$ 溶于 $CCl_4$ 中，使 $CCl_4$ 层呈紫红色。大量 $Cl_2$ 与 $I_2$ 也可自发进行氧化还原反应，$I_2$ 被氧化成 $IO_3^-$。$I_2$ 可作为氧化剂与 $H_2SO_3$ 自发进行氧化还原反应。事实上，当氧化剂电对与还原剂电对的标准电极电势相差较小时（即 $-0.2\ \text{V} \leqslant E^{\ominus}_{池} \leqslant 0.2\ \text{V}$），还应考虑离子浓度、压力、温度的改变对电极电势的影响，不能盲目根据标准电极电势判断实际的氧化还原反应能否自发进行。

特别是，浓度对电极电势的影响主要表现在以下几个方面：①对有沉淀生成的电极反应或有配合物生成的电极反应，沉淀或配合物的生成都会大大改变氧化剂或还原剂浓度；②对有 $H^+$ 或 $OH^-$ 参加的电极反应，不但氧化剂或还原剂浓度对电极电势有很大影响，而且 $H^+$ 或 $OH^-$ 浓度对电极电势也有很大影响。因此，溶液中参与反应的某一离子浓度发生较大变化，会导致电极电势值有较大的变化，甚至有可能改变反应的方向。例如，电极电势 $E^{\ominus}(Cu^{2+}/Cu) = 0.3419\ \text{V}$，$E^{\ominus}(Pb^{2+}/Pb) = -0.1262\ \text{V}$。在标准状态下，该反应向正向进行：

$$Pb + Cu^{2+} \rightleftharpoons Cu + Pb^{2+}$$

若设法将溶液中的 $Cu^{2+}$ 降到一定浓度，例如向溶液中加入 $S^{2-}$，使 $Cu^{2+}$ 与 $S^{2-}$ 生成极难溶的 CuS 沉淀 $[K_{sp(CuS)} = 6.3 \times 10^{-36}]$，当溶液中 $c(S^{2-}) = 0.5\ \text{mol} \cdot \text{L}^{-1}$ 时，可使 $Cu^{2+}$ 浓度降到 $1.26 \times 10^{-35}\ \text{mol} \cdot \text{L}^{-1}$。根据 Nernst 方程式计算，得到 $E(Cu^{2+}/Cu) = -0.69\ \text{V}$，比 $E^{\ominus}(Pb^{2+}/Pb) = -0.1262\ \text{V}$ 还要小，故上述氧化还原反应将逆向进行。另外有些反应，特别是含氧酸根离子参加的氧化还原反应，经常有 $H^+$ 和 $OH^-$ 参加，还要考虑介质酸碱性对电极电势的影响。例如 $MnO_4^-$ 在酸性介质中被还原为 $Mn^{2+}$（浅红色至肉色）；

$$MnO_4^- + 8H^+ + 5e^- \rightleftharpoons Mn^{2+} + 4H_2O$$

在中性或弱碱性介质中被还原为 $MnO_2$（褐色）：

$$MnO_4^- + 2H_2O + 3e^- \rightleftharpoons MnO_2(s) + 4OH^-$$

在碱性介质中则被还原为 $MnO_4^{2-}$（绿色）：

$$MnO_4^- + e^- \rightleftharpoons MnO_4^{2-}$$

## 三、仪器与试剂

仪器：酸度计、试管、量筒、烧杯、淀粉-KI 试纸等。

试剂：$H_2C_2O_4$（0.01 mol·L$^{-1}$）、$H_2SO_4$（2.0 mol·L$^{-1}$）、HCl（2 mol·L$^{-1}$）、浓盐酸、浓硝酸、NaOH（6 mol·L$^{-1}$）、$KMnO_4$（0.01 mol·L$^{-1}$）、$ZnSO_4$（0.1 mol·L$^{-1}$）、$FeSO_4$（0.1 mol·L$^{-1}$）、$K_3[Fe(CN)_6]$（0.1 mol·L$^{-1}$）、$MnSO_4$（0.1 mol·L$^{-1}$）、NaF（1.0 mol·L$^{-1}$）、$Na_2SO_3$（0.1 mol·L$^{-1}$）、$FeCl_3$（0.1 mol·L$^{-1}$）、KBr（0.1 mol·L$^{-1}$）、KI（0.1 mol·L$^{-1}$）、$AgNO_3$（0.1 mol·L$^{-1}$）、$Br_2$ 水、$I_2$ 水、$H_2O_2$（3%）、$MnO_2$(s)、$K_2S_2O_8$(s)、$CCl_4$、淀粉溶液。

## 四、实验内容

**1. 氧化还原反应与电极电势**

（1）取 1 支试管，将 0.5 mL KI（0.1 mol·L$^{-1}$）溶液和两滴 $FeCl_3$（0.1 mol·L$^{-1}$）溶液在试管中混合均匀，再加入 0.5 mL $CCl_4$，充分振荡观察 $CCl_4$ 层的颜色有何变化，并写出反应式。

（2）用 KBr（0.1 mol·L$^{-1}$）溶液代替 KI（0.1 mol·L$^{-1}$）溶液进行上述实验，观察实验现象，并解释上述现象。

（3）取 2 支试管，均加入 0.5 mL $CCl_4$，向第 1 支试管加入 0.5 mL $I_2$ 水，向第 2 支试管加入 0.5 mL $Br_2$ 水，随后向 2 支试管中再加入数滴 $FeSO_4$（0.1 mol·L$^{-1}$）溶液，观察实验现象，并写出反应式。

（4）根据以上三个实验的结果，定性比较 $Br_2/Br^-$、$I_2/I^-$、$Fe^{3+}/Fe^{2+}$ 这三对氧化还原电对的电极电势，并指出电对中哪个氧化性物质是最强的氧化剂，哪个还原性物质是最强的还原剂，并以此说明电对的电极电势高低与氧化还原反应方向的关系。

（5）根据试剂标准电极电势 $E^{\ominus}$ 的高低，自行设计方案。用实验证实 $H_2O_2$ 既可作氧化剂，又可作还原剂。可选试剂：$H_2O_2$（3%）溶液、$H_2SO_4$（2.0 mol·L$^{-1}$）、KI（0.1 mol·L$^{-1}$）、$KMnO_4$（0.01 mol·L$^{-1}$）、淀粉溶液。

**2. 浓度、介质酸碱性对电极电势和氧化还原反应的影响**

（1）向 2 支试管中各加入少量的 $MnO_2$(s)，然后向第 1 支试管中加入 1 mL 浓盐酸，第 2 支试管中加入 1 mL HCl（2 mol·L$^{-1}$）溶液，在发生反应的试管口用湿润的淀粉-KI 试纸检验氯气的产生情况，写出反应方程式，并从浓度对电极电势的影响解释实验现象。

（2）取 1 支试管，向试管中加入 0.5 mL KI（0.1 mol·L$^{-1}$）溶液和 5 滴 $K_3[Fe(CN)_6]$

（0.1 mol·L$^{-1}$）溶液，混合均匀后再加入 0.5 mL CCl$_4$，充分振荡，观察 CCl$_4$ 层的颜色有无变化。然后再加入 5 滴 ZnSO$_4$（0.1 mol·L$^{-1}$）溶液，充分振荡，观察现象并加以解释。

（3）在 3 支试管中分别加入 3 滴 KMnO$_4$（0.01 mol·L$^{-1}$）溶液，然后往第 1 支试管中加入 2 滴 H$_2$SO$_4$（2.0 mol·L$^{-1}$）溶液，使溶液酸化，向第 2 支试管中加入 2 滴去离子水，向第 3 支试管中加入 2 滴 NaOH（6 mol·L$^{-1}$）使溶液碱化，然后各滴入 2 滴 Na$_2$SO$_3$（0.1 mol·L$^{-1}$）溶液，观察各试管中的现象，写出有关反应方程式。

3. 温度对氧化还原反应的影响

取 2 支试管，各加入 2 滴 KMnO$_4$（0.01 mol·L$^{-1}$）和 2 滴 H$_2$SO$_4$（2.0 mol·L$^{-1}$）溶液，将其中一支试管放入 60 ℃ 水浴中加热几分钟取出，再快速向这 2 支试管中各加入 2 滴 H$_2$C$_2$O$_4$（0.01 mol·L$^{-1}$）溶液，观察这 2 支试管中的溶液哪个先褪色。

4. 催化剂对氧化还原反应的影响

（1）取 3 支试管，各加入 1 mL H$_2$C$_2$O$_4$（0.01 mol·L$^{-1}$）溶液和 2 滴 H$_2$SO$_4$（2.0 mol·L$^{-1}$）溶液，向第 1 支试管加入 2 滴 MnSO$_4$（0.1 mol·L$^{-1}$）溶液，向第 2 支试管加入 2 滴 NaF（1.0 mol·L$^{-1}$）溶液，第 3 支试管不加其他溶液，最后向这 3 支试管中均加入 1 滴 KMnO$_4$（0.01 mol·L$^{-1}$）溶液，比较它们的褪色速度，必要时可用小火加热进行比较。

（2）取 1 支试管，将 2 mL H$_2$SO$_4$（2.0 mol·L$^{-1}$）、2 mL 去离子水和 4 滴 MnSO$_4$（0.1 mol·L$^{-1}$）溶液混合均匀，再加入 1 滴浓硝酸。将上述溶液分为两份并置于 2 支试管中，向第 1 支试管加入 1 滴 AgNO$_3$（0.1 mol·L$^{-1}$）溶液和少量 K$_2$S$_2$O$_8$(s)，第 2 支试管只加入少量 K$_2$S$_2$O$_8$(s)，同时将这 2 支试管置于 60 ℃ 水浴中加热，观察溶液的颜色变化。

## 五、思考题

1. 为什么 K$_2$Cr$_2$O$_7$ 能氧化浓盐酸中的氯离子，而不能氧化浓 NaCl 溶液的氯离子？
2. 电动势越大的反应是否进行越快？温度和浓度对氧化还原反应的速率有何影响？
3. 饱和甘汞电极与标准甘汞电极的电极电势是否相等？
4. 在碱性介质中进行 KMnO$_4$ 的氧化还原反应时，为什么 KMnO$_4$ 溶液的用量要尽量少，同时 NaOH 溶液用量不宜过少？

## 实验 13　金属在酸溶液中的钝化行为

### 一、实验目的

1. 了解金属钝化行为及其测量方法；
2. 测定金属在酸性溶液中的阳极极化（钝化）曲线及其钝化电位；

3. 理解氯离子浓度对金属钝化行为的影响。

## 二、实验原理

### 1. 金属的钝化

在以金属作阳极的电解池中，通过电流时，通常会发生阳极的电化学溶解过程

$$Me \longrightarrow Me^{n+} + ne^-$$

在金属的阳极溶解过程中，其电极电势必须高于其热力学电势，该电极过程才能发生，而这种电极电势偏离其热力学电势的现象称为极化。当阳极极化不大时，阳极过程的速率随着电极电势变正而逐渐增大，这是金属的正常溶液。但当电极电势变正到某一数值时，其溶解速率到达最大，而后，阳极溶解速率随着电势变正，反而大幅度地降低，这种现象称为金属的钝化现象。

金属的阳极极化过程是一个复杂的过程，包括活化溶解过程、钝化过程和过钝化过程等。金属由活化状态转变为钝化状态，目前存在着两种不同的观点。有人认为金属钝化是由于金属外表形成了一层氧化物，因而阻止了金属进一步溶解；也有人认为金属钝化是由于金属外表吸附氧而使金属溶解速度降低。前者称为氧化物理论，后者称为外表吸附理论。

金属 Me 活化溶解：

$$Me + H_2O \longrightarrow MeOH^+ + H^+ + 2e^-$$
$$MeOH^+ + H^+ \longrightarrow Me^{2+} + H_2O$$

它的电流取决于中间物 $MeOH^+$ 形成速度，$MeOH^+$ 将快速转变为 $Me^{2+}$。但 Me 阳极溶解可能同时发生：

$$Me + H_2O \longrightarrow MeOH + H^+ + e^-$$

产物 MeOH 按以下反应发生钝化过程：

$$MeOH + H_2O \longrightarrow Me(OH)_2 + H^+ + e^-$$
$$Me(OH)_2 \longrightarrow MeO + H_2O$$

上述钝化过程与活化溶解过程不同，它的反应速率取决于表面 $Me(OH)_2$ 的形成速率，但随后快速转变为 MeO，形成钝化层，阻止 Me 继续溶解。溶液中 $H^+$ 会与钝化层物质产生化学反应，发生过钝化过程：

$$MeO + 2H^+ \longrightarrow Me^{2+} + H_2O$$

同时，溶液中阴离子 $A^-$（如 $Cl^-$）也能与钝化层发生化学反应，产生可溶性 $MeA_2$ 破坏钝化层，也能促使 Me 的溶解：

$$MeO + H_2O + 2A^- \longrightarrow MeA_2 + 2OH^-$$

### 2. 极化曲线的测量原理和方法

研究金属阳极溶解及钝化通常采用恒电位法和恒电流法。采用恒电流法测量时，由于人为控制电流恒定，电极电位容易跳过钝化区，直接到达过钝化区。因此恒电流法难以测出金属进入钝化区的真实情况。在金属钝化现象的研究中，由于恒电位法能测得完整的阳极极化曲线，故比恒电流法更有利。

采用控制电位法测量极化曲线时,将研究电极的电位恒定在所需值,然后测量对应于该电位下的电流。由于电极表面状态在未建立稳定状态之前,电流会随时间而改变,故一般测出的曲线为"暂态"极化曲线。

研究金属的钝化一般有静态法和动态法两种方法。①静态法是将研究电极的电位较长时间恒定在某一数值,同时测量电流随时间的变化,直到电流达到稳定,如此逐点测量一系列恒定电位时所对应的稳定电流值,即可获得完整的极化曲线图。②动态法是控制电极的电位以较慢的速率连续地改变(扫描),并测量对应电位下的瞬时电流值,以瞬时电流值与对应的电极电位作图,获得完整的极化曲线图。一般来说,电极表面建立稳态的速率越慢,则电位扫描速率也应越慢,这样才能使所测的钝化曲线与静态法测得的接近。上述两种方法都已获得广泛的应用。静态法测量结果比动态测量结果更接近稳态值,但达到稳态可能需要很长时间(往往需要在每一个电位下等待几个小时)。而动态法可以自动测绘,控制扫描速率,故测量时间较短且结果重现性好,故在实际工作中,常采用动态法来进行测量。

本实验中,钝化金属可采用控制不同的恒电位来测量电流密度,将被研究金属(如铁、镍、铬等或其合金)置于硫酸或硫酸盐溶液中作为研究电极。它与辅助电极(铂电极)组成一个电解池,同时又与参比电极(硫酸亚汞电极)组成原电池。以镍金属为阳极,其测量回路可分为两部分(图4-10):①研究电极和辅助电极形成的极化回路,由mA表测量极化电流的大小;②研究电极与参比电极形成的电位测量回路。通过恒电位仪对研究电极给定一个恒定电位后,测量与之对应的准稳态电流值。以过电位 $\eta$ 对通过被研究电极的电流密度 $j$ 的对数 $\lg j$ 作图,可得金属钝化曲线。过电位 $\eta$ 即为电流密度为 $j$ 时的阳极电极电位 $E_{Ni}(j)$ 与电流密度为 0 时的阳极电极电位 $E_{Ni}(0)$ 之差。

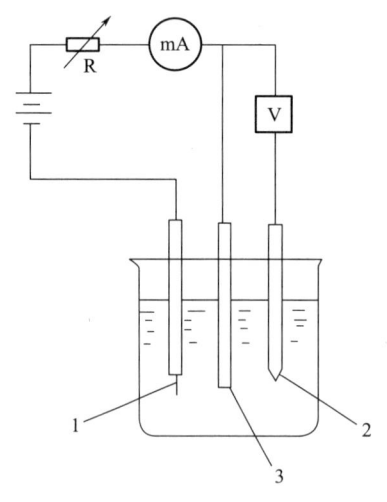

图 4-10 恒电位法测定金属钝化曲线的示意
1—辅助电极;2—参比电极;3—工作电极

$$\eta = E_{Ni}(j) - E_{Ni}(0)$$

由于
$$E(j) = E_{Hg_2SO_4} - E_{Ni}(j)$$
$$E(0) = E_{Hg_2SO_4} - E_{Ni}(0)$$

故
$$\eta = E(0) - E(j)$$

大多数金属均可绘制出如图4-11所示完整的金属钝化曲线,图中曲线分为以下四个区域:

(1) AB 活性溶解区,阳极电极电位的外加给定电位增加,电流密度 $j$ 随之增大。此区域内金属进行正常的阳极溶解,阳极电流随电位的变化符合塔菲尔(Tafel)公式。

(2) BC 过渡钝化区,这是金属从活化态到钝化态的转变过程。电位达到 B 点时,电流密度为最大值,此时的电流称为致钝电流($j_{致}$),对应的电位称为致钝电位($E_{致}$)。电位过 B 点后,金属才能开始钝化,其溶解速率不断降低并过渡到钝化状态 C 点之后。

(3) CD 稳定钝化区,在该区域中金属的溶解速率基本上不随电位而改变。此时的电流为钝态金属的稳定溶解电流(即维钝电流$j_{维}$),金属的腐蚀速度急剧下降。

(4) DE 过钝化区,D 点之后,阳极电流密度又重新随电位的正移而增大,金属的溶解速率加大。此时可能产生高价金属离子,也可能水电解析出 $O_2$,还可能两者同时出现。

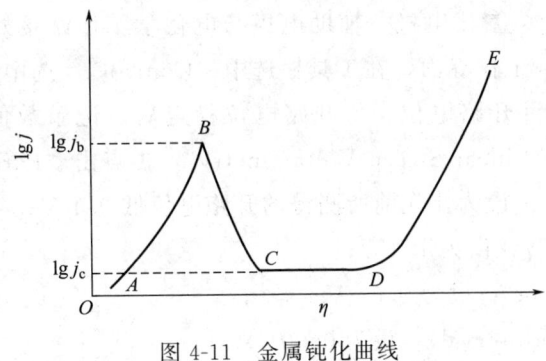

图 4-11  金属钝化曲线

3. 影响金属钝化性质的因素

金属的钝化现象是十分常见的,人们已对其进行大量的研究,影响金属钝化过程及钝化性质的因素可归纳为以下三点。

(1) 溶液的组成。溶液中存在的氢离子、卤素离子以及某些具有氧化性的阴离子对金属的钝化现象起着颇为显著的影响。在中性溶液中,金属一般是比较容易钝化的,而在酸性溶液或某些碱性溶液中要困难得多,这与阳极反应产物的溶解度有关。卤素离子特别是氯离子的存在则明显地阻止金属的钝化过程,已经钝化了的金属也易被它破坏(活化),而使金属的阳极溶解速率重新增加。溶液中存在某些具有氧化性的阴离子(如 $CrO_4^{2-}$)则可以促进金属的钝化。

(2) 金属的化学组成和结构。各种纯金属的钝化能力很不相同,以铁、镍、铬三种金属为例,铬最容易钝化,镍次之,铁较差些,因此添加铬、镍可以提高钢铁的钝化能力,例如不锈钢的例子。一般来说,在合金中添加易钝化金属可以大大提高合金的钝化能力及钝化态的稳定性。

(3) 外界因素。一般来说,温度升高以及搅拌加剧,可以推迟或防止钝化过程的发生,这显然与离子的扩散有关。

### 三、仪器与试剂

仪器:电化学工作站、三电极体系电解池、研究电极(直径 0.5 cm 的镍电极)、参比电极(饱和硫酸亚汞电极)、辅助电极(Pt 电极)、砂纸等。

试剂:$H_2SO_4$(0.1 mol·$L^{-1}$)、$H_2SO_4$(0.1 mol·$L^{-1}$)+KCl(0.01 mol·$L^{-1}$)、$H_2SO_4$(0.1 mol·$L^{-1}$)+KCl(0.04 mol·$L^{-1}$)、$H_2SO_4$(0.1 mol·$L^{-1}$)+KCl(0.1 mol·$L^{-1}$)、乙醇、

丙酮、去离子水。

### 四、实验内容

1. 开启 CHI 电化学工作站和计算机，并预热约 10 min。

2. 用砂纸打磨研究电极，依次用去离子水、乙醇、丙酮、去离子水冲洗干净，擦干后放入已洗净并装有 $H_2SO_4$（0.1 mol·$L^{-1}$）溶液的电解池中。随后用去离子水冲洗并擦干辅助电极和参比电极备用。

3. 分别将研究电极、参比电极、辅助电极与电化学工作站接好。操作计算机进入电化学工作站的 Windows 工作界面，在工具栏选中"Control"，选中"Open Circuit Potential"，数秒后屏幕上显示开路电位。待开路电位稳定后，记录数值。在工具栏点击"T(Technique)"，选中"Linear Sweep Voltammetry"，再点击"Parameters"设置参数。

初始电位（Init E）：设为比先前所测得的开路电位低 0.1 V；

终止电位（Final E）：设为 1.4 V；

扫描速率（Scan rate）：设为 0.01 V·$s^{-1}$；

采样间隔（Sample interval）：设为 0.001 V；

初始电位下的极化时间（Quiet time）：设为 300 s；

灵敏度（Sensitivity）：设为自动或者 0.001 A。

其他可用仪器默认值，确定后点击"OK"开始测试。首先在初始电位下阴极极化，300 s 后扫描开始，屏幕显示电流随电位的变化曲线。扫描结束后，点击"Graphics"，再点击"Graph Options"选择合适的图形显示格式，给实验结果取文件名保存（可注释电极面积和所用参比电极）。

4. 替换原有电解液为 $H_2SO_4$（0.1 mol·$L^{-1}$）+ KCl（0.01 mol·$L^{-1}$）、$H_2SO_4$（0.1 mol·$L^{-1}$）+ KCl（0.04 mol·$L^{-1}$）、$H_2SO_4$（0.1 mol·$L^{-1}$）+ KCl（0.1 mol·$L^{-1}$），重复以上操作进行测量，每次测量前，研究电极必须重新打磨洗净。

### 五、数据处理

1. 记录实验条件，计算过电位 $\eta$。

2. 使用 Origin 软件作图，绘制不同的钝化曲线，并找出相应的 $E_{致}$、$j_{致}$、$j_{维}$ 及钝化区间，并将数据填入表 4-20。

表 4-20 金属钝化曲线测定数据记录表

| 溶液组成 | 开路电位/V | 初始电位/V | $j_{致}$/A·$m^{-2}$ | $E_{致}$/V | 稳定钝化区间 | $j_{维}$/A·$m^{-2}$ |
|---|---|---|---|---|---|---|
| $H_2SO_4$（0.1 mol·$L^{-1}$） | | | | | | |
| $H_2SO_4$（0.1 mol·$L^{-1}$）+ KCl（0.01 mol·$L^{-1}$） | | | | | | |
| $H_2SO_4$（0.1 mol·$L^{-1}$）+ KCl（0.04 mol·$L^{-1}$） | | | | | | |

续表

| 溶液组成 | 开路电位/V | 初始电位/V | $j_{致}/A \cdot m^{-2}$ | $E_{致}/V$ | 稳定钝化区间 | $j_{维}/A \cdot m^{-2}$ |
|---|---|---|---|---|---|---|
| $H_2SO_4(0.1\ mol \cdot L^{-1})$ + $KCl(0.1\ mol \cdot L^{-1})$ | | | | | | |

3. 比较以上不同氯离子浓度的四条钝化曲线，讨论所得实验结果及曲线意义。

### 六、思考题

1. 测量前，为什么要打磨镍电极和进行阴极极化处理？
2. 当溶液 pH 值发生变化时，镍电极的钝化行为有无变化？
3. 测量极化曲线时，为什么选用三电极电解池？能否选用二电极电解池测量？为什么？
4. 如果扫描速率改变，测得的 $E_{致}$、$j_{致}$ 有无变化？为什么？
5. 在使用恒电位仪的测试中，电位和电流哪个是自变量？

## 实验 14　配位反应与平衡

### 一、实验目的

1. 加深理解配合物的组成和稳定性，了解配合物形成时的特征；
2. 通过实验了解简单离子与配离子性质上的区别；
3. 加深对配合物解离平衡及其平衡移动的理解；
4. 了解螯合物的形成和特性。

### 二、实验原理

由中心离子或原子（或形成体）提供空轨道，与周围一定数目的可提供电子对的分子或离子，以配位键结合形成的稳定化合物叫作配位化合物，简称配合物。配合物的内界与外界之间以离子键结合，在水溶液中完全解离。配离子在水溶液中像弱电解质一样能部分地解离出其组成成分。周期表中的副族元素容易形成配合物，配合物的形成使原物质的某些性质（如溶液颜色、难溶电解质溶解度、溶液 pH 值、中心离子氧化还原性等）发生改变。

1. 配合物形成时性质的改变

（1）颜色改变：发生配体取代反应后，溶液颜色会发生变化，如 $[Fe(SCN)_6]^{3-}$ 为血红色，而 $[FeF_6]^{3-}$ 则为无色。

（2）溶解度改变：AgCl 可以溶解在过量氨水中，形成 $[Ag(NH_3)_2]^+$；AgBr 可以溶解在过量 $Na_2S_2O_3$ 溶液中，形成 $[Ag(S_2O_3)_2]^{3-}$；AgI 可以溶解在过量 KI 中，形成

$[AgI_2]^-$。

(3) 溶液 pH 值改变：配合物形成时由于产物中 $H^+$ 的出现，会造成 pH 值发生变化，例如：

$$Ca^{2+} + H_2Y^{2-} \rightleftharpoons CaY^{2-} + 2H^+$$

乙二胺四乙酸 $H_4edta$（简写为 $H_4Y$）为难溶于水的四元酸，是一个六齿配体，可以螯合多种金属离子。而 $CaY^{2-}$ 则是乙二胺四乙酸根中的 6 个配位原子与 $Ca^{2+}$ 形成的 5 个五原子环。

(4) 氧化还原性质改变：配合物形成时中心离子氧化还原性质会发生改变，例如：

$$E^{\ominus}(Co^{3+}/Co^{2+}) = 1.83 \text{ V}, E^{\ominus}[Co(NH_3)_6^{3+}/Co(NH_3)_6^{2+}] = 0.108 \text{ V}$$

2. 配位平衡

配合物与复盐不同，配合物在水溶液中解离出的配离子十分稳定，只有很少的一部分解离成简单离子，而复盐则全部解离为简单离子。例如：

$$[Cu(NH_3)_4]SO_4 \rightleftharpoons [Cu(NH_3)_4]^{2+} + SO_4^{2-}$$

$$Fe_2(SO_4)_3 \cdot (NH_4)_2SO_4 \cdot 24H_2O \rightleftharpoons 2Fe^{3+} + 4SO_4^{2-} + 2NH_4^+ + 24H_2O$$

配离子在水溶液中存在配位和解离平衡，例如 $[Cu(NH_3)_4]^{2+}$ 在水溶液中存在：

$$Cu^{2+} + 4NH_3 \rightleftharpoons [Cu(NH_3)_4]^{2+}$$

该配离子的稳定常数为：

$$K_{稳}^{\ominus} = \frac{c_{[Cu(NH_3)_4]^{2+}}/c^{\ominus}}{(c_{Cu^{2+}}/c^{\ominus}) \cdot (c_{NH_3}/c^{\ominus})^4}$$

不稳定常数为：

$$K_{不稳}^{\ominus} = \frac{1}{K_{稳}^{\ominus}} = \frac{(c_{Cu^{2+}}/c^{\ominus}) \cdot (c_{NH_3}/c^{\ominus})^4}{c_{[Cu(NH_3)_4]^{2+}}/c^{\ominus}}$$

配离子在水溶液中或多或少解离成简单离子，$K_{稳}^{\ominus}$ 越大，配离子越稳定，解离的趋势越小。当在配离子溶液中加入某种沉淀剂或某种与中心离子配位能形成更稳定配离子的配位剂时，配位平衡将发生移动，生成沉淀或更稳定的配离子。

螯合物又叫内配合物，它是由中心离子和多齿配体配位形成的具有环状结构的配合物。许多金属离子的螯合物具有特征颜色，且难溶于水，易溶于有机溶剂。例如 $Ni^{2+}$ 与丁二酮肟在弱碱性条件下，可生成玫瑰红色螯合物。

### 三、仪器与试剂

仪器：量筒、烧杯、离心机、试管、离心试管、点滴板、pH 试纸等。

试剂：$NH_3 \cdot H_2O$(2 mol·L$^{-1}$)、$CuSO_4$(0.1 mol·L$^{-1}$)、NaF(0.1 mol·L$^{-1}$,1 mol·L$^{-1}$)、$Na_2S_2O_3$(0.1 mol·L$^{-1}$)、KI(0.1 mol·L$^{-1}$,2 mol·L$^{-1}$)、$CCl_4$、$FeCl_3$(0.1 mol·L$^{-1}$)、$FeSO_4$(0.1 mol·L$^{-1}$)、$Na_2H_2Y$(EDTA 二钠盐,0.1 mol·L$^{-1}$)、$AgNO_3$(0.1 mol·L$^{-1}$)、铁铵矾(0.1 mol·L$^{-1}$)、NaCl(0.1 mol·L$^{-1}$)、KBr(0.1 mol·L$^{-1}$)、$HNO_3$(2 mol·L$^{-1}$)、KSCN(0.1 mol·L$^{-1}$,1 mol·L$^{-1}$)、$NiSO_4$(0.1 mol·L$^{-1}$)、$CaCl_2$(0.1 mol·L$^{-1}$)、$Na_2S$(0.1 mol·L$^{-1}$)、$BaCl_2$(0.1 mol·L$^{-1}$)、NaOH(2 mol·L$^{-1}$)、$K_3[Fe(CN)_6]$(0.1 mol·L$^{-1}$)、$K_4[Fe(CN)_6]$(0.1 mol·L$^{-1}$)、丁二酮肟、碘水。

### 四、实验内容

1. 配合物的生成和组成

(1) 取 1 支试管，先加入 5 滴 $FeCl_3$(0.1 mol·L$^{-1}$)溶液，然后逐滴加入 KSCN(0.1 mol·L$^{-1}$)溶液，观察溶液颜色的变化。如果溶液颜色没有变化，再逐滴加入 NaF(1 mol·L$^{-1}$)溶液并振荡试管，观察溶液颜色的变化。解释观察到的现象并写出反应方程式。

(2) 取 1 支试管，加入 4 滴 $CuSO_4$(0.1 mol·L$^{-1}$)溶液，然后不断滴加 $NH_3 \cdot H_2O$(2 mol·L$^{-1}$)溶液至生成沉淀后又溶解，观察溶液颜色的变化过程，写出相应的反应方程式。

2. 配位平衡与沉淀平衡

(1) 取 1 支离心试管，先加入 3 滴 NaCl(0.1 mol·L$^{-1}$)溶液，然后逐滴加入 3~4 滴 $AgNO_3$(0.1 mol·L$^{-1}$)溶液，观察生成沉淀的颜色。离心分离，弃去上清液，在沉淀中加入过量的 $NH_3 \cdot H_2O$(2 mol·L$^{-1}$)溶液，沉淀是否溶解？为什么？若再加几滴 $HNO_3$(2 mol·L$^{-1}$)溶液，又产生什么现象？

(2) 取 1 支离心试管，先加入 3 滴 KBr(0.1 mol·L$^{-1}$)溶液，然后逐滴加入 3~4 滴 $AgNO_3$(0.1 mol·L$^{-1}$)溶液，观察生成沉淀的颜色。离心分离后，弃去上清液，在沉淀中加入过量 $Na_2S_2O_3$(0.1 mol·L$^{-1}$)溶液，产生什么现象？为什么？

(3) 取 1 支离心试管，先加入 3 滴 KI(0.1 mol·L$^{-1}$)溶液，然后逐滴加入 3~4 滴 $AgNO_3$(0.1 mol·L$^{-1}$)溶液，观察生成沉淀的颜色。离心分离后，弃去上清液，在沉淀中加入过量 KI(2 mol·L$^{-1}$)溶液，产生什么现象？为什么？

(4) 取 1 支离心试管，先加入 NaCl(0.1 mol·L$^{-1}$)、KBr(0.1 mol·L$^{-1}$)、KI(0.1 mol·L$^{-1}$)溶液各 3 滴，然后逐滴加入 $AgNO_3$(0.1 mol·L$^{-1}$)溶液，直到沉淀完全，观察先后生成沉淀的颜色。离心分离后，弃去上清液并洗涤沉淀 2 次，向沉淀中滴加过量的 $NH_3 \cdot H_2O$(2 mol·L$^{-1}$)溶液，此时哪种沉淀溶解了？将未溶解的沉淀离心分离，弃去上清液，再在沉淀中加入过量的 $Na_2S_2O_3$（$0.1\ mol\cdot L^{-1}$）溶液，又有哪种沉淀溶解了？将剩下的沉淀再离心分离，然后向沉淀中加入过量 KI（$2\ mol\cdot L^{-1}$）溶液，此时沉淀是否全部溶解？解释上述现象并写出有关反应方程式。

3. 配位平衡与介质的酸碱性

取一条完整的 pH 试纸置于点滴板上，在它的一端沾上半滴 $CaCl_2$（$0.1\ mol\cdot L^{-1}$），记下被 $CaCl_2$ 润湿处的 pH 值。待 $CaCl_2$ 不再扩散时，在距离 $CaCl_2$ 扩散边缘 0.5 cm 干试纸处，沾上半滴 $Na_2H_2Y$（$0.1\ mol\cdot L^{-1}$）溶液，待 $Na_2H_2Y$ 溶液扩散到 $CaCl_2$ 区域形成重叠时，记下未重叠处 $Na_2H_2Y$ 溶液的 pH 值以及重叠区域的 pH 值，说明 pH 值变化的原因并写出反应方程式。

4. 配位平衡与氧化还原反应

取 2 支试管各加 5 滴 $FeCl_3$（$0.1\ mol\cdot L^{-1}$）溶液和 10 滴 $CCl_4$，然后向第 1 支试管滴入 NaF（$0.1\ mol\cdot L^{-1}$）溶液至溶液变为无色，向第 2 支试管中滴入相同量的去离子水。摇匀后，再向 2 支试管中分别滴入 5 滴 KI（$0.1\ mol\cdot L^{-1}$）溶液，振荡后比较两试管中 $CCl_4$ 层颜色，解释现象并写出离子方程式。

5. 简单离子与配离子的区别

（1）取 2 支试管，各加入 5 滴 $FeCl_3$（$0.1\ mol\cdot L^{-1}$）溶液，然后向第 1 支试管中加入 5 滴 $Na_2S$（$0.1\ mol\cdot L^{-1}$）溶液，边滴加边振荡，向第 2 支试管中加入 3 滴 NaOH（$2\ mol\cdot L^{-1}$）溶液，边滴加边振荡，观察两试管的变化，并写出反应方程式。另取 2 支试管，用 $K_3[Fe(CN)_6]$（$0.1\ mol\cdot L^{-1}$）代替 $FeCl_3$ 溶液重复进行上述实验，观察现象，并写出反应方程式。对比上述实验后，解释简单离子与配离子的区别。

（2）取 2 支试管，各加入 3 滴碘水，观察颜色，然后分别滴加少量 $FeSO_4$（$0.1\ mol\cdot L^{-1}$）溶液和 $K_4[Fe(CN)_6]$（$0.1\ mol\cdot L^{-1}$）溶液，观察现象。比较两者有何不同，并加以解释。

6. 复盐与配盐的区别

（1）取 2 支试管，向第 1 支试管加入 5 滴铁铵矾 $[NH_4Fe(SO_4)_2\cdot 12H_2O$，$0.1\ mol\cdot L^{-1}]$ 复盐溶液，向第 2 支试管加入 5 滴 $K_3[Fe(CN)_6]$（$0.1\ mol\cdot L^{-1}$）配盐溶液，然后再各加入 2 滴 KSCN（$1\ mol\cdot L^{-1}$）溶液，观察现象并说明原因，写出反应方程式。

（2）在盛有 5 滴铁铵矾（$0.1\ mol\cdot L^{-1}$）溶液的试管中，加入 3 滴 $BaCl_2$（$0.1\ mol\cdot L^{-1}$）溶液，观察现象并说明原因，写出反应方程式。

7. 螯合物的生成

取 1 支试管，加入 1 滴 $NiSO_4$（$0.1\ mol\cdot L^{-1}$）溶液及 5 滴去离子水，再滴加 $NH_3\cdot H_2O$（$2\ mol\cdot L^{-1}$）使溶液呈碱性，然后再加入 5 滴丁二酮肟，观察实验现象并说明原因，写出反应方程式。

## 五、思考题

1. 复盐与配盐的区别是什么？设计实验方案验证光卤石 $KMgCl_3\cdot 6H_2O$ 是复盐而不

是配盐。

2. $CuSO_4$ 溶液中滴加氨水的量不同时，为什么会产生不同的实验现象？

3. 在过量氨存在的 $Cu(NH_3)_4^{2+}$ 溶液中，加入 $Na_2S$、$NaOH$、$HCl$ 对配合物有何影响？

4. 简述影响配位平衡的因素有哪些。

# 第5章

# 综合性实验

## 实验15 硫代硫酸钠的制备和应用

### 一、实验目的

1. 掌握硫代硫酸钠的制备方法及原理;
2. 熟悉硫代硫酸钠的有关化学性质;
3. 学习溶解、减压过滤、结晶等操作;
4. 了解硫代硫酸钠在实际生产中的应用。

### 二、实验原理

1. 硫代硫酸钠的制备

硫代硫酸钠从水溶液中结晶可得五水化合物 $Na_2S_2O_3 \cdot 5H_2O$,俗名"海波"或"大苏打"。它是一种无色透明的单斜晶体,无臭,味咸,相对密度1.729,33 ℃以上在干燥空气中易风化,56 ℃溶于结晶水,100 ℃失去结晶水。硫代硫酸钠易溶于水(其溶解度见表5-1),难溶于乙醇,但水溶液加酸会导致其分解。硫代硫酸钠具有较强的还原性和配位能力,并大量用于照相业中的定影剂,洗染业、造纸业的脱氯剂,以及定量分析中的还原剂。

表5-1 不同温度下 $Na_2S_2O_3$ 在水中的溶解度

| 温度/℃ | 0 | 20 | 40 | 60 | 80 | 100 |
|---|---|---|---|---|---|---|
| 溶解度/g·(100 g)$^{-1}$ | 52.5 | 70.0 | 102.6 | 206.7 | 248.8 | 266.0 |

硫代硫酸钠的制备方法有多种,常见的有两种方法。

一种方法是将硫化钠与纯碱按一定比例(2∶1的摩尔比较为合适)配制成溶液,再通入二氧化硫至饱和,溶液浓缩后冷却至室温,即可得到 $Na_2S_2O_3 \cdot 5H_2O$ 晶体。其制备原理如下:

$$Na_2CO_3 + SO_2 \longrightarrow Na_2SO_3 + CO_2$$
$$2Na_2S + 3SO_2 \longrightarrow 2Na_2SO_3 + 3S$$
$$Na_2SO_3 + S \longrightarrow Na_2S_2O_3$$

总反应式为：
$$2Na_2S + 4SO_2 + Na_2CO_3 \longrightarrow 3Na_2S_2O_3 + CO_2$$

另一种方法是用近饱和的亚硫酸钠，在加热沸腾条件下与硫化合生成硫代硫酸钠，经过滤、蒸发、浓缩、结晶，可得到 $Na_2S_2O_3 \cdot 5H_2O$ 晶体。其反应式为：
$$Na_2SO_3 + S + 5H_2O \xrightarrow{\triangle} Na_2S_2O_3 \cdot 5H_2O$$

由于第一种方法要用到 $SO_2$，而 $SO_2$ 是具有强烈刺激性气味的有毒气体，大量吸入可引起肺水肿、喉水肿、声带痉挛而致窒息，且对环境造成污染，故本实验介绍直接利用亚硫酸钠与硫共沸制备硫代硫酸钠的实验方法。

2. 硫代硫酸钠的化学性质

硫代硫酸钠在中性、碱性溶液中很稳定，在酸性溶液中由于生成不稳定的硫代硫酸而分解，即
$$S_2O_3^{2-} + 2H^+ \longrightarrow SO_2 + S + H_2O$$

配制的硫代硫酸钠溶液，当 pH<4.6 时就不稳定，溶液中含有 $CO_2$ 会促进硫代硫酸钠分解，此分解作用一般发生在溶液配成后的最初十天内。硫代硫酸钠溶液在 pH=9～10 最为稳定，在溶液中加入少量 $Na_2CO_3$（使其在溶液中的质量浓度为 0.02%），可防止 $Na_2S_2O_3$ 分解。此外，日光也能促进硫代硫酸钠溶液的分解，所以该溶液应储存于棕色试剂瓶中，放置于暗处。
$$Na_2S_2O_3 + H_2O + CO_2 \longrightarrow NaHCO_3 + NaHSO_3 + S$$

此外，硫代硫酸钠既有氧化性又有还原性，且以还原性为主，是中等强度的还原剂。它与强氧化剂（如 $KMnO_4$、$Cl_2$、$Br_2$ 等）作用，被氧化成硫酸盐；与较弱的氧化剂（如 $I_2$、$Fe^{3+}$ 等）作用，被氧化成连四硫酸盐，相关反应式如下：
$$S_2O_3^{2-} + 4Cl_2 + 5H_2O \longrightarrow 2SO_4^{2-} + 8Cl^- + 10H^+$$
$$2S_2O_3^{2-} + I_2 \longrightarrow S_4O_6^{2-} + 2I^-$$

事实上，结晶的硫代硫酸钠一般都含有少量的杂质，如 S、$Na_2SO_3$、$Na_2SO_4$、$Na_2CO_3$ 及 NaCl 等，同时还容易风化和潮解，也受空气和微生物等的作用而分解。因此，不能用直接法配制硫代硫酸钠标准溶液，但可采用间接碘量法测定其含量。

硫代硫酸根离子还有很强的配位能力，例如：
$$AgBr + 2S_2O_3^{2-} \longrightarrow [Ag(S_2O_3)_2]^{3-} + Br^-$$

照相中的定影作用即利用此反应。而硫代硫酸钠与硝酸银发生反应，由于生成的硫代硫酸银不稳定，会立即发生水解反应，而且这种水解反应过程中有显著的颜色变化，即白色→黄色→棕色→黑色。相关反应为：
$$2Ag^+ + S_2O_3^{2-} \longrightarrow Ag_2S_2O_3(s) \quad 白色$$
$$Ag_2S_2O_3 + H_2O \longrightarrow Ag_2S(s) + 2H^+ + SO_4^{2-} \quad 黑色$$

故分析化学中常用此反应鉴定 $S_2O_3^{2-}$ 的存在。

### 三、仪器与试剂

仪器：磁力搅拌器、电子天平、酒精灯、坩埚钳、烧杯、量筒、表面皿、蒸发皿、滤纸、布氏漏斗、抽滤瓶、循环水真空泵、剪刀、玻璃棒、铁架台、铁圈、石棉网、试管、点滴板等。

试剂：无水 $Na_2SO_3$、硫粉、活性炭、HCl(1 mol·L$^{-1}$)、$AgNO_3$(0.1 mol·L$^{-1}$)、$BaCl_2$(0.1 mol·L$^{-1}$)、$Na[Fe(CN)_5NO]$(1%)、$PbCO_3$(s)、$ZnSO_4$(饱和溶液)、$K_4Fe(CN)_6$(0.1 mol·L$^{-1}$)、氨水(6 mol·L$^{-1}$)、$I_2$水、$Cl_2$水、无水乙醇、去离子水。

### 四、实验内容

1. 硫代硫酸钠的制备

称取 3.0 g 硫粉，研碎后置于 100 mL 烧杯中，加入少量乙醇使其湿润并充分搅拌均匀，再加入 8.0 g 无水 $Na_2SO_3$ 和 50 mL 去离子水。打开磁力搅拌器，在不断搅拌下将上述溶液加热沸腾 30 min，在此过程中及时补充去离子水。反应完毕后，在煮沸的溶液中加入 1~2 g 活性炭，在不断搅拌下，继续煮沸约 10 min，随后趁热减压过滤并弃去杂质。再将滤液转移至蒸发皿中，进行加热蒸发至出现晶膜为止，随后有晶体析出（浓缩结晶勿温度过高或蒸出较多溶剂，防止产物缺水而固化，得不到 $Na_2S_2O_3·5H_2O$ 晶体）。减压过滤最终获得硫代硫酸钠晶体，并用少量无水乙醇洗涤晶体，用滤纸吸干后转移至表面皿，在 40~50 ℃ 条件下干燥 40 min，称重计算产率。

2. 硫代硫酸钠的化学性质

(1) 首先观察 $Na_2S_2O_3·5H_2O$ 的晶体形状。

(2) 取少量自制的 $Na_2S_2O_3·5H_2O$ 晶体，加入 5 mL 去离子水溶解后进行如下实验。

① 遇酸分解：在 $Na_2S_2O_3$ 溶液中加入 HCl(1 mol·L$^{-1}$) 溶液，观察现象并写出化学反应方程式。

② 还原性：取 0.5 mL $Na_2S_2O_3$ 溶液于试管中，加入 2 mL $Cl_2$ 水，充分振荡后观察实验现象，并设法检验反应中生成的 $SO_4^{2-}$；取 0.5 mL $Na_2S_2O_3$ 溶液于试管中，滴加 $I_2$ 水，边滴边振荡，观察有何现象？此溶液中能否检出 $SO_4^{2-}$？

③ 配位反应：取 5 滴 $AgNO_3$(0.1 mol·L$^{-1}$) 溶液于试管中，再连续滴加 $Na_2S_2O_3$ 溶液，边滴边振荡，直至生成的沉淀完全溶解，观察现象并写出化学反应方程式。

④ $Na_2S_2O_3$ 的特征反应：2 滴 $Na_2S_2O_3$ 溶液与 4 滴 $AgNO_3$(0.1 mol·L$^{-1}$) 溶液混合放置，观察现象并写出化学反应方程式。

(3) 设计实验，检测自制的 $Na_2S_2O_3·5H_2O$ 晶体中是否存在 $S^{2-}$、$SO_3^{2-}$、$S_2O_3^{2-}$、$SO_4^{2-}$。

① $SO_4^{2-}$ 鉴定：提示使用酸化的 $BaCl_2$ 溶液，并观察实验现象。

② $S^{2-}$ 鉴定和除去：提示使用 $Na[Fe(CN)_5NO]$ 溶液鉴定，并使用 $PbCO_3$ 固体转化 $S^{2-}$ 为沉淀。

③ $S_2O_3^{2-}$ 鉴定：取除去 $S^{2-}$ 的清液，滴加 $AgNO_3$ 溶液，并观察实验现象。

④ $SO_3^{2-}$ 鉴定：取除去 $S^{2-}$ 的清液，滴加饱和 $ZnSO_4$ 溶液、$K_4Fe(CN)_6$ 溶液和 $Na[Fe(CN)_5NO]$ 溶液，再用氨水中和，观察实验现象。

## 五、实验结果与数据处理

产品外观：_____；产品质量（g）：_____；产率（％）：_____。

## 六、思考题

1. 加入活性炭的目的是什么？
2. 所得产品 $Na_2S_2O_3·5H_2O$ 一般只能在 40～50 ℃ 烘干，温度高了会出现什么问题？
3. 适量和过量的 $Na_2S_2O_3$ 与 $AgNO_3$ 溶液作用有什么不同？请用反应方程式表示。

# 实验 16　去离子水的制备与检验

## 一、实验目的

1. 了解离子交换法制备去离子水的原理与方法；
2. 通过对水质的评价，学习无机离子的定性检验；
3. 学习使用电导率仪评价水质的方法。

## 二、实验原理

无论是工农业生产用水、日常生活用水还是科研实验用水，水质的好坏直接影响许多工农业产品的质量以及设备的使用寿命，所以各行各业对水质都有一定的要求。天然水中常含有 $Ca^{2+}$、$Mg^{2+}$、$Na^+$、$Fe^{3+}$ 等阳离子，$HCO_3^-$、$CO_3^{2-}$、$SO_4^{2-}$、$Cl^-$ 等阴离子，以及一些气体和有机杂质等。然而随着工农业生产的迅速发展，向天然水系中排放的污染物日益增加，从而造成了水环境的严重污染，破坏了生态平衡。主要有以下两种常见的水污染：①有毒物质污染，如铬、镉、汞等的重金属化合物以及氰化物、杀虫剂、农药等；②非毒性的营养物质污染，如洗涤剂中的磷酸盐、化肥中的硝酸盐和某些有机物等。水体中的有毒物质对人体、水生动植物带来直接严重的危害，而非毒性的营养物质会导致水体中藻类、细菌等大量繁殖，耗尽水体中的溶解氧，使鱼类等水生动物无法在水中生存。

我们日常使用的自来水是来自江河湖泊中的地表水，进入自来水厂后要经过沉降脱除泥沙，再加入净水剂，如明矾、碱式氯化铝、高铁酸盐等，利用产生的胶状沉淀吸附去除悬浮物，再通氯气杀菌、除臭后成为自来水。但这样的自来水中还含有较多的 $Ca^{2+}$、$Mg^{2+}$、$Fe^{3+}$、$Cl^-$、$SO_4^{2-}$、$HCO_3^-$ 等离子，易生成锅垢不利于工业使用，洗衣时也会多消耗洗涤剂，这种水称为硬水。把硬水中 $Ca^{2+}$、$Mg^{2+}$ 等杂质离子除去的过程称为硬水的软化。

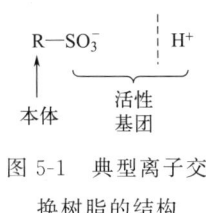

图 5-1 典型离子交换树脂的结构

硬水软化的方法有离子交换法、蒸馏法、化学沉淀法和电渗析法等。本实验将采用离子交换法制取去离子水，通过用离子交换树脂与水中某些无机离子进行选择性的离子交换反应，从而达到去除无机离子的目的。离子交换树脂是一类人工合成的网状结构的有机高分子聚合物，具有某种活性基团，且能与阳离子或阴离子发生选择性的离子交换反应。离子交换树脂由本体和活性基团两部分组成，本体起到载体的作用，而活性基团是活性成分（图 5-1）。

例如，某些含有磺酸基（—$SO_3H$）、羧基（—COOH）或酚羟基（—OH）等酸性基团的树脂，能与水中的 $Na^+$、$Mg^{2+}$、$Ca^{2+}$ 等阳离子发生选择性交换而放出 $H^+$，称为阳离子交换树脂，用—RH 表示（其中 R 为高分子母体，H 是酸性的可交换基团）。某些含有季铵盐（—$NR_3OH$）、叔胺基（—$NR_2$）、仲胺基（—NHR）、伯胺基（—$NH_2$）等碱性基团的树脂，能与水中的 $SO_4^{2-}$、$Cl^-$、$HCO_3^-$ 等阴离子发生选择性交换而放出 $OH^-$，称为阴离子交换树脂，用—ROH 表示。释放出来的 $H^+$ 和 $OH^-$ 结合又生成水，因此把水依次通过阳离子和阴离子交换树脂就可除去其中的杂质离子，从而达到净化水的目的。经交换而失效的阳离子和阴离子交换树脂可分别用稀的 NaOH 和 HCl 溶液清洗而再生。

$$R—SO_3^- H^+ + Na^+ \rightleftharpoons R—SO_3^- Na^+ + H^+$$
$$2R—SO_3^- H^+ + Mg^{2+} \rightleftharpoons (R—SO_3^-)_2 Mg^{2+} + 2H^+$$
$$RN(CH_3)_3^+ OH^- + Cl^- \rightleftharpoons RN(CH_3)_3^+ Cl^- + OH^-$$
$$2RN(CH_3)_3^+ OH^- + SO_4^{2-} \rightleftharpoons [RN(CH_3)_3^+]_2 SO_4^{2-} + 2OH^-$$

经离子交换后的水由于其中杂质离子含量大大降低，称为软水，是一种纯度较高的水。交换后水质的纯度与所用树脂的量以及流经树脂时水的流速等因素有关。一般树脂量越多，水流越慢，得到的水的纯度就越高。当水中杂质离子较多，而树脂活性基团上的离子都是 $H^+$ 或 $OH^-$ 时，则水中的杂质离子被交换占主导地位；但如果水中杂质离子减少而树脂上活性基团又大量被杂质离子占领时，则水中的 $H^+$ 和 $OH^-$ 反而会把杂质离子从树脂上交换下来。由于这种交换反应的可逆性，所以只用阳离子交换柱和阴离子交换柱串联起来处理后的水，仍然会含有少量的杂质离子。为提高水质，可使水再通过一个由阴、阳离子交换树脂均匀混合的"混合柱"，其作用相当于串联了很多个阳离子交换柱与阴离子交换柱，而且在交换柱层任何部位的水都是中性的，从而减少逆反应的可能性。

此外，我们一般以水中 $Ca^{2+}$、$Mg^{2+}$ 含量（常用 $mmol \cdot L^{-1}$）来表示水的硬度，它是水的纯度的表示方法之一。$Ca^{2+}$、$Mg^{2+}$ 含量越多，水的硬度越大，纯度越低，相应的水质越差。水中含有的杂质离子可以用化学试剂来定性检测，也可用配位滴定的方法加以定量。例如，水中 $Ca^{2+}$、$Mg^{2+}$ 含量用配位滴定的方法即可测定，所用配合剂是 EDTA，其全称是乙二胺四乙酸二钠（$Na_2H_2Y \cdot H_2O$），它可与许多金属离子形成稳定的配合物，是一种常见的配合剂。纯水中只含有微量的 $H^+$ 和 $OH^-$，电导率极小。我们也可用电导率仪测量其电导率来评价水的纯度，水的纯度越高，水中所含杂质离子的数量越少，电导率就越小，故从水样的电导率也能估计其纯度（表 5-2）。

表 5-2　各种水样的电导率

| 水样 | 自来水 | 蒸馏水 | 去离子水 | 纯水 |
|---|---|---|---|---|
| 电导率/$\mu S \cdot cm^{-1}$ | 50～500 | 1.0～50 | 0.8～4 | 0.055 |

### 三、仪器与试剂

仪器：电导率仪、树脂交换装置、锥形瓶、烧杯、量筒、试管、pH 试纸。

试剂：NaOH（2 mol·L$^{-1}$）、氨水（2 mol·L$^{-1}$）、HNO$_3$（2 mol·L$^{-1}$）、AgNO$_3$（0.1 mol·L$^{-1}$）、BaCl$_2$（2 mol·L$^{-1}$）、钙指示剂、铬黑 T 指示剂、镁指示剂（Ⅰ）。

### 四、实验内容

**1. 去离子水的制备**

（1）离子交换树脂预处理　由于新使用的树脂常含有反应溶剂、未参加反应的物质和少量低分子量的聚合物等杂质。当树脂与水或其他溶液相接触时，上述可溶性杂质就会转入溶液中，在使用初期污染水质。因此，新树脂在使用前要进行预处理，转换为指定的离子型。本实验开始前，应先将离子交换树脂进行预处理，并将阳离子交换树脂预处理成 H 型，将阴离子交换树脂预处理成 OH 型（该部分操作由实验教师完成）。

（2）装柱　按图 5-2 所示连接离子交换柱，并在适当位置加装夹子。装填树脂时，先用少量玻璃纤维松散地塞在柱子的底部，以防树脂漏出。将柱的出液口连接橡胶管，并用螺旋夹夹住，向柱中注入少量去离子水。用滴管将树脂连同水一起慢慢加入柱中。装柱时，应注意柱中的水不能流干，否则树脂极易形成气泡影响交换柱效率，从而影响出水量。装填树脂量时，单柱装入柱高的 2/3，混合柱装入柱高的 3/5，且阳离子树脂与阴离

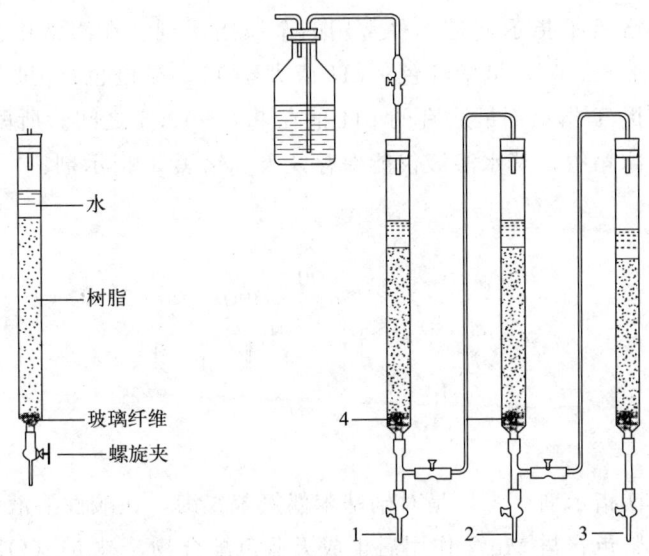

图 5-2　离子交换柱和树脂交换装置

1—阳离子交换柱；2—阴离子交换柱；3—混合离子交换柱；4—玻璃纤维

子树脂的比例为 2∶1。注意树脂层中不能有气泡，否则会导致水流不通畅。若产生气泡可用长铁丝伸入气泡处，缓慢移动铁丝将气泡带出。

(3) 制备去离子水　将阳离子交换柱、阴离子交换柱和混合离子交换柱串联，使自来水依次流经三个交换柱，控制流速约为每秒 1～2 滴。树脂上方应保持一定的液层高度（>1 cm），切勿使液层下降到树脂面以下，否则树脂层会出现气泡。弃去初始接收的约 20 mL 去离子水后开始接收水样，分别取自来水、阳离子交换柱流出液、阴离子交换柱流出液和混合阴阳离子交换柱流出液 4 种水样（编号为水样 1、2、3、4）待用。

2. 离子的定性检验

(1) $Ca^{2+}$ 的检验　各取 1 mL 水样，用 $NaOH$（2 mol·$L^{-1}$）溶液调节 pH 值至 12～13，加入 1 滴钙指示剂，若溶液显红色，表示有 $Ca^{2+}$ 存在。

本实验所用的钙指示剂又称"钙羧酸"，是一种双邻羟基偶氮类显色剂，为紫红色或褐色结晶性粉末，易溶于氢氧化钠和氨水，微溶于水和醇，且水和醇的溶液不稳定。钙指示剂与钙离子形成的配合物呈红色，变色敏锐，常用于钙、镁混合体系中测定钙。钙指示剂：

(2) $Mg^{2+}$ 的检验　①各取 1 mL 水样，用氨水（2 mol·$L^{-1}$）调节 pH 值至 10 左右，加入 1 滴铬黑 T 指示剂，若溶液显红色，表示有 $Mg^{2+}$ 存在；②各取 1 mL 水样，加入 1 滴 $NaOH$（2 mol·$L^{-1}$）溶液，再加入 1 滴镁指示剂（Ⅰ），若溶液出现天蓝色沉淀，表示有 $Mg^{2+}$ 存在。

本实验所用的铬黑 T 指示剂是一种常用的金属指示剂。在溶液中呈现出三种不同的颜色：在 pH 值小于 6.3 时，呈紫红色；pH 值大于 11，显橙色；pH 值在 6.3～11.6 之间呈蓝色。使用铬黑 T 指示剂最适宜的 pH 值在 9.0～10.5 之间。所配铬黑 T 指示剂液体用棕色瓶储存于冰箱中，其水溶液仅能保存几天。铬黑 T 指示剂：

本实验所用的镁指示剂（Ⅰ）是对硝基苯偶氮苯二酚，在酸性溶液中呈黄色，在碱性环境下呈红色或红紫色，与 $Mg^{2+}$ 作用后生成天蓝色配合物，被 $Mg(OH)_2$ 吸附后溶液则出现天蓝色沉淀。镁指示剂（Ⅰ）：

(3) $Cl^-$ 的检验　各取 1 mL 水样，加入 2 滴 $HNO_3$(2 mol·$L^{-1}$) 溶液酸化，再加入 2 滴 $AgNO_3$(0.1 mol·$L^{-1}$) 溶液，若溶液出现白色沉淀，表示有 $Ag^+$ 存在。

(4) $SO_4^{2-}$ 的检验　各取 1 mL 水样，加入 2 滴 $HNO_3$(2 mol·$L^{-1}$) 溶液酸化，再加入 2 滴 $BaCl_2$(2 mol·$L^{-1}$) 溶液，若溶液出现白色沉淀，表示有 $SO_4^{2-}$ 存在。

3. 电导率的测定

先用被测的 4 份水样冲洗烧杯 2～3 次，然后取水样 20 mL 于烧杯中，用电导率仪测出其电导率。每次测定前用待测水样仔细冲洗电极并用滤纸吸干，注意测量时必须将铂片全部浸入水中。

## 五、实验结果与数据处理

将实验相关数据记录于表 5-3 中。

表 5-3　各水样电导率及离子的定性检验

| 水样编号 | 电导率/$\mu S \cdot cm^{-1}$ | $Ca^{2+}$ | $Mg^{2+}$ | $Cl^-$ | $SO_4^{2-}$ |
|---|---|---|---|---|---|
| 1 | | | | | |
| 2 | | | | | |
| 3 | | | | | |
| 4 | | | | | |

请根据实验检测结果作出结论并分析。

## 六、思考题

1. 离子交换法制备去离子水的原理是什么？
2. 去离子水和蒸馏水的区别是什么？
3. 采用水样的电导率来估计水的纯度，其依据是什么？能否用电导来表示水的纯度？

# 实验 17　五水硫酸铜的制备

## 一、实验目的

1. 掌握铜、五水硫酸铜的化学性质；

2. 了解制备 $CuSO_4 \cdot 5H_2O$ 的原理和方法；

3. 进一步掌握无机制备过程中的溶解、减压过滤、结晶等基本操作。

## 二、实验原理

硫酸铜是化学工业中用来制取其他铜盐的重要原料，可用于染料媒染剂、颜料、医药、人造丝、制革、电镀铜、催化剂和杀虫剂等工业。五水硫酸铜（$CuSO_4 \cdot 5H_2O$）是天然的含水硫酸铜，是分布很广的一种硫酸盐矿物，在电镀、印染、颜料、农业的杀虫剂、水的杀菌剂、木材防腐剂等方面有广泛应用。$CuSO_4 \cdot 5H_2O$ 俗名胆矾、蓝矾，是蓝色三斜晶系晶体，在干燥空气中会缓慢风化，溶于水和液氨，难溶于无水乙醇。在不同温度下，可以发生下列脱水反应：

$$CuSO_4 \cdot 5H_2O \xrightarrow{375\ K} CuSO_4 \cdot 3H_2O \xrightarrow{386\ K} CuSO_4 \cdot H_2O \xrightarrow{531\ K} CuSO_4 \xrightarrow{923\ K} CuO + SO_3$$

失去五个结晶水的 $CuSO_4$ 为白色粉末，其吸水性很强，吸水后即显出特征的蓝色，可利用这一性质检验某些有机溶剂中的微量水分，也可以用无水 $CuSO_4$ 作为干燥剂除去有机物中少量水分。

$CuSO_4 \cdot 5H_2O$ 的制备方法有多种，常用的有氧化铜法、废铜法、电解液法、白冰铜法、二氧化硫法。本实验选择以粗氧化铜和工业硫酸为主要原料制备 $CuSO_4 \cdot 5H_2O$，粗氧化铜来自工业废铜、废电线及废铜合金经高温焙烧的产物，混有 $Fe_2O_3$、$Fe_3O_4$、泥沙等杂质。

$$CuO + H_2SO_4 \longrightarrow CuSO_4 + H_2O$$

粗氧化铜和工业硫酸反应得到的 $CuSO_4$ 溶液中含有杂质，其中不溶性杂质可过滤除去，可溶性杂质主要为 $Fe^{2+}$ 和 $Fe^{3+}$，通常先用氧化剂（如 $H_2O_2$）将 $Fe^{2+}$ 氧化为 $Fe^{3+}$，然后调节溶液的 pH 值至 3（注意：不能使 pH≥4，否则会析出浅蓝色碱式硫酸铜沉淀，影响产品的质量和产率），再加热煮沸，使 $Fe^{3+}$ 水解为 $Fe(OH)_3$ 沉淀过滤除去。

$$2Fe^{2+} + 2H^+ + H_2O_2 \longrightarrow 2Fe^{3+} + 2H_2O$$

$$Fe^{3+} + 3H_2O \xrightarrow{pH=3, 加热} Fe(OH)_3(s) + 3H^+$$

除去杂质后的 $CuSO_4$ 溶液，再经过加热蒸发、冷却结晶和减压过滤，即可得到蓝色 $CuSO_4 \cdot 5H_2O$ 晶体，为使产品具有较高的纯度，还可以进一步重结晶。

## 三、仪器与试剂

仪器：电子天平、酒精灯、坩埚钳、烧杯、量筒、表面皿、蒸发皿、滤纸、布氏漏斗、抽滤瓶、广泛 pH 试纸、循环水真空泵、剪刀、玻璃棒、铁架台、铁圈、石棉网、点滴板等。

试剂：粗氧化铜（工业纯）、$H_2SO_4$ 溶液（$1.0\ mol \cdot L^{-1}$、$3\ mol \cdot L^{-1}$，工业纯）、$H_2O_2$（3%）、$CuCO_3$（s，化学纯）、碱式碳酸铜（s）、无水乙醇、去离子水、$K_3[Fe(CN)_6]$（$0.1\ mol \cdot L^{-1}$）。

## 四、实验内容

1. 粗 $CuSO_4$ 溶液的制备。使用电子天平称取 3.5 g 粗氧化铜倒入 100 mL 烧杯中，慢慢加入 18 mL $H_2SO_4$（3 mol·$L^{-1}$，工业纯）溶液，充分微热使 CuO 溶解，利用倾泻法分离并转移粗 $CuSO_4$ 溶液，残渣回收并干燥后称重。

2. $CuSO_4$ 溶液的精制。在上述粗 $CuSO_4$ 溶液中，逐滴滴加 2 mL $H_2O_2$（3%），随后将溶液加热，并检验溶液中是否存在 $Fe^{2+}$。当 $Fe^{2+}$ 完全氧化后，再慢慢加入 $CuCO_3$ 或碱式碳酸铜粉末（注意记录用量），同时不断搅拌，直到溶液 pH=3。在此过程中，要不断用广泛 pH 试纸检验溶液的 pH 值。随后将溶液加热至沸，趁热减压过滤，并将滤液转移至洁净的 100 mL 烧杯中。

3. $CuSO_4·5H_2O$ 晶体的制备。在精制后的 $CuSO_4$ 溶液中，慢慢滴加 $H_2SO_4$（1 mol·$L^{-1}$）溶液，调节溶液至 pH=1，将滤液转移至洁净的蒸发皿中，用酒精灯加热并用玻璃棒不断搅拌，蒸发至液面出现晶膜时停止。自然冷却至晶体析出，减压过滤，并用少量无水乙醇洗涤晶体，将晶体用滤纸吸干后称重，计算产率。要使产品具有较高的纯度，还可以进一步重结晶。

## 五、实验结果与数据处理

产品外观：_____；产品质量（g）：_____；产率（%）：_____。

## 六、思考题

1. 在粗 $CuSO_4$ 溶液中，$Fe^{2+}$ 杂质为什么要氧化为 $Fe^{3+}$ 后再除去？为什么要调节溶液的 pH=3？pH 值太大或太小有何影响？

2. 为什么在精制后的 $CuSO_4$ 溶液中，需要调节 pH=1 使溶液呈强酸性？

3. 如果分析矿石或合金中的铜，应怎样分解试样？试液中含有干扰性杂质，如 $Fe^{3+}$、$NO_3^-$ 等，应如何消除它们的干扰？

## 实验18  硫酸亚铁铵的制备、质量检测及铁含量的测定

### 一、实验目的

1. 了解复盐的一般特性和制备方法；
2. 进一步掌握蒸发、浓缩、结晶、减压过滤等基本操作；
3. 学习用目测比色法检验产品质量的技术；
4. 掌握利用分光光度法测定铁含量的原理。

### 二、实验原理

两种或两种以上的简单盐类组成的同晶型化合物称为复盐。亚铁离子可与 $NH_4^+$、$K^+$、$Na^+$ 的硫酸盐生成复盐 $M_2(I)SO_4·FeSO_4·6H_2O$，其中较重要的复盐是硫酸亚铁铵 $(NH_4)_2SO_4·FeSO_4·6H_2O$，又称为莫尔盐（Mohr 盐）。

本实验采用过量铁屑与稀 $H_2SO_4$ 反应先制得 $FeSO_4$ 溶液，然后在 $FeSO_4$ 溶液中加入 $(NH_4)_2SO_4$ 晶体，并使其全部溶解，经过加热、蒸发，浓缩得到混合溶液，再冷却结晶，即可得到 $(NH_4)_2SO_4 \cdot FeSO_4 \cdot 6H_2O$ 晶体。由于 $FeSO_4$ 在中性溶液中能被水中的少量氧气氧化而发生水解，甚至析出棕黄色的碱式硫酸铁或氢氧化铁沉淀，因此制备过程中溶液应保持足够的酸度。

$$Fe + H_2SO_4 \longrightarrow FeSO_4 + H_2(g)$$

$$FeSO_4 + (NH_4)_2SO_4 + 6H_2O \longrightarrow (NH_4)_2SO_4 \cdot FeSO_4 \cdot 6H_2O$$

$(NH_4)_2SO_4 \cdot FeSO_4 \cdot 6H_2O$ 为浅蓝绿色单斜晶体，一般的亚铁盐在空气中易被氧化，但 $Fe^{2+}$ 形成复盐后则比较稳定，故 $(NH_4)_2SO_4 \cdot FeSO_4 \cdot 6H_2O$ 在常温下的空气中相当稳定，升温至 100～110 ℃时才分解，并失去结晶水，该复盐溶于水但不溶于乙醇。

由于 $(NH_4)_2SO_4 \cdot FeSO_4 \cdot 6H_2O$ 在空气中比一般 $Fe^{2+}$ 盐稳定，且溶解度比组分单盐小（即复盐的特征之一是溶解度比组成它的简单盐都小，见表5-4）。因此，从 $FeSO_4$ 和 $(NH_4)_2SO_4$ 溶于水所制得的浓混合溶液中，则很容易得到较纯净的 $(NH_4)_2SO_4 \cdot FeSO_4 \cdot 6H_2O$ 复盐晶体，而且成本较低。硫酸亚铁铵具有广泛的应用，在化学上是常用的还原剂，特别是在分析化学中 $(NH_4)_2SO_4 \cdot FeSO_4 \cdot 6H_2O$ 被作为氧化还原滴定法的基准物，在工业上常用作废水处理的絮凝剂，而在农业上既是化肥又是农药。

表 5-4  不同温度下，硫酸亚铁、硫酸铵、硫酸亚铁铵在水中的溶解度

| 物质 | 0 ℃ | 10 ℃ | 20 ℃ | 30 ℃ | 50 ℃ | 70 ℃ |
|---|---|---|---|---|---|---|
| | 溶解度/g·(100 g)$^{-1}$ | | | | | |
| $FeSO_4 \cdot 7H_2O$ | 15.6 | 20.5 | 26.6 | 33.2 | 48.6 | 56.0 |
| $(NH_4)_2SO_4$ | 70.6 | 73.0 | 75.4 | 78.1 | 84.5 | 91.9 |
| $(NH_4)_2SO_4 \cdot FeSO_4 \cdot 6H_2O$ | 12.5 | 18.1 | 21.2 | 24.5 | 31.3 | 38.5 |

本实验采用目测比色法测定所得 $(NH_4)_2SO_4 \cdot FeSO_4 \cdot 6H_2O$ 产品的纯度。由于 $Fe^{3+}$ 可与 $SCN^-$ 生成血红色的 $[Fe(NCS)_n]^{3-n}$，当溶液呈较深的血红色时，则表明产品中含 $Fe^{3+}$ 较多，反之则表明产品中含 $Fe^{3+}$ 较少。通过将已知 $Fe^{3+}$ 含量的溶液与 $SCN^-$ 反应，制成红色深浅不同的 $[Fe(NCS)_n]^{3-n}$ 标准溶液色阶，再将产品溶液与标准溶液色阶比较。根据血红色深浅程度相仿的情况，即可检测出产品中杂质 $Fe^{3+}$ 的含量，从而确定产品的等级。使用目视比色法检验产品等级时，产品的比色条件一定要与标准色阶完全一致。比色操作时，可在比色管下衬以白瓷板，然后从管口垂直向下观察（见图 5-3 操

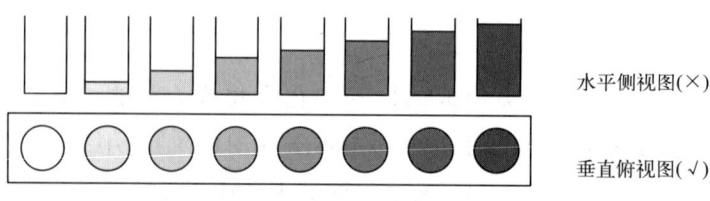

图 5-3  目测比色法示意

作），并将被测样品管逐支与标准色阶对比，寻找确定颜色深浅程度相同者。比色时，如果试样溶液的颜色接近或不深于某级标准色阶，则认为杂质含量低于该级限度，称为限量分析。

此外，制备的 $(NH_4)_2SO_4 \cdot FeSO_4 \cdot 6H_2O$ 中总铁的含量，可选择高锰酸钾法、重铬酸钾法或分光光度法测定。本实验采用邻二氮菲（phen）作显色剂，通过吸光光度法测定 $Fe^{2+}$ 含量。$Fe^{2+}$ 在 pH=2～9 时可与邻二氮菲生成稳定的红色配合物，显色反应为：

$$Fe^{2+} + 3phen \longrightarrow [Fe(phen)_3]^{2+} \quad (\lambda_{max}=510 \text{ nm}, \varepsilon_{max}=1.1\times10^4)$$

$$4Fe^{3+} + 2NH_2OH \longrightarrow 4Fe^{2+} + H_2O + 4H^+ + N_2O$$

在测定 $(NH_4)_2SO_4 \cdot FeSO_4 \cdot 6H_2O$ 中总铁含量时，可先用盐酸羟胺（$NH_2OH \cdot HCl$）将 $Fe^{3+}$ 还原为 $Fe^{2+}$，再加入显色剂邻二氮菲，并用 NaAc 控制溶液的酸度为 pH≈5 进行显色。酸度高时，反应进行较慢；酸度太低时，则会发生 $Fe^{2+}$ 水解影响显色。由于 $Bi^{3+}$、$Cd^{2+}$、$Hg^{2+}$、$Ag^+$、$Zn^{2+}$ 等离子与显色剂会生成沉淀，而 $Ca^{2+}$、$Cu^{2+}$、$Ni^{2+}$ 等离子与显色剂形成有色配合物，因此当这些离子共存时，应注意排除它们的干扰作用。根据朗伯-比尔定律：$A=\varepsilon bc$。其中 $A$ 为吸光度，$\varepsilon$ 为摩尔吸光系数，$b$ 为吸收层厚度，$c$ 为吸光物质的浓度。

首先配制一系列标准铁溶液，在选定的入射光波长 $\lambda_{max}=510$ nm 下，测试各标准铁溶液的吸光度。以吸光度 $A$ 对浓度 $c$ 作图，可作出标准曲线（图 5-4）。再测未知试样的吸光度 $A$，对应标准曲线查得待测 $Fe^{2+}$ 浓度值，从而计算出 $(NH_4)_2SO_4 \cdot FeSO_4 \cdot 6H_2O$ 中的总铁含量。

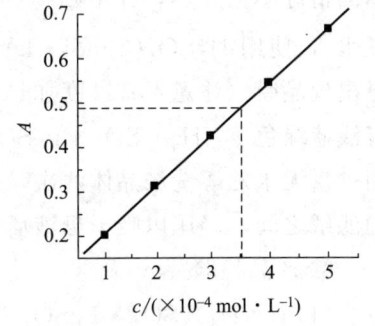

图 5-4　标准 $A$-$c$ 曲线

### 三、仪器与试剂

仪器：电子天平、恒温水浴、酒精灯、坩埚钳、烧杯、量筒、表面皿、蒸发皿、滤纸、布氏漏斗、抽滤瓶、循环水真空泵、剪刀、玻璃棒、铁架台、铁圈、石棉网、点滴板、锥形瓶、容量瓶、移液管、吸量管、25 mL 比色管、温度计、分光光度计、红色石蕊试纸。

试剂：$H_2SO_4$(3 mol·L$^{-1}$)、$CH_3COONa$(1 mol·L$^{-1}$)、$(NH_4)_2SO_4$(s)、KSCN(1 mol·L$^{-1}$)、$BaCl_2$(0.1 mol·L$^{-1}$)、$K_3[Fe(CN)_6]$(0.1 mol·L$^{-1}$)、$Fe(NH_4)(SO_4)_2 \cdot 12H_2O$(s)、NaOH(6 mol·L$^{-1}$)、铁屑、无水乙醇、盐酸羟胺（$NH_2OH \cdot HCl$，10%）、邻二

氮菲（0.15%）、丙酮、HCl 溶液（6 mol·L$^{-1}$）、去离子水。

标准 $Fe^{3+}$ 溶液的配制（实验准备室教师事先配制）：准确称取 0.00864 g 硫酸高铁铵 $Fe(NH_4)(SO_4)_2·12H_2O$ 溶于 3 mL $H_2SO_4$(3 mol·L$^{-1}$)，并转移至 100 mL 容量瓶中，用不含氧的去离子水稀释至刻度，摇匀。此标准液 $Fe^{3+}$ 含量为 0.0100 mg·mL$^{-1}$（1 mL 溶液含有 0.0100 mg 的 Fe）。

标准 $Fe^{2+}$ 溶液的配制（实验准备室教师事先配制）：准确称取 0.7020 g$(NH_4)_2SO_4·FeSO_4·6H_2O$ 置于 100 mL 烧杯中，加入 80 mL HCl(6 mol·L$^{-1}$) 溶液，溶解后用不含氧的去离子水定容至 1 L。此标准 $Fe^{2+}$ 溶液含量为 100 mg·L$^{-1}$（1 L 溶液含有 100 mg 的 Fe）。

## 四、实验内容

### 1. 硫酸亚铁的制备

称取 2.0 g 铁屑置于干净的锥形瓶中，加入 15 mL $H_2SO_4$(3 mol·L$^{-1}$) 溶液后，在恒温水浴上加热，水浴温度为 100 ℃，可盖上表面皿以减少溶液水分蒸发。此反应过程会产生大量 $H_2$，应在通风橱内进行。加热过程中应不时加入少量去离子水，以补充蒸发失去的水分（切不可加水超量），同时还要控制溶液的 pH 值不大于 1。当铁屑与稀硫酸反应至不再大量冒出气泡（25~30 min）后，趁热进行减压过滤。如果滤纸上有 $FeSO_4·7H_2O$ 晶体析出，可用少量热去离子水将晶体溶解。随后用 2 mL $H_2SO_4$(3 mol·L$^{-1}$) 洗涤未反应完的残渣，洗涤液过滤后合并至前滤液中，并将滤液转移至蒸发皿中。取出残渣，用滤纸吸干后称重，根据已反应的铁屑质量，计算出溶液中 $FeSO_4$ 的理论产量。

### 2. 硫酸亚铁铵的制备

根据 $FeSO_4$ 理论产量，先计算出制备 $(NH_4)_2SO_4·FeSO_4·6H_2O$ 所需的 $(NH_4)_2SO_4$ 的用量。称取一定量的 $(NH_4)_2SO_4$，加入盛有 $FeSO_4$ 滤液的蒸发皿中，使用酒精灯小火加热，并不断搅拌，使 $(NH_4)_2SO_4$ 全部溶解（若溶解不完全可加适量去氧水），使用 $H_2SO_4$(3 mol·L$^{-1}$) 调节溶液 pH=1~2。随后小火加热浓缩 15 min 左右至出现晶膜（注意不宜过度加热沸腾，也不宜剧烈搅拌）。溶液静置自然冷却至室温，即有浅蓝绿色 $(NH_4)_2SO_4·FeSO_4·6H_2O$ 晶体析出。减压抽滤，使晶体与母液分离，再用少量无水乙醇洗涤晶体两次，以除去晶体表面附着的水分。将晶体取出，置于两张洁净的滤纸之间，轻压以吸干母液后称重。计算理论产量和产率。

### 3. 产品检验

（1）$(NH_4)_2SO_4·FeSO_4·6H_2O$ 组成的测定。自行设计实验方案验证产品中含有 $NH_4^+$、$Fe^{2+}$、$SO_4^{2-}$。将实验相关数据记录于表 5-5 中。

表 5-5 数据记录

| 需验证的离子 | 所需试剂 | 实验现象 | 反应方程式 |
| --- | --- | --- | --- |
| $NH_4^+$ | | | |
| $Fe^{2+}$ | | | |
| $SO_4^{2-}$ | | | |

(2) 目测比色法检验产品等级。用移液管依次移取实验室提供的标准 $Fe^{3+}$ 溶液（$0.0100\ mg\cdot mL^{-1}$）5.00 mL、10.00 mL、20.00 mL，分别置于 3 支 25 mL 比色管中，各加入 1.00 mL $H_2SO_4$（$3\ mol\cdot L^{-1}$）和 1.00 mL KSCN（$1\ mol\cdot L^{-1}$）溶液，用不含氧的去离子水稀释至刻度并摇匀。（不含氧的去离子水的制取：将去离子水用小火煮沸 10 min，以除去所溶解的 $O_2$，盖好表面皿待冷却后取用。）这 3 支比色管中 $Fe^{3+}$ 含量分别对应不同等级的 $(NH_4)_2SO_4\cdot FeSO_4\cdot 6H_2O$，见表 5-6。

表 5-6　不同等级 $(NH_4)_2SO_4\cdot FeSO_4\cdot 6H_2O$ 中 $Fe^{3+}$ 含量

| 规格 | Ⅰ级 | Ⅱ级 | Ⅲ级 |
| --- | --- | --- | --- |
| $Fe^{3+}$ 含量/mg | 0.05 | 0.10 | 0.20 |

4. 总铁含量的测定

(1) 一系列 $Fe^{2+}$ 标准溶液的配制：取 7 个 50 mL 容量瓶，用吸量管分别移取 0.00 mL、0.50 mL、0.75 mL、1.00 mL、1.25 mL、1.50 mL、1.75 mL 标准 $Fe^{2+}$（$100\ mg\cdot L^{-1}$）溶液加入到 1~7 号容量瓶中，随后各加入 1 mL $NH_2OH\cdot HCl$（10%）溶液，再依次加入 2.0 mL 邻二氮菲（0.15%）和 5 mL $CH_3COONa$ 溶液（$1\ mol\cdot L^{-1}$），加入试剂后初步混匀。再用不含氧的去离子水稀释至刻度，充分摇匀。

(2) 吸收曲线的绘制和测量波长的选择：用吸量管移取标准 $Fe^{2+}$ 溶液 0.0 mL 和 1.5 mL，分别注入 50 mL 容量瓶中，各加入 1 mL 盐酸羟胺、2.0 mL 邻二氮菲（0.15%）和 5 mL $CH_3COONa$ 溶液（$1\ mol\cdot L^{-1}$），再用不含氧的去离子水稀释至刻度。放置 10 min 后，用 1 cm 比色皿，以空白试剂为参比液，在 440~550 nm 之间，每隔 10 nm 测一次吸光度。在接近峰值附近，可适当减少间隔测定数据。使用 Origin 软件，以波长 $\lambda$ 为横坐标，吸光度 $A$ 为纵坐标绘制吸收曲线，并在吸收曲线上选择最佳测定波长。

(3) 标准 $A$-$c$ 曲线的绘制：在选定的波长下，用 1 cm 比色皿，以空白试剂为参比液，测定一系列显色标准 $Fe^{2+}$ 溶液的吸光度。使用 Origin 软件，以浓度 $c$ 为横坐标，以吸光度 $A$ 为纵坐标作图得标准 $A$-$c$ 曲线，得出回归方程和线性相关系数。

(4) $(NH_4)_2SO_4\cdot FeSO_4\cdot 6H_2O$ 试样中总铁含量的测定：准确称取 0.1~0.2 g $(NH_4)_2SO_4\cdot FeSO_4\cdot 6H_2O$ 试样溶于烧杯中，加入 80 mL HCl（$6\ mol\cdot L^{-1}$）溶液，溶解后定容至 1 L，并获得待测溶液。移取 1.00 mL 待测溶液放入 8 号 50 mL 容量瓶中，按步骤 (1) 方法显色，在相同条件下测量其吸光度。从标准 $A$-$c$ 曲线上查出 8 号容量瓶中铁的浓度，最后计算出原待测溶液中的铁含量（用 $mg\cdot L^{-1}$ 表示）和 $(NH_4)_2SO_4\cdot FeSO_4\cdot 6H_2O$ 试样中的总铁含量。

五、实验结果与数据处理

产品外观：_____；产品质量 (g)：_____；产率 (%)：_____。

将实验相关数据记录于表 5-7 和表 5-8 中。

表 5-7 吸收曲线的绘制

| 计算 Fe 浓度 /μg·L$^{-1}$ | | | | | | | | | | | | |
|---|---|---|---|---|---|---|---|---|---|---|---|---|
| 波长 λ/nm | 440 | 450 | 460 | 470 | 480 | 490 | 500 | 510 | 520 | 530 | 540 | 550 |
| 吸光度 A | | | | | | | | | | | | |

表 5-8 标准 A-c 曲线的绘制及计算

| 容量瓶编号 | 1 | 2 | 3 | 4 | 5 | 6 | 7 | 8 |
|---|---|---|---|---|---|---|---|---|
| 溶液体积/mL | 0.00 | 0.50 | 0.75 | 1.00 | 1.25 | 1.50 | 1.75 | |
| Fe 浓度/μg·L$^{-1}$ | | | | | | | | |
| 吸光度 A | | | | | | | | |
| 回归方程和相关系数 | | | | | | | | |
| 原待测溶液中的总铁含量/mg·L$^{-1}$ | | | | | | | | |
| 硫酸亚铁铵试样中的总铁质量分数/% | | | | | | | | |

## 六、思考题

1. 为什么在检验产品中 $Fe^{3+}$ 含量时,要用不含氧的去离子水溶解?
2. 目测比色法确定不同等级 $(NH_4)_2SO_4 \cdot FeSO_4 \cdot 6H_2O$ 的要点是什么?
3. 制备硫酸亚铁过程中,铁屑和 $H_2SO_4$ 哪一种应过量?为什么?
4. 为什么要用邻二氮菲显色后测定吸光度?

## 实验 19 二氯化一氯五氨合钴的制备、组成鉴定及反应动力学测试

### 一、实验目的

1. 掌握二氯化一氯五氨合钴的制备方法;
2. 学习巩固钴(Ⅱ)和钴(Ⅲ)的化学性质;
3. 学习水合反应速率常数和活化能的测定方法。

### 二、实验原理

1. 二氯化一氯五氨合钴的制备

$[Co(H_2O)_6]^{3+} + e^- \rightleftharpoons [Co(H_2O)_6]^{2+}$　　$E^{\ominus}[Co(H_2O)_6^{3+}/Co(H_2O)_6^{2+}] = 1.83$ V

$[Co(NH_3)_6]^{3+} + e^- \rightleftharpoons [Co(NH_3)_6]^{2+}$　　$E^{\ominus}[Co(NH_3)_6^{3+}/Co(NH_3)_6^{2+}] = 0.108$ V

由此可知,若水溶液中不含配合剂时,Co(Ⅱ)的还原性较差,不易将其氧化为 Co(Ⅲ),因此 Co(Ⅱ)比 Co(Ⅲ)稳定,Co(Ⅱ)盐在水溶液中氧化成 Co(Ⅲ)盐是不容

易的。若形成氨配合物后情况则相反，Co(Ⅲ)氨配合物比Co(Ⅱ)氨配合物稳定得多。因此，可使用Co(Ⅱ)化合物为原料，在配合剂存在的条件下，通过氧化反应制备Co(Ⅲ)配合物。

本实验在含有氨水和氯化铵的氯化钴溶液中，加入$H_2O_2$便可以得到$[Co(NH_3)_5H_2O]Cl_3$。

$$2CoCl_2 + 8NH_3 \cdot H_2O + 2NH_4Cl + H_2O_2 \longrightarrow 2[Co(NH_3)_5H_2O]Cl_3 + 8H_2O$$

随后再加入浓HCl，并且水浴加热，便可生成$[Co(NH_3)_5Cl]Cl_2$。

$$[Co(NH_3)_5H_2O]Cl_3 + HCl(浓) \xrightarrow{\triangle} [Co(NH_3)_5Cl]Cl_2 + H_2O$$

获得的$[Co(NH_3)_5H_2O]Cl_3$为棕红色晶体，不稳定，加热易脱水；而$[Co(NH_3)_5Cl]Cl_2$为紫红色晶体，在水溶液中较稳定。

2. 产品组成定性分析

用化学分析方法确定某配合物的组成时，首先应确定配合物的外界组成，然后将配离子破坏再确定其内界的组成。配离子的稳定性受很多因素影响，通常可用加热或改变溶液酸碱性来破坏。

(1) 调整$[Co(NH_3)_5Cl]Cl_2$配合物溶液的酸碱性，破坏配离子。如在酸性溶液中，$[Co(NH_3)_5Cl]^{2+}$内的$Cl^-$可被$H_2O$取代。

$$[Co(NH_3)_5Cl]^{2+} + H_2O \xrightarrow{H^+} [Co(NH_3)_5H_2O]^{3+} + Cl^-$$

(2) 加热破坏$[Co(NH_3)_5Cl]Cl_2$配合物，加入强碱后，在加热的条件下，$[Co(NH_3)_5Cl]^{2+}$可分解。

$$[Co(NH_3)_5Cl]Cl_2 + 3NaOH \xrightarrow{沸腾} Co(OH)_3(s) + 5NH_3 + 3NaCl$$

(3) 游离的Co(Ⅱ)离子在酸性溶液中，可与KSCN作用生成蓝色配合物$[Co(SCN)_4]^{2-}$，因其在水中解离度较大，故加入KSCN浓溶液或固体，同时再加入戊醇和乙醚来提高其稳定性。可利用与KSCN的反应来鉴定Co(Ⅱ)离子的存在，其反应如下：

$$Co^{2+} + 4SCN^- \longrightarrow [Co(SCN)_4]^{2-}$$

3. 二氯化一氯五氨合钴的水合反应

$[Co(NH_3)_5Cl]Cl_2$配合物在酸性溶液中，$[Co(NH_3)_5Cl]^{2+}$内的$Cl^-$可被$H_2O$取代而发生水合作用，该反应机理为亲核取代反应。一般认为存在以下两种机理。

机理1：在反应过程中，首先是Co—Cl键断裂形成中间过渡态$[Co(NH_3)_5]^{3+}$，然后水分子快速进入配合物中原配体$Cl^-$的位置。因此，决定该反应速率的步骤是Co—Cl键的断裂。其反应速率方程为：

$$v = k_1 c([Co(NH_3)_5Cl]^{2+}) \tag{5-1}$$

机理2：在反应过程中，首先水分子进入配合物而形成短暂的七配位中间过渡态配合物$[Cl...Co(NH_3)_5...H_2O]^{3+}$，然后中间过渡态配合物快速失去$Cl^-$而形成产物。

$$[Co(NH_3)_5Cl]^{2+} + H_2O \longrightarrow [Cl...Co(NH_3)_5...H_2O]^{3+} \longrightarrow [Co(NH_3)_5H_2O]^{3+} + Cl^-$$

决定反应速率的步骤是水分子进入配合物而形成短暂的七配位中间过渡态配合物，其反应速率方程为：
$$v = k_2 c([Co(NH_3)_5Cl]^{2+}) c(H_2O) \quad (5\text{-}2)$$

由于上述反应在水溶液中进行，且溶剂水大大过量，因此实际反应过程中 $c(H_2O)$ 基本保持不变。可将上式(5-2)修改为：
$$v = k_2 c([Co(NH_3)_5Cl]^{2+}) \quad (5\text{-}3)$$

综上所述，无论二氯化一氯五氨合钴的水合反应是机理 1 还是机理 2，都可以按照一级反应处理，即：
$$v = -dc([Co(NH_3)_5Cl]^{2+})/dt = kc([Co(NH_3)_5Cl]^{2+}) \quad (5\text{-}4)$$

积分后，可得：
$$-\ln c([Co(NH_3)_5Cl]^{2+}) = kt + B \quad (5\text{-}5)$$

若以 $-\ln c([Co(NH_3)_5Cl]^{2+})$ 对时间 $t$ 作图，可得到一直线，其斜率即为反应速率常数 $k$。根据朗伯-比尔定律，$A = \varepsilon bc$，其中 $A$ 为吸光度，$\varepsilon$ 为摩尔吸光系数，$b$ 为吸收层厚度，$c$ 为吸光物质的浓度。若用分光光度法测定给定时间 $t$ 时配合物的吸光度 $A$，并以 $-\ln A$ 对 $t$ 作图，也可得到一直线，由其斜率可求得 $k$。

由于产物 $[Co(NH_3)_5H_2O]Cl_3$ 在测定波长下也有吸收，因此测得的吸光度 $A$ 实际上是反应物 $[Co(NH_3)_5Cl]Cl_2$ 和产物 $[Co(NH_3)_5H_2O]Cl_3$ 的吸光度之和[式(5-6)]。产物 $[Co(NH_3)_5H_2O]Cl_3$ 的吸光度较小，其瞬时吸光度可近似为反应完成时的吸光度。根据产物 $[Co(NH_3)_5H_2O]Cl_3$ 在 550 nm 的摩尔吸光系数 $\varepsilon$ 为 21.0 $cm^{-1} \cdot mol^{-1} \cdot L$，由此可以求得无限长时间产物的吸光度 $A_\infty$，因此 $[Co(NH_3)_5Cl]Cl_2$ 的瞬时吸光度可近似用 $A - A_\infty$ 表示，以 $-\ln(A - A_\infty)$ 对 $t$ 作图得到一直线，其斜率即为水合反应速率常数 $k$。

$$A = A[Co(NH_3)_5Cl]Cl_2 + A[Co(NH_3)_5H_2O]Cl_3 \quad (5\text{-}6)$$

$A[Co(NH_3)_5H_2O]Cl_3 = \varepsilon bc = 21.0 \times c$，其中 $b = 1$ cm（使用 1 cm 比色皿） (5-7)

再测定不同温度时的水合速率常数 $k$，可以求得水合反应的活化能 $E_a$：

$$\lg \frac{k_2}{k_1} = \frac{E_a}{2.303R} \left( \frac{1}{T_1} - \frac{1}{T_2} \right) \quad (5\text{-}8)$$

### 三、仪器与试剂

仪器：电子天平、恒温水浴锅、磁力搅拌器、酒精灯、坩埚钳、蒸发皿、滤纸、布氏漏斗、抽滤瓶、循环水真空泵、剪刀、玻璃棒、铁架台、铁圈、石棉网、烘箱、表面皿、比色皿、烧杯、锥形瓶、量筒、分光光度计、红色石蕊试纸等。

试剂：$CoCl_2 \cdot 6H_2O(s)$、$H_2O_2(30\%)$、KSCN(s)、$NH_4Cl(s)$、浓氨水、浓盐酸、乙醇（95%）、丙酮、冰水、$AgNO_3$（0.1 mol·L$^{-1}$）、$HNO_3$（6.0 mol·L$^{-1}$）、$SnCl_2$（0.5 mol·L$^{-1}$，新配制）、NaOH（6 mol·L$^{-1}$）、戊醇、乙醚、HCl（6.0 mol·L$^{-1}$）。

### 四、实验内容

1. 二氯化一氯五氨合钴的制备

（1）$[Co(NH_3)_6]Cl_2$ 的制备：将 250 mL 锥形瓶置于通风橱内，加入 2.5 g $NH_4Cl(s)$、

2.5 mL 去离子水和 15 mL 浓氨水（约 0.22 mol）。在磁力搅拌器不断搅拌下，将 5.0 g 研细的 $CoCl_2 \cdot 6H_2O(s)$ 少量分批加入，待前一份钴盐溶解后，再加下一份，并生成一种黄红色的氯化六氨合钴（Ⅱ）沉淀，即 $[Co(NH_3)_6]Cl_2$，并注意该反应有热量放出。

（2）$[Co(NH_3)_5H_2O]Cl_3$ 的制备：在通风橱内，磁力搅拌器不断搅拌下，用滴管逐滴缓慢加入 4 mL $H_2O_2$(30%)。注意上述黄红色沉淀慢慢转化为深红色溶液，该反应剧烈放热，同时产生气泡。随后在水浴上加热（60~70 ℃），直至气泡终止（约 15 min），最终生成深红色的 $[Co(NH_3)_5H_2O]Cl_3$ 溶液。

欲制得其固体，则取出锥形瓶冷却至室温，在通用橱中缓慢加入 20 mL 浓盐酸（注意缓慢加入，否则不出结晶）。将溶液自然冷却至室温，再在冷水中冷却约 10 min。通过减压过滤得到棕红色固体产物，用 5 mL 95%乙醇分数次洗涤沉淀。取出该固体产品，自然风干后，称重并计算产率。

（3）$[Co(NH_3)_5Cl]Cl_2$ 的制备：在通风橱内，待上述深红色的 $[Co(NH_3)_5H_2O]Cl_3$ 溶液冷却至室温后，在磁力搅拌器不断搅拌下，缓慢加入 15 mL 浓盐酸，并将上述混合物在水浴上加热 10 min（溶液温度不得超过 60 ℃），再冷却至室温。通过减压过滤得到紫红色 $[Co(NH_3)_5Cl]Cl_2$ 固体产物，用 10 mL 冰水洗涤两次，再用冰冷却的 10 mL HCl（6.0 $mol \cdot L^{-1}$）洗涤，最后依次用 95%乙醇、丙酮各 10 mL 洗涤一次，自然晾干后称重并计算产率。

2. 二氯化一氯五氨合钴的组成确定

设计几个试管实验，验证 $[Co(NH_3)_5Cl]Cl_2$ 产物内、外界组成。并写出相关操作步骤，以及各鉴定反应方程式和实验现象，根据实验结果对产品的组成作出判断。

取 0.1 g $[Co(NH_3)_5Cl]Cl_2$ 产物，加入 10 mL 去离子水溶解。

① 取 1 mL 上述溶液，慢慢滴加 $AgNO_3$(0.1 $mol \cdot L^{-1}$) 溶液，直至不再有沉淀生成（可将沉淀离心分离，取上清液后滴加 $AgNO_3$ 溶液，无沉淀生成即可）。离心分离后取上清液，滴加 1~2 滴 $HNO_3$(6.0 $mol \cdot L^{-1}$) 并充分振荡，再往该溶液中滴加 $AgNO_3$ 溶液，观察有无沉淀生成（可适当微热使沉淀完全）。若有，则比较前后两次的沉淀量。

② 取 1 mL 上述溶液，加 3 滴 $SnCl_2$(0.5 $mol \cdot L^{-1}$) 溶液，充分振荡后加入一粒绿豆粒大小的 KSCN(s)，充分振摇后再加入戊醇和乙醚各 0.5 mL，振荡后观察有机层颜色变化。

③ 取 1 mL 上述溶液，加入 3 滴 NaOH(6.0 $mol \cdot L^{-1}$) 溶液并加热，用湿润的红色石蕊试纸变蓝的方法检验。另一种方法：在上述碱性溶液中，再加入少量去离子水得到清亮溶液，滴加 2 滴奈斯勒试剂（注意：该试剂毒性较大，且所需检验的离子很少时使用该方法），并观察变化。

④ 取 1 mL 上述溶液，滴加 2 滴 NaOH(6.0 $mol \cdot L^{-1}$) 溶液，并加热该溶液，观察溶液变化。直至溶液完全变成棕黑色后停止加热，离心过滤后取上清液再重复步骤②、③实验，观察实验现象与原来有何不同？

3. $[Co(NH_3)_5Cl]Cl_2$ 的水合反应速率常数和活化能的测定

用电子天平称取 0.3 g $[Co(NH_3)_5Cl]Cl_2$ 放入烧杯中，加少量去离子水，置于水浴中加热使其溶解。然后转移至 100 mL 容量瓶中，加入 5 mL $HNO_3$(6.0 mol·$L^{-1}$)，用去离子水稀释至刻度。溶液中配合物浓度为 $1.2×10^{-2}$ mol·$L^{-1}$，$HNO_3$ 的浓度为 0.3 mol·$L^{-1}$。

随后将溶液分成两份，分别放入 60 ℃ 和 80 ℃ 的恒温水浴槽中保持恒温，每隔 5 min 测一次吸光度。当吸光度变化缓慢时，可每隔 10 min 测定一次，直至吸光度无明显变化为止。溶液最终的吸光度应接近 $A_\infty = \varepsilon bc = 21.0 × 1 × (0.15 ÷ 250.5 ÷ 0.050) = 0.25$。测定时以 0.3 mol·$L^{-1}$ $HNO_3$ 溶液为参比溶液，用 1 cm 比色皿在 550 nm 波长下进行测定。

### 五、实验结果与数据处理

1. 产品外观：_____；产品质量（g）：_____；产率（%）：_____。
2. $[Co(NH_3)_5Cl]Cl_2$ 外界验证方案：

3. $[Co(NH_3)_5Cl]Cl_2$ 内界验证方案：

4. 将实验相关数据记录于表 5-9 和表 5-10 中。

表 5-9 $[Co(NH_3)_5Cl]Cl_2$ 在 60 ℃ 时水合反应溶液的吸光度

| 时间 $t$/min | 0 | 5 | 10 | 15 | 20 | 25 | 30 | … | 50 | 55 | 60 |
|---|---|---|---|---|---|---|---|---|---|---|---|
| 吸光度 $A_{60}$ | | | | | | | | | | | |
| $-\ln(A_{60}-A_\infty)$ | | | | | | | | | | | |

表 5-10 $[Co(NH_3)_5Cl]Cl_2$ 在 80 ℃ 时水合反应溶液的吸光度

| 时间 $t$/min | 0 | 5 | 10 | 15 | 20 | 25 | 30 | … | 50 | 55 | 60 |
|---|---|---|---|---|---|---|---|---|---|---|---|
| 吸光度 $A_{80}$ | | | | | | | | | | | |
| $-\ln(A_{80}-A_\infty)$ | | | | | | | | | | | |

5. 以 $-\ln(A-A_\infty)$ 对时间 $t$ 作图，由直线斜率计算出不同温度的水合反应速率常数，再计算出 $[Co(NH_3)_5Cl]Cl_2$ 水合反应活化能，并且写出计算过程。

### 六、思考题

1. 如何提高 $[Co(NH_3)_5Cl]Cl_2$ 的产率？应注意哪些关键步骤？为什么？
2. 实验过程中，加入 $H_2O_2$ 的作用是什么？如不用 $H_2O_2$，还可以用哪些物质替代？但替代后有何不足之处？上述实验中加入浓盐酸的作用是什么？
3. 通常条件下，二价钴盐比三价钴盐稳定，为什么生成氨配合物后情况却相反？
4. 二氯化一氯五氨合钴的组成确定实验中，为何加入几滴新配制的 $SnCl_2$ 溶液？

## 实验 20　金属有机框架（MOFs）材料的制备及其染料吸附性能研究

### 一、实验目的

1. 了解金属有机框架（MOFs）材料的基本概念和设计思路；
2. 熟悉 MOFs 的一般合成方法；
3. 学习 MOFs 的基本表征手段；
4. 熟悉分光光度计的使用，并了解分光光度法测定染料吸附性能的方法；
5. 学会利用显微镜观察与分辨晶体形貌。

### 二、实验原理

我国作为纺织品生产和出口大国，印染工业废水造成了严重的环境污染。印染废水成分复杂，具有较大的生物毒性和化学毒性，因此开发有效的染料废水处理方法一直是环境行业关注的重要课题。目前染料废水的处理方法很多，其中固相吸附法操作简便、成本低廉、污染物去除彻底且不产生副产物，是一种最有应用前景的废水处理方法。因此，探索简便易得并具有优良吸附性能及再生能力的吸附剂具有重要的实际应用价值。

金属有机框架（metal-organic frameworks，MOFs）材料是由金属离子或金属簇单元与有机配体通过配位作用自组装形成的周期性网络结构晶态多孔材料，具有高度的有序性。金属和有机配体的高度可选择性以及金属与配体间多样化的连接方式，赋予其丰富的结构类型、灵活的可设计性和可剪裁性，同时具有高孔隙率、低密度、大比表面积、孔道规则、孔径可调的优点，系沸石和碳纳米管之外的另一类重要的新型多孔材料，在吸附与分离、催化及储能等领域展现出广阔的应用前景。

由于配位模式的多样性，从相同的反应起始物开始进行合成，也可能产生具有不同结构和性质的 MOFs。此外，溶剂、温度等合成条件及合成方法的变化，也会影响其形态、晶体结构和孔隙率，并进一步影响材料的功能。目前，已有多种方法可以制备出结构新颖、性能优异的 MOFs 材料，比如蒸发溶剂法（挥发法）、扩散法、水热/溶剂热合成法、超声法、微波加热法、电化学方法以及机械化学合成法等。各类方法均有优势，在一定程度上拓宽了 MOFs 的发展与应用。几种常用的合成方法概述如下。

（1）蒸发溶剂法（挥发法）：挥发法是合成 MOFs 最传统、最简单的方法。将有机配体和金属盐溶解在良性溶剂中，放置，通过溶剂挥发，析出晶体。

（2）扩散法：①界面扩散法。将有机配体和金属盐分别溶于两种密度相差较大的溶剂中，缓慢地将密度较小的溶液置于密度较大的溶液液面之上，密封。通过溶剂扩散，配合物晶体就可能在界面附近生成。②蒸汽扩散法。将有机配体和金属盐分别溶解在良性溶剂中，用易挥发的不良溶剂扩散至良性溶液中，通过降低配合物溶解度促进配合物晶化析出。

（3）水热/溶剂热合成法：将配体、金属盐以及反应溶剂等一起放入反应器中，在高温高压下（一般在 300 ℃ 下），促进反应物分散在溶液中并且变得比较活泼，有利于反应的发生。在常温常压下溶解度比较小的有机配体，适合水热/溶剂热合成法。与室温下的反应相比，该方法更容易生成高维的框架材料。

HKUST-1 是一种经典的 MOFs 材料，又称为 MOF-199 [化学式为 $Cu_3(BTC)_2$]，是由铜离子和多齿有机配体均苯三甲酸（$H_3BTC$）通过配位反应制备的具有面心立方结构的多孔配位聚合物，其结构图和粉末 X-射线衍射（PXRD）谱如图 5-5 所示。在 PXRD 谱图中，配合物在 $2\theta = 6.7°$、$9.5°$、$11.6°$、$13.4°$ 处的峰位分别对应于产物的（200）、（220）、（222）、（400）晶面。该化合物具有稳定的化学结构、比较大的比表面积和高的孔隙率，在催化、传感应用以及吸附与分离等方面均具有很好的应用前景。HKUST-1 最初是通过溶剂热合成法得到，该方法反应时间长、产率低。本实验通过将不溶于水的配体 $H_3BTC$ 与氨水反应，生成水溶性铵盐配体，在室温与硝酸铜溶液反应，快速获得该化合物的纯相，并用于探索 HKUST-1 对水溶液中亚甲基蓝的吸附效果。

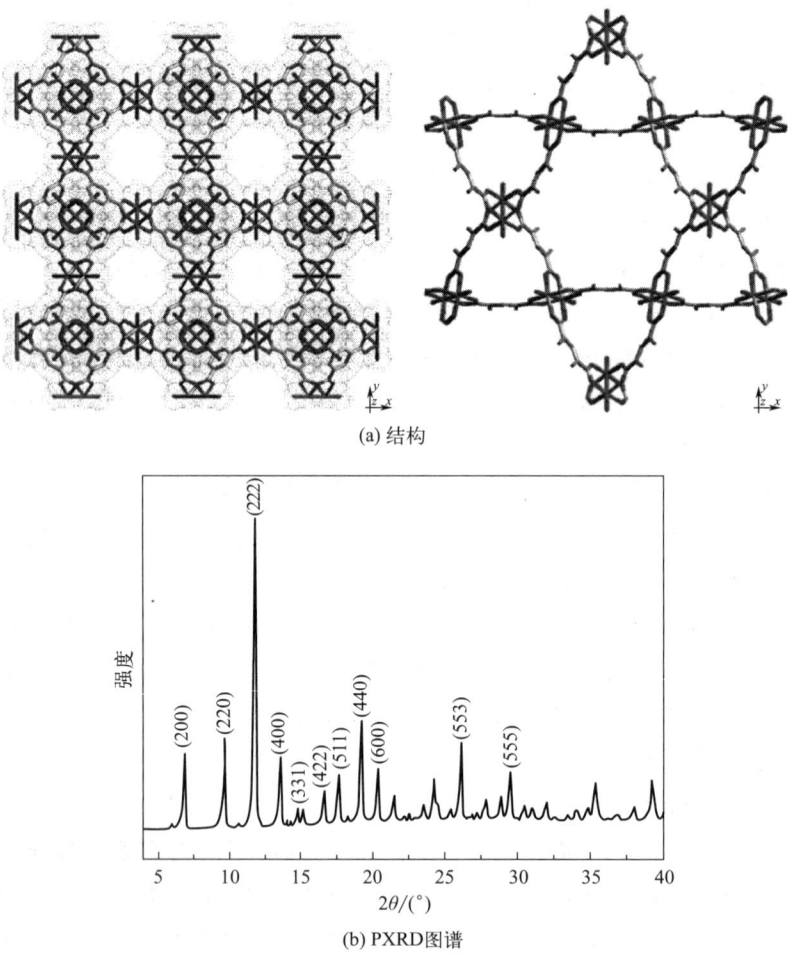

(a) 结构

(b) PXRD图谱

图 5-5 HKUST-1 的结构和 PXRD 谱

## 三、仪器与试剂

仪器：电子天平（0.0001 g）、量筒（50 mL、100 mL 各一个）、烧杯（50 mL、100 mL、500 mL 各一个）、容量瓶（25 mL 四个，100 mL、250 mL 各一个）、玻璃漏斗（50 mL）、玻璃棒、滴管、离心管、玻璃比色皿、注射器及过滤头、滤纸、玛瑙研钵、PXRD 用样品支架、载玻片、离心机、超声波清洗机、粉末 X-射线单晶衍射仪、紫外-可见分光光度计等。

试剂：均苯三甲酸（AR）、$Cu(NO_3)_2 \cdot 3H_2O$（AR）、氨水（2 mol·L$^{-1}$）、NaOH（0.1 mol·L$^{-1}$）、HCl（0.1 mol·L$^{-1}$）、蒸馏水、无水乙醇、亚甲基蓝（AR）。

## 四、实验内容

### 1. HKUST-1 的合成

（1）$(NH_4)_3$BTC 的制备。称取 2.1 g（0.01 mol）均苯三甲酸置于 100 mL 烧杯中，滴入氨水并不断搅拌，直至均苯三甲酸与氨水完全反应，溶液变得澄清，然后加蒸馏水定容至 100 mL，即为 0.1 mol·L$^{-1}$ $(NH_4)_3$BTC 水溶液。

（2）HKUST-1 的制备。取 0.1 mol·L$^{-1}$ $(NH_4)_3$BTC 溶液 30 mL，用 0.1 mol·L$^{-1}$ 的 NaOH 和 HCl 溶液调节溶液的 pH 值为 8，搅拌下加入 1.1 g（4.5 mmol）$Cu(NO_3)_2 \cdot 3H_2O$，继续搅拌 30 min 后离心。将获得的淡蓝色沉淀分散于 20 mL 乙醇中，静置 1 h 后过滤分离并自然干燥，计算产率。

### 2. HKUST-1 的表征

称取约 0.5 g 样品放入玛瑙研钵中进行充分研磨，使颗粒平均粒径在 5 μm 左右。将研磨好的粉末样品放入玻璃样品支架的凹槽中，用载玻片将其均匀压实，保证样品表面均一、平整且与样品架边缘在同一水平面上，用于进行 PXRD 测试。

注意：需严格控制样品颗粒的粗细程度，样品过粗，将使得样品颗粒中能够产生衍射的晶面减少，从而导致衍射强度减弱，影响检测灵敏度；样品颗粒过细，则可能破坏晶体结构，影响实验结果。

### 3. 亚甲基蓝的吸附实验

（1）绘制染料溶液 UV-Vis 吸收工作曲线。配制浓度分别为 0.01 mmol·L$^{-1}$、0.02 mmol·L$^{-1}$、0.03 mmol·L$^{-1}$、0.04 mmol·L$^{-1}$、0.05 mmol·L$^{-1}$ 的染料溶液，并在紫外-可见分光光度计上利用 0.05 mmol·L$^{-1}$ 溶液找到最大吸收波长，在此波长下测量不同浓度的吸光度值，绘制吸收工作曲线。

（2）染料吸附性能研究。取 0.20 g 研磨好的 HKUST-1 粉末置于 500 mL 烧杯，搅拌下加入 200 mL 0.05 mmol·L$^{-1}$ 染料溶液，同时开始计时。每次取 5 mL 染料溶液，前 20 min 内每 5 min 取样，之后间隔时间为 10 min。取出待测溶液后立即使用离心机进行离心处理，并将上层清液转移至避光处保存，沉淀冲回吸附反应器里，60 min 后结束取样；若此时 HKUST-1 对亚甲基蓝染料的吸附未达到平衡，则需继续取样，直至达到吸附平衡为止，此时取样间隔时间可适当延长。取样完毕，用注射器及过滤头再次过滤，移去残留的固体样品，将滤液置于比色皿中，用紫外-可见分光光度计分析溶液中染料浓度变化。

（3）吸附动力学分析。通过溶液中剩余染料浓度、染料初始浓度以及加入的 HKUST-1 的质量计算出吸附量 $Q_t$（单位为 $mg \cdot g^{-1}$），表示每克材料所吸附的染料的质量。

$$Q_t = \frac{(c_0 - c_t)VM_r}{m} \tag{5-9}$$

式中，$c_0$ 为溶液中染料的初始浓度；$c_t$ 为吸附时间 $t$ 时染料的浓度；$V$ 为溶液的体积（200 mL）；$M_r$ 为染料的摩尔质量（亚甲基蓝为 373.9 $g \cdot mol^{-1}$）；$m$ 为吸附材料 HKUST-1 的质量（0.20 g）。

本实验体系是非均相的液相吸附过程，吸附动力学遵循两种动力学模型之一：准一级或准二级模型。为了揭示 HKUST-1 对亚甲基蓝的吸附行为和机理，用准一级和准二级动力学方程进行拟合。两种动力学方程为

$$\ln(Q_e - Q_t) = \ln Q_e - k_1 t \tag{5-10}$$

$$\frac{t}{Q_t} = \frac{1}{k_2 Q_e^2} + \frac{t}{Q_e} \tag{5-11}$$

式中，$Q_t$ 和 $Q_e$ 分别为 HKUST-1 在时间 $t$ 和平衡时对亚甲基蓝的吸附量（$mg \cdot g^{-1}$）；$k_1$ 和 $k_2$ 分别为准一级（单位为 $min^{-1}$）和准二级（单位为 $g \cdot mg^{-1} \cdot min^{-1}$）速率常数。准一级动力学的 $Q_e$ 和 $k_1$ 可以由 $\ln(Q_e - Q_t)$ 对 $t$ 线性拟合计算。准二级动力学的 $Q_e$ 和 $k_2$ 可以通过 $\frac{t}{Q_t}$ 对 $t$ 线性拟合计算。

### 五、实验结果与数据处理

1. 计算所得 HKUST-1 的产率。
2. 将所得样品与 HKUST-1 单晶衍射数据模拟的 X 射线粉末衍射图作对比，标明产品 XRD 图上各衍射峰的点阵面指数（$hkl$），表征产品的物相［HKUST-1 空间群为 $Fm-3m$；晶胞参数为：$a = b = c = 2.6343(5)$ nm，$\alpha = \beta = \gamma = 90°$］。
3. 将实验相关数据记录于表 5-11 中，并绘制染料溶液 UV-Vis 吸收工作曲线。

表 5-11　不同浓度亚甲基蓝溶液对应吸光度数值表

| 浓度/mmol·L$^{-1}$ | 0.01 | 0.02 | 0.03 | 0.04 | 0.05 |
|---|---|---|---|---|---|
| 吸光度 | | | | | |

4. 根据实验过程中所记录的吸光度值，在表 5-12 中记录溶液中染料浓度的变化。

表 5-12　不同吸附时间下溶液中染料浓度数值表

| 实验样品名称 | 原液 | 0 min | 5 min | 10 min | 15 min | 20 min | 30 min | 40 min | …… | 平衡 |
|---|---|---|---|---|---|---|---|---|---|---|
| 浓度/mmol·L$^{-1}$ | | | | | | | | | | |

5. 根据表 5-12 数值，计算不同吸附时间下 HKUST-1 的吸附量 $Q_t$，并填入表 5-13。

表 5-13　不同吸附时间下 HKUST-1 的吸附量 $Q_t$

| 实验样品名称 | 原液 | 0 min | 5 min | 10 min | 15 min | 20 min | 30 min | 40 min | …… | 平衡 |
|---|---|---|---|---|---|---|---|---|---|---|
| $Q_t/\mathrm{mg \cdot g^{-1}}$ | | | | | | | | | | |

6. 以 $\ln(Q_e - Q_t)$ 对时间 $t$ 作图，求准一级动力学的 $Q_e$ 和 $k_1$，并根据斜率和截距计算出相关系数 $R^2$。以 $\dfrac{t}{Q_t}$ 对时间 $t$ 作图，求准二级动力学的 $Q_e$ 和 $k_2$，并根据斜率和截距计算出相关系数 $R^2$。此外，根据所求 $R^2$ 评估哪一动力学方程能更好地拟合 HKUST-1 对溶液中亚甲基蓝的吸附过程。

## 六、思考题

1. 进行 X-射线粉末衍射及吸附测试时为什么要对样品进行研磨？
2. 吸附测试过程中为什么要将沉淀冲回吸附反应器里？

# 实验 21　高分子絮凝剂的制备及在水处理中的应用

## 一、实验目的

1. 掌握高分子絮凝剂聚合硅酸硫酸铝的制备原理和方法；
2. 探讨不同制备条件对絮凝剂稳定性和絮凝性能的影响；
3. 了解废水处理有关知识，增强环保意识，培养绿色化学理念。

## 二、实验原理

絮凝剂通常是带有正电荷、能够将悬浮的胶体和化合物有效凝聚的物质。无机絮凝剂的开发研究最早，分为普通无机盐絮凝剂和无机高分子絮凝剂。无机盐絮凝剂包括硫酸铝、氯化铝、硫酸铁、氯化铁等，主要用于处理钢铁废水、印染废水和垃圾渗滤液。而无机高分子絮凝剂包括聚合铝类、聚合铁类和活性硅酸类絮凝剂等。聚硅酸金属盐作为复合型无机高分子絮凝剂，原理是在活性硅酸中引入金属离子进行改性。聚硅酸硫酸铝（PASS）絮凝剂作为代表性的无机高分子絮凝剂，通过在活性硅酸中引入 $Al^{3+}$ 进行改性，形成聚硅酸与铝盐的复合产物，同时具有电中和作用和吸附架桥能力，从而提升了其原本的絮凝效果和稳定性。由于这类絮凝剂具有絮凝效果好、价格便宜、处理后水中的残留铝量低等优点，引起了水处理界的极大关注，成了国内外无机絮凝剂研究的一个热点。采用向聚硅酸加入铝盐的方法合成该类絮凝剂，制备工艺简单，且价格低廉。但产品的稳定性差，不易贮存，需现用现配，影响了它的使用和推广。如何采用简捷方法制备高效稳定型聚合硅酸铝盐絮凝剂成为亟待解决的关键问题。本实验以硅酸钠、硫酸铝为原料制备聚硅酸硫酸铝，通过控制合成反应中的单一变量，如 pH 值、硅铝比、絮凝剂的加入量等，优化聚硅酸硫酸铝的制备条件并应用在净水领域。

## 三、仪器与试剂

仪器：分光光度计、酸度计、S1290 光散射浊度仪、磁力搅拌器、恒温水浴锅。

试剂：硫酸铝（AR）、硅酸钠（AR）、20%硫酸（约 2.3 mol·$L^{-1}$）、稀硫酸（1 mol·$L^{-1}$）、氢氧化钠（1 mol·$L^{-1}$）、硫酸铜（AR）、硫酸铁（AR）、硫酸镍（AR）、高岭土（CP）等。

## 四、实验内容

1. 活性聚硅酸硫酸铝（PASS）的制备

用电子天平称取一定量的 $Na_2SiO_3$ 粉末，将其溶解于水中，边搅拌边加入 20%的 $H_2SO_4$ 调节 pH，使其成淡蓝色，搅拌均匀后在室温下放置一定时间使硅酸充分活化，制得活性硅酸。在高速搅拌的条件下，将 $Al_2(SO_4)_3$ 溶液缓慢加入到硫酸铝溶液中，继续恒速搅拌约 30 min，待胶体分散均匀后，升温到 60 ℃充分反应约 1 h，静置陈化，得到无色澄清透明的聚硅酸硫酸铝溶液。

注意：在聚合时碱化度、硅酸聚合时间和 Al 与 Si 摩尔比、制备工艺对铝水解产物和聚硅酸聚合状况的影响比较大，需要在实验前充分分析、选择。

2. 水样制备

含高岭土的模拟水样配制：取高岭土 5 g，加入 1000 mL 蒸馏水。高速搅拌 0.5 h，静止 2 h，取上层清液配成浊水样品，测定其初始浊度。

3. 絮凝试验

(1) 探究水样 pH 值对絮凝性能的影响。取 500 mL 水样，采用 1 mol·$L^{-1}$ 的 $H_2SO_4$ 和 1 mol·$L^{-1}$ 的 NaOH 溶液对模拟水样的 pH 值进行调节，使 pH 值分别保持在 3、5、7、9、11。在常温下，固定加入聚硅酸硫酸铝的量和硅铝摩尔比，在 150 r/min 转速下搅拌 1 min，停止搅拌，静置沉降 20 min，取上层清液表层 2~3 cm 处吸取液体测定浊度。利用分光光度计测定其吸光度，记录絮凝时间并计算去浊率，得出最佳 pH 值并分析其原因。

(2) 探究硅铝摩尔比对絮凝性能的影响。在探究 (1) 得到的最佳 pH 值的基础上，探究硅铝摩尔比的影响。调控步骤 1 中硫酸铝和硅酸钠溶液的浓度，配制一系列硅铝摩尔比分别为 1∶1、3∶1、5∶1、10∶1、15∶1 的聚硅酸硫酸铝溶液。在常温下，固定加入聚硅酸硫酸铝的量和 pH 值，向同批水样中加入一系列絮凝剂。按 (1) 所述操作进行浊度试验，取上层清液表层 2~3 cm 处吸取液体测定浊度，利用分光光度计测定其吸光度，记录絮凝时间并计算去浊率，得出最佳硅铝比并分析其原因。

(3) 探究絮凝剂的加入量对絮凝效果的影响。在得出 (1)(2) 最佳 pH 值及硅铝比的条件下，探究絮凝剂的加入量对絮凝效果的影响。将自制水样分别用 1 mol·$L^{-1}$ 的 $H_2SO_4$ 和 1 mol·$L^{-1}$ 的 NaOH 调节至最佳 pH 值，各取 10 mL 浊水于四只烧杯中，分别加入 0.5 mL、1.0 mL、2.0 mL、3.0 mL、5.0 mL 的絮凝剂进行浊度实验。取上层清液表层 2~3 cm 处吸取液体测定浊度，利用分光光度计测定其吸光度，记录絮凝时间并计算去浊率，得出最佳加入量并分析其原因。

4. 有色金属离子脱色实验

向浓度均为 0.5 mol·L$^{-1}$ 的硫酸铜、硫酸铁、硫酸镍溶液中分别加入最佳用量的 PASS，不调节溶液 pH 值，进行脱色实验，固定测定波长为 670 nm 进行吸光度测试，记录数据并计算脱色率。

## 五、实验结果与数据处理

1. pH 值对絮凝效果的影响（表 5-14）

表 5-14　pH 值对絮凝效果的影响

| 水样 pH 值 | 絮体大小 | 处理后浊度/NTU | 去浊率/% |
| --- | --- | --- | --- |
| 3 | | | |
| 5 | | | |
| 7 | | | |
| 9 | | | |
| 11 | | | |

注：NTU 指散射浊度单位。

2. 硅铝比对絮凝效果的影响（表 5-15）

表 5-15　硅铝比对絮凝效果的影响

| 硅铝比 | 絮体大小 | 处理后浊度/NTU | 去浊率/% |
| --- | --- | --- | --- |
| 1∶1 | | | |
| 3∶1 | | | |
| 5∶1 | | | |
| 10∶1 | | | |
| 15∶1 | | | |

3. 絮凝剂加入量对絮凝效果的影响（表 5-16）

表 5-16　絮凝剂加入量对絮凝效果的影响

| 絮凝剂/mL | 絮体大小 | 处理后浊度/NTU | 去浊率/% |
| --- | --- | --- | --- |
| 0.5 | | | |
| 1.0 | | | |
| 2.0 | | | |
| 3.0 | | | |
| 5.0 | | | |

## 4. 有色金属离子脱色实验（表 5-17）

表 5-17 有色金属离子脱色实验相关数据

| 金属离子的种类 | 絮体大小 | 吸光度 | 脱色率/% |
| --- | --- | --- | --- |
| $Cu^{2+}$ | | | |
| $Fe^{3+}$ | | | |
| $Ni^{2+}$ | | | |

## 六、思考题

1. 污水在什么 pH 值范围内用絮凝剂处理的效果最好？为什么？
2. 絮凝剂的量越大去污效果越好是否准确？

# 实验 22　室温自旋交叉化合物的合成与表征

## 一、实验目的

1. 通过无机合成反应，制备具有室温自旋交叉现象的化合物 $[Fe(Htrz)_3](ClO_4)_2$；
2. 通过变温磁化率和变温红外光谱测量，结合配位场理论分析，理解和掌握自旋交叉现象研究的原理和方法；
3. 运用配位化学、磁化学和现代分析测试手段，初步了解现代分子磁学的研究方法。

## 二、实验原理

当配合物的中心离子组态为 $d^4 \sim d^7$ 且处于八面体场环境中时，受到某些外界刺激影响时会发生电子构型的重组，由高自旋态（低自旋态）转变为低自旋态（高自旋态），分别对应金属轨道能级中电子以最大（最小）和最小（最大）未成对数目排布的情况，这种现象称为自旋交叉或自旋转换。自旋交叉配合物是一类双稳态分子磁性材料，通过改变温度、压力、光照、磁场等外界因素可以实现其中心金属离子的电子构型在高低自旋态之间转变，同时会伴随着化合物的介电常数、磁性、电阻、颜色等物理化学性质的变化。因此，自旋交叉配合物在新型开关、传感器、信息存储器件以及显色器件等先进材料方面有广阔的应用前景。

根据晶体场分裂能 $\Delta$ 和电子成对能 $P$ 的相对大小，配合物分子可处于高自旋态（high spin state，HS）或处于低自旋态（low spin state，LS）。在一级近似中，当 $\Delta < P$ 时，配合物基态为高自旋态；$\Delta > P$ 时，配合物基态为低自旋态。但当这两种自旋态能量相当接近，也就是 $|E(LS) - E(HS)|$ 与 $kT$（$k$ 为 Boltzmann 常数）处于相同数量级时，在一个适当及可控的外界微扰下（如温度、压力、光辐射等），配合物分子可发生低自旋态和高自旋态的相互转换。以 $Fe^{2+}$ 为例，其为 $d^6$ 组态，原来简并的 5 个 d 轨道在八面体场

作用下分裂为二组：一组为二重简并的 $d_{x^2-y^2}$ 和 $d_{z^2}$，用 $e_g$ 表示；另一组为三重简并的 $d_{xy}$、$d_{yz}$ 和 $d_{xz}$，用 $t_{2g}$ 表示。在弱场中，$\Delta < P$，高自旋态稳定，电子的排布为 $t_{2g}^4 e_g^2$，自旋量子数 $S=2$；在强场中，$\Delta > P$，低自旋态稳定，电子的排布为 $t_{2g}^6 e_g^0$，自旋量子数 $S=0$。在 $\Delta \approx P$ 时，处于低自旋基态的 $Fe^{2+}$ 配合物被加热到某一温度以上，其中心离子 $t_{2g}$ 轨道上的两个电子可跃迁到能量较高的 $e_g$ 轨道上，并发生自旋翻转，成为高自旋分子（图 5-6）。同时，由于 $t_{2g}$ 轨道上具有成键轨道性质，而 $e_g$ 具有反键轨道性质，所以当电子从 $Fe^{2+}$ 的 $t_{2g}$ 轨道跃迁到 $e_g$ 轨道上时，$Fe^{2+}$ 与配位原子之间的配位键变长，可以从变温红外光谱中观测到该变化。

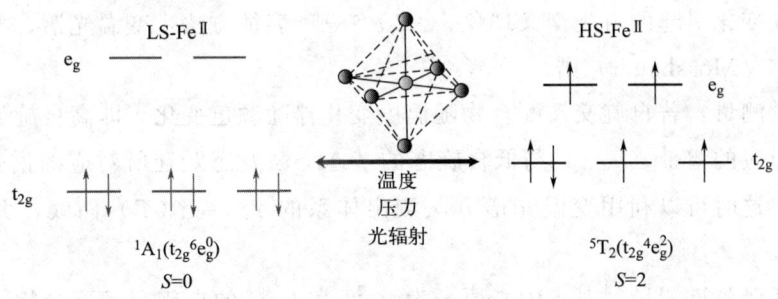

图 5-6 八面体 Fe(Ⅱ) 配合物中高、低自旋态的电子构型

对于自旋交叉现象，我们可以用曲线 $\gamma_{HS}=f(T)$ 来表征。如图 5-7 所示，$\gamma_{HS}$ 是高自旋分子的摩尔分数，$1-\gamma_{HS}$ 是低自旋分子的摩尔分数，$T$ 为温度。在自旋交叉化合物的 $\gamma_{HS}=f(T)$ 曲线中，可以用以下几个参数表征自旋转变情况。

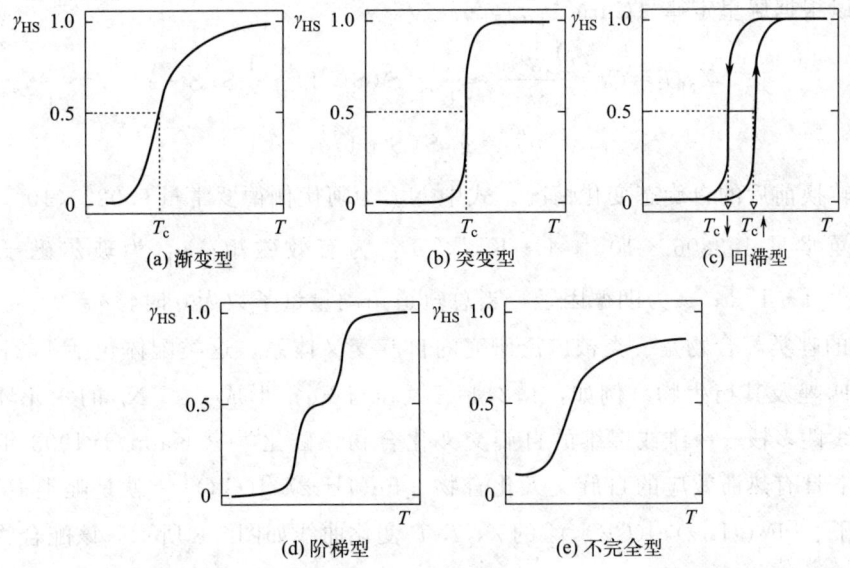

图 5-7 自旋交叉体系的五种类型及相应的 $\gamma_{HS}=f(T)$ 曲线

自旋转换温度（$T_c$）：当 $\gamma_{HS} = \gamma_{LS} = 0.5$，$\gamma_{HS} = f(T)$ 曲线中相应的温度为 $T_c$ 温度，也称为自旋转变温度。

跃迁突变度：研究体系在 $T_c$ 附近时，$f(T)$ 曲线的斜率称为跃迁突变度。其值越大，表明自旋跃迁突变越大，越有利于应用在信息存储材料中。

滞回曲线：若自旋跃迁是可逆的，并且升温 $f(T)$ 和降温 $f(T)$ 曲线不重叠，称之为滞回曲线（hysteresis loop）。此时在升温过程和降温过程中均有自旋跃迁温度 $T_c$，分别记作 $T_c\uparrow$ 和 $T_c\downarrow$。反之，称为无滞回线。

滞后宽度：$T_c\uparrow$ 与 $T_c\downarrow$ 差的绝对值 $|T_c\uparrow - T_c\downarrow|$ 称为滞后宽度。

滞回中心：$T_c\uparrow$ 和 $T_c\downarrow$ 中心之处的温度称为滞回中心。

对于温度变化引起的自旋交叉现象，一般有三种表征方法：变温光谱、变温磁化率和变温穆斯堡尔（Mössbauer）谱。

变温光谱测量：若自旋交叉配合物随温度变化伴随颜色变化，即高自旋态的基态→激发态跃迁所对应的谱带（$\lambda_{max}$）与低自旋态的基态→激发态跃迁所对应的谱带（$\lambda'_{max}$）有较明显差别，这时可以利用变温光谱方法测出体系的 $\gamma_{HS} = f(T)$ 曲线，并确定出相关参数。

变温穆斯堡尔谱测量：对于中心原子为 $Fe^{2+}$ 和 $Fe^{3+}$ 的自旋交叉配合物，可以通过测定穆斯堡尔谱查得同质异能位移值，确定高、低自旋情况，并定出 $T_c\uparrow$ 和 $T_c\downarrow$。

变温磁化率测量：对于自旋交叉配合物，因为高自旋和低自旋态 d 电子分布不同，未成对电子数目亦不同，其高自旋和低自旋的磁化率是不同的。若自旋态的跃迁是由温度变化引发的，那么测定磁矩随温度变化曲线时，在 $T_c$ 两侧的变温磁化率（$\chi_M$，摩尔磁化率）曲线变化将分别遵循不同的规律，故可用 $\chi_M T$-$T$ 变化曲线来检测自旋交叉现象。同时，还可以根据居里定律（Curie law）：

$$\chi_M T = C = \frac{N_A \mu_{eff}^2}{3k} \approx \frac{1}{8} g^2 S(S+1) \approx \frac{1}{2} S(S+1)$$

$$\mu_{eff}^2 = g^2 S(S+1) \mu_B^2$$

估算自旋转换前后的自旋态变化情况。式中 $N_A$ 为阿伏伽德罗常量 $6.022 \times 10^{23}$ $mol^{-1}$；$k$ 为玻尔兹曼常量 $1.3806 \times 10^{-23}$ $J \cdot K^{-1}$；$\mu_{eff}$ 为有效磁矩；$\mu_B$ 为玻尔磁子，数值为 $9.27 \times 10^{-24}$ $J \cdot T^{-1}$；$g$ 为朗德因子，当总轨道角动量量子数为 0 时，$g = 2$。

$Fe^{2+}$ 的唑类配合物是一类被广泛研究的自旋交叉体系。这类配体包括 1,2,4-三氮唑、异噁唑和四唑及其衍生物。例如，1,2,4-三氮唑与 $Fe^{2+}$ 形成 $Fe^{2+}N_6$ 的六元环，进而形成单核、线性多核、一维或多维的自旋交叉化合物。磁化学家 Kahn 于 1993 年合成的第一个室温下具有热滞效应的自旋交叉化合物 $[Fe(Htrz)_3](ClO_4)_2$ 就是唑类 $Fe^{2+}$ 配合物的著名例子。$[Fe(Htrz)_3](ClO_4)_2$ 的 $\chi_M T$-$T$ 变化曲线如图 5-8 所示。该配合物在升温和降温过程的自旋转换温度分别为 $T_c\uparrow = 304$ K 和 $T_c\downarrow = 288$ K，同时伴随着从紫到白的颜色变化，为自旋交叉化合物的应用提供了很好的示范。因此，本实验选择该配合物的合成和表征作为例子，学习和了解自旋交叉配合物研究的方法。

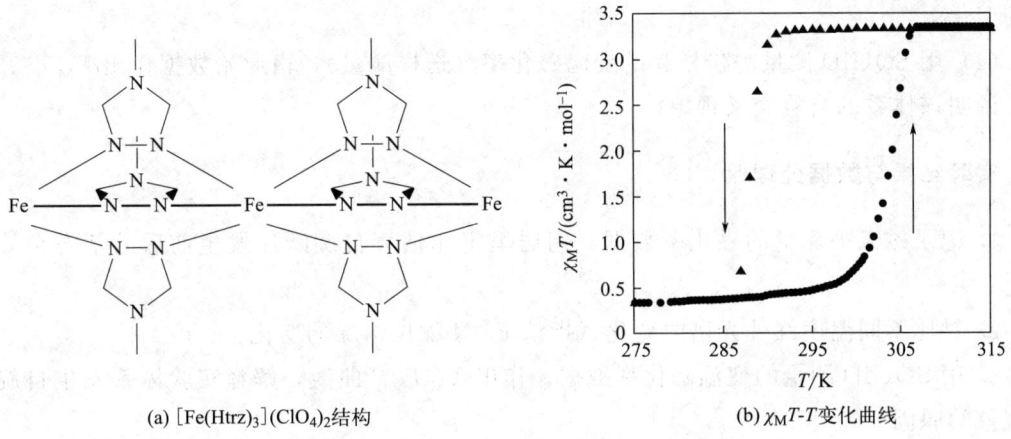

(a) [Fe(Htrz)₃](ClO₄)₂结构　　　　(b) $\chi_M T$-$T$变化曲线

图 5-8　[Fe(Htrz)$_3$](ClO$_4$)$_2$ 的结构和 $\chi_M T$-$T$ 变化曲线 [升温（●），降温（▲）]

## 三、仪器与试剂

仪器：磁天平、超导量子干涉仪（SQUID）、变温红外光谱仪、磁力搅拌器、烧杯（250 mL，三个）、旋转蒸发仪、电子天平（0.0001 g）、固体紫外可见分光光度计。

试剂：六水合高氯酸亚铁（AR）、1,2,4-1H-三氮唑（AR）、抗坏血酸（AR）、无水乙醇（AR）、冰。

## 四、实验内容

1. [Fe(Htrz)$_3$](ClO$_4$)$_2$ 的合成

(1) 使用电子天平称取 0.41 g（$6×10^{-3}$ mol）1,2,4-1H-三氮唑置于烧杯中，加入 100 mL 乙醇，搅拌至固体溶解，得到溶液 A。

(2) 称取 10 mg 抗坏血酸置于另一个烧杯中，加入 100 mL 乙醇，搅拌至固体溶解，得到溶液 B。快速（防止被氧化）称取 0.73 g（$2×10^{-3}$ mol）六水合高氯酸亚铁，溶于溶液 B 中，搅拌至固体溶解，得到溶液 C。注意动作要准确迅速，减少亚铁离子被氧化的量。

(3) 将溶液 A 和 C 于 250 mL 烧杯中混合，搅拌 30 min 至反应完全。使用旋转蒸发仪在 60 ℃下蒸发除去乙醇（约 30 min），得到白色粉末。

2. 产物表征

(1) 在所得化合物中滴加一滴水，分别从高温（40 ℃）到低温（0 ℃）降温，再从低温（0 ℃）到高温（40 ℃）加热，观察不同温度下化合物颜色的变化，并使用固体紫外可见分光光度计记录不同颜色状态下化合物的吸收谱图。

(2) 用古埃磁天平分别测量低温（0 ℃）、室温（20 ℃）、高温（40 ℃）状态下的摩尔磁化率。从高低温磁化率的数值，根据居里定律定性估算体系自旋变化情况，并定性认识自旋交叉现象。

(3) 用变温（0～40 ℃）红外光谱仪测量，定性认识自旋交叉现象中顺磁离子配位结构的变化。

(4) 用 SQUID 测量一份样品的变温磁化率（送样测量），由原始数据作出 $\chi_M T$-$T$ 曲线，说明该体系的自旋交叉现象。

### 五、实验结果与数据处理

1. 记录磁天平测量的磁化率数据，用居里定律估算自旋跃迁发生前后的基态自旋值变化。

2. 对比不同温度红外光谱的变化，指认 Fe-N 配位情况的变化。

3. 用 SQUID 测量的变温磁化率数据，作出 $\chi_M T$-$T$ 曲线，解释实验体系发生自旋交叉现象的原因。

### 六、思考题

1. 实验中为什么加入抗坏血酸？

2. 根据居里定律，对于低自旋态 $Fe^{2+}$，体系的 $\chi_M T$ 应该为零。但为什么实验中变温磁化率在低温时 $\chi_M T$ 不等于零，而是接近 $0.5\ cm^3 \cdot K \cdot mol^{-1}$？

3. 蒸发乙醇后，测量前加入一滴水的作用可能是什么？

4. 化合物在温度变化过程中发生了明显的颜色变化，尝试根据 Jahn-Teller 效应结合吸收谱图的变化进行解释。

## 实验 23　稀土铕、铽 β-二酮配合物的制备、表征和性能测定

### 一、实验目的

1. 学习并了解稀土配合物的性质和功能；
2. 了解稀土元素发光原理，学习分析荧光谱图；
3. 掌握稀土配合物的合成方法和红外光谱表征手段及发光性能表征方法；
4. 了解红外、紫外吸收和荧光光谱仪的使用方法。

### 二、实验原理

稀土元素是指镧系元素加上同属ⅢB组的钪（Sc）和钇（Y），共17种元素。由于稀土元素具有外层电子结构相同而内层 4f 电子能级相近的电子层结构，因此含稀土元素的化合物表现出许多独特的化学性质和物理性质，在光、电、磁等领域具有广泛的应用，被誉为新材料的宝库。稀土元素的原子具有未满的受到外界屏蔽的 4f、5d 电子态，因此有丰富的电子能级和长寿命激发态，能级跃迁通道多达 20 余万个，可以产生多种多样的辐射吸收和发射，几乎覆盖了整个固体发光的范畴，构成了广泛的发光和激光材料。此外，稀土元素由于 4f 电子处于内层轨道，受外层 s 和 p 轨道有效屏蔽，因此受到外部环境的

干扰少，4f 轨道能级差极小，f-f 跃迁呈现尖锐的线状光谱，具有非常好的色纯度。20 世纪 40 年代，Weissman 发现用近紫外光可以激发某些具有共振结构的有机配体的稀土配合物产生较强的荧光，其后相继发现了一些其他稀土配合物的光致发光现象。20 世纪 60～70 年代，人们开始系统地研究稀土发光配合物。现在稀土发光材料，尤其是在可见区发光比较强的铕、铽配合物发光材料已经广泛地应用于分子荧光免疫分析、结构探针、防伪标签、生物传感器、农用薄膜和器件显示等领域。

由于 f-f 跃迁属于禁阻跃迁，三价稀土离子（$Eu^{3+}$、$Tb^{3+}$、$Sm^{3+}$ 和 $Dy^{3+}$ 等）在紫外光区（200～400 nm）的吸收系数很小，自身发光效率低。在稀土配合物中，有机配体在紫外光区吸收能量后可以有效地将激发态能量通过无辐射跃迁转移给稀土离子，弥补了稀土离子在紫外可见光区的吸光系数很小的缺陷，从而敏化了稀土离子的发光，这种配体敏化稀土离子发光的效应称为 Antenna 效应（天线效应），是一个"光吸收—能量传递—发射"过程。在一些具有荧光特性的二元稀土配合物中，引入第二配体，使其形成三元稀土配合物，往往能显著提高发光强度。这是因为稀土离子的配位数较高，若在稀土二元配合物的配位环境中有水分子存在，会明显猝灭配合物的荧光。当引入第二配体时，会全部或部分取代配位水分子，使配合物的发光强度增加。另外，第二配体扩大了稀土配合物共轭 π 键的范围，有利于能量转移，这种效应被称为"协同效应"。

具有天线效应的配体之间通过协同效应把所吸收的能量有效地传递给中心离子使稀土离子受激发，当稀土离子由激发态回到基态时，发出相应的荧光。这样，与中心离子能级匹配的配体可以大幅度地提高稀土离子本身的特征发光。关于稀土配合物分子内部能量传递机制有不同的理论，目前普遍公认的发光过程如图 5-9 所示。

（1）配体吸收能量后进行 π-π* 跃迁，电子由基态 $S_0$ 跃迁到最低激发单重态 $S_1$。

（2）$S_1$ 经系间窜越到最低激发三重态 $T_1$。

（3）通过键的振动耦合由最低激发三重态 $T_1$ 向稀土离子振动态能级进行能量转移，稀土离子的基态电子受激发跃迁到激发态。

（4）电子由激发态能级返回基态时，发射稀土离子的特征荧光。

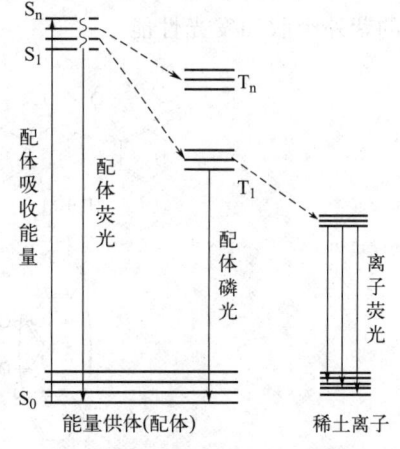

图 5-9　稀土配合物体系中的发光和能量传递过程

因此，影响这个过程有 3 个因素：①配体的光吸收强度和内部弛豫过程；②配体-稀土离子的能量传递效率；③稀土离子本身的发射效率。对于某种稀土离子，可以通过选择适宜能级的配体来提高发光强度。

激发配体，铕配合物的发射谱中常出现五个峰，其中出现在 613 nm 处的最强峰对应于 $Eu^{3+}$ 的 $^5D_0 \rightarrow {}^7F_2$ 跃迁，在 580 nm 处的弱峰对应 $Eu^{3+}$ 的 $^5D_0 \rightarrow {}^7F_0$ 跃迁，在 595 nm 处的峰对应于 $Eu^{3+}$ 的 $^5D_0 \rightarrow {}^7F_1$ 跃迁，在 653 nm 处的峰对应于 $Eu^{3+}$ 的 $^5D_0 \rightarrow {}^7F_3$ 跃迁，在 705 nm 处的峰对应于 $Eu^{3+}$ 的 $^5D_0 \rightarrow {}^7F_4$ 跃迁。如果制备的配合物是晶体样品，在晶体

场作用下,激发态能级发生分裂,还可以检测到 598 nm 和 618 nm 等劈裂峰。对铽配合物来说,配合物常出现 4 个荧光发射峰,分别对应于 $Tb^{3+}$ 的 $^5D_4 \rightarrow {}^7F_6$ (491 nm) 跃迁、$^5D_4 \rightarrow {}^7F_5$ (548 nm) 跃迁、$^5D_4 \rightarrow {}^7F_4$ (581 nm) 跃迁、$^5D_4 \rightarrow {}^7F_3$ (620 nm) 跃迁,其中 $^5D_4 \rightarrow {}^7F_5$ 跃迁是最强的发射,为超灵敏跃迁发射峰。

稀土元素与过渡金属相比,在配位数方面有两个突出的特点:(1) 有较大的配位数。例如 3d 过渡金属离子的配位数常是 4 或 6,而稀土元素离子最常见的配位数为 8 或 9,接近 6s、6p 和 5d 轨道数的总和;另一方面稀土离子具有较大的离子半径,当配位数同为 6 时,$Fe^{3+}$ 和 $Co^{3+}$ 的离子半径分别为 55 pm 和 54 pm,而 $La^{3+}$ 和 $Gd^{3+}$ 的离子半径则分别为 103.2 pm 和 93.8 pm。(2) 有多变的配位数。稀土离子具有较小的配体场稳定化能(一般只有 4.18 kJ·mol$^{-1}$),而过渡金属的配体场稳定化能较大(一般为 400 kJ·mol$^{-1}$),因而稀土元素在形成配合物时,键的方向性不强,配位数可以在 3~12 范围内变动。

常用来敏化稀土发光的配体有 $\beta$-二酮、羧酸等。其中,$\beta$-二酮类化合物分子内酮式-烯醇式间的转变赋予其许多独特的配位化学性质,其烯醇式结构中羟基上氢原子与羰基上的氧原子能形成氢键,碱性条件下可以脱去羟基上的氢与稀土离子采用双齿螯合的方式配位,形成稳定的六元螯合环结构。该类化合物具有共轭结构及较大的光吸收系数,与稀土离子配位后可以有效敏化稀土离子发光,在发光领域具有潜在的应用价值。如图 5-10,本实验选择二苯甲酰甲烷(HDBM)来敏化 $Eu^{3+}$ 发光、乙酰丙酮(HACAC)敏化 $Tb^{3+}$ 发光,邻二氮菲(Phen)作为中性配体屏蔽水分子的影响和增强配合物的刚性,研究配合物的紫外吸收和发光性能。

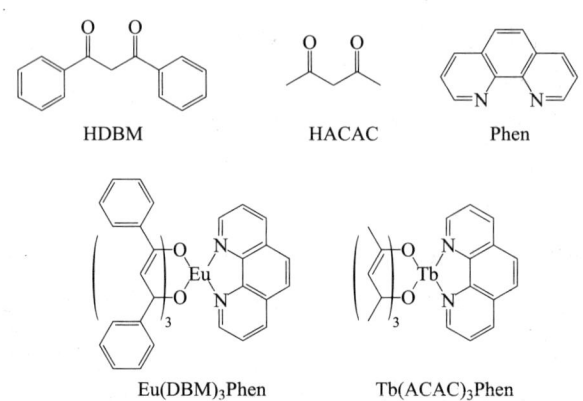

图 5-10 实验中使用的配体分子及合成的配合物

### 三、仪器及试剂

仪器:电子天平(0.0001 g)、电磁加热搅拌器、水浴锅、抽滤装置、紫外-可见分光光度计、红外光谱仪、荧光光谱仪、圆底烧瓶(100 mL,两个)、球形冷凝管、标口锥形瓶(250 mL)、容量瓶(100 mL)、抽气头(19#)、蒸发皿、紫外灯(365 nm)等。

试剂:$Eu_2O_3$(AR)、$Tb_4O_7$(AR)、NaOH(0.3 mol·L$^{-1}$)、HCl(12 mol·L$^{-1}$)、二苯甲酰甲烷(HDBM,CP)、乙酰丙酮(HACAC,CP)、邻二氮菲(Phen·$H_2O$,

CP)、无水乙醇（AR）、$CH_2Cl_2$（AR）。

## 四、实验内容

1. 制备氯化稀土盐溶液

(1) 0.02 mol·$L^{-1}$ $EuCl_3$ 乙醇溶液的配制。称 0.3519 g $Eu_2O_3$（白色粉末，$M=351.92$）置于蒸发皿中，边搅拌边加入 1 mL 1∶1 HCl 水溶液，加热搅拌至 $Eu_2O_3$ 完全溶解。将溶液在水浴上蒸发近干，用无水乙醇溶解，于 100 mL 容量瓶中配制 0.02 mol·$L^{-1}$ 溶液（无色）。

(2) 0.02 mol·$L^{-1}$ $TbCl_3$ 乙醇溶液的配制。称 0.3738 g $Tb_4O_7$（棕色粉末，$M=747.69$）置于蒸发皿中，边搅拌边加入 1 mL 1∶1 HCl 水溶液，加热搅拌至 $Tb_4O_7$ 完全溶解。将溶液在水浴上蒸发近干，用无水乙醇溶解，于 100 mL 容量瓶中配制 0.02 mol·$L^{-1}$ 溶液（无色）。

2. 配合物 $Eu(DBM)_3Phen$ 和 $Tb(ACAC)_3Phen$ 合成

(1) $Eu(DBM)_3Phen$ 的合成。称取 0.0672 g 二苯甲酰甲烷（HDBM，0.3 mmol，$M=224.25$）和 0.019 g 邻二氮菲（Phen·$H_2O$，0.1 mmol，$M=198.22$）放入 100 mL 圆底烧瓶中，加入 15 mL 乙醇，在搅拌下溶解。加入约 3 mL 0.3 mol·$L^{-1}$ 的 NaOH 溶液调节 pH=8~9。然后滴加 5 mL 0.02 mol·$L^{-1}$ $EuCl_3$ 乙醇溶液，有浅黄色沉淀生成。溶液在 60 ℃ 加热搅拌 2 h，冷却至室温，陈化，过滤，产物分别用水、乙醇洗涤，并在红外灯下干燥。称量，计算产率，并测定红外光谱。使用红外光谱仪时，样品的研磨应在红外灯下进行，防止样品吸水。此外，压片用的模具使用前也应擦干净。

(2) $Tb(ACAC)_3Phen$ 的合成。于电子天平上直接用 100 mL 圆底烧瓶称取 0.030 g 乙酰丙酮（HACAC，0.3 mmol，$M=100.11$），然后加入 0.019 g 邻二氮菲（Phen·$H_2O$，0.1 mmol）和 15 mL 乙醇，在搅拌下溶解。加入约 3 mL 0.3 mol·$L^{-1}$ 的 NaOH 溶液调节 pH=8~9。然后滴加 5 mL 0.02 mol·$L^{-1}$ $TbCl_3$ 乙醇溶液，有白色沉淀生成。溶液在 60 ℃ 加热搅拌 2 h，冷却至室温，陈化，过滤，产物分别用水、乙醇洗涤，红外灯下干燥。称量，计算产率，并测定红外光谱。

注意：稀土配合物之间会有能量传递，少量的铕配合物能够完全淬灭铽配合物的发射，故实验中应避免样品的污染。

3. 配合物 $Eu(DBM)_3Phen$ 和 $Tb(ACAC)_3Phen$ 荧光性质研究

(1) 紫外光谱的测定。称取适量配体和配合物溶解于 $CH_2Cl_2$ 溶液中，配制 $10^{-4}$ mol·$L^{-1}$ 的溶液测定其紫外吸收光谱，对比自由配体和配合物吸收峰的移动并进行归属，了解形成配合物后的能级变化。

(2) 荧光激发、发射光谱的测定。用上述配制的 $CH_2Cl_2$ 溶液进行溶液中荧光激发、发射光谱的测定，归属发射峰的来源。另用固体粉末测定激发、发射光谱，了解晶体场对荧光发射的影响。使用荧光光谱仪时，应确定试样室光路上无遮挡物，并开机预热 30 min 以上再测试。放比色皿时，一定要将比色皿外部所沾样品擦拭干净，再放进比色皿架进行测定。

## 五、实验结果与数据处理

1. 比较自由配体和配合物的 IR、UV 光谱，分析形成配合物后化学键的变化，了解稀土配合物的配位性质。
2. 讨论荧光光谱的发射峰特征，了解稀土配合物发光的特点。

## 六、思考题

1. 如何利用红外光谱法来证明稀土配合物已经生成？
2. 在配合物的合成过程中，用 NaOH 溶液调节 pH 值时，如果 pH 值过高了，会导致什么结果？所得到的最后产物又是什么？
3. 写出 $Eu^{3+}$ 的基态光谱项。

# 实验 24　热致变色材料的制备

## 一、实验目的

1. 了解热致变色材料的制备；
2. 了解热致变色的机理及影响因素。

## 二、实验原理

有些材料在温度高于或低于某个特定温度区间会发生颜色变化，这种材料称为热致变色（thermochromism）材料。颜色随温度连续变化的现象称为连续热致变色，而只在某一特定温度下发生颜色变化的现象称为不连续热致变色；能够随温度升降反复发生颜色变化的称为可逆热致变色，而随温度变化只能发生一次颜色变化的称为不可逆热致变色。热致变色材料已在工业和高新技术领域得到广泛应用，有些热致变色材料也用于儿童玩具和防伪技术中。

热致变色的机理很复杂，其中无机氧化物的热致变色多与晶体结构的变化有关，无机配合物则与配位结构或水合程度有关，有机分子的异构化也可以引起热致变色。

由于二乙基铵离子中的氢与氯离子之间存在较强的氢键作用和晶体场稳定化作用，四氯合铜二乙基铵盐 $[(CH_3CH_2)_2NH_2]_2[CuCl_4]$ 在温度较低时处于扭曲的平面正方形结构（图 5-11）。随着温度升高，分子内振动加剧，其结构从扭曲的平面正方形转变为扭曲的正四面体，相应地其颜色由亮绿色转变为黄色，可见配合物结构变化是引起系统颜色变化的重要因素之一。

除了结构变化外，配位体和配位数发生改变也会导致配合物发生热致变色。在实验室中，一般需要放置变色硅胶作为常用干燥剂以保持基准物或样品干燥。指示硅胶吸水变色的主要成分就是 $CoCl_2$，无水 $CoCl_2$ 主要以 $[CoCl_4]^{2-}$ 形式存在而显蓝色，$CoCl_2$ 吸水饱和后，即 $CoCl_2 \cdot 6H_2O$，主要以 $[Co(H_2O)_6]^{2+}$ 形式存在而显粉红色。吸水达到饱和的

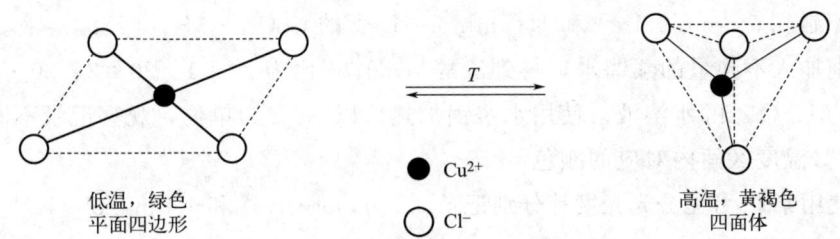

图 5-11　$[(CH_3CH_2)_2NH_2]_2[CuCl_4]$中 Cu(Ⅱ) 配位构型随温度改变发生的变化

硅胶加热失水过程颜色由粉红色（$[Co(H_2O)_6]^{2+}$）最终变成蓝色（$[CoCl_4]^{2-}$），即由配位数为 6 的 $[Co(H_2O)_6]^{2+}$ 转变为配位数为 4 的 $[CoCl_4]^{2-}$。因此 $[Co(H_2O)_6]^{2+}$ 与 $[CoCl_4]^{2-}$ 的颜色不同是由于 Co(Ⅱ) 的配位体和配位数不同导致晶体场分裂能不同所造成的。

$$[Co(H_2O)_6]^{2+} + 4Cl^- \underset{冷却}{\overset{\triangle}{\rightleftharpoons}} [CoCl_4]^{2-} + 6H_2O$$

　　　　　　　　粉红色　　　　　　　　　蓝色

同理，通过改变温度可以使 Co(Ⅱ) 在乙醇水溶液中的配位平衡发生变化。随着配位体和配位数的改变，溶液表现出可逆的热致变色行为。

### 三、仪器与试剂

仪器：紫外-可见分光光度计、电子天平（0.0001 g）、容量瓶（100 mL）、锥形瓶（50 mL，两个）、烧杯（150 mL）、量筒（10 mL，50 mL）、抽滤泵、抽滤瓶、布氏漏斗、水浴锅、玻璃干燥器、毛细管（一端封口）、温度计、经活化的 3A 分子筛、橡皮筋等。

试剂：盐酸二乙基铵（AR）、异丙醇（AR）、$CuCl_2 \cdot 2H_2O$（AR）、$CoCl_2 \cdot 6H_2O$（AR）、无水乙醇（AR）、凡士林、冰块、蒸馏水。

### 四、实验内容

1. 热致变色材料的制备

称取 3.2 g 盐酸二乙基铵置于 50 mL 锥形瓶中，加入 15 mL 异丙醇，搅拌溶解得到溶液 A。再称取 1.7 g $CuCl_2 \cdot 2H_2O$ 置于另一个锥形瓶，加入 3 mL 无水乙醇，微热使其全部溶解，得到溶液 B。将溶液 A 和溶液 B 混合，加入几粒经活化的 3A 分子筛，以促进晶体的形成。冰浴冷却后析出亮绿色针状结晶，迅速将产物抽滤并用少量异丙醇洗涤沉淀，将产物放入干燥器中保存（此产物吸湿自溶，操作要快！）。

2. 热致变色现象的观察

（1）取 1～2 mg 上述样品装入一端封口的毛细管中墩结实，用凡士林把毛细管管口堵住，以防止样品吸湿。用橡皮筋将此毛细管固定在温度计上，使样品部位靠近温度计下端水银泡。将带有毛细管的温度计一起放入装有约 100 mL 水的 150 mL 烧杯中，缓慢加热，当温度升高至 40～55 ℃时，注意观察变色现象，并记录变色温度。然后从热水中取出温度计,室温下观察随着温度降低样品颜色的变化,并记录变色温度。

(2) 配制 0.5 mmol·L$^{-1}$ 和 1.0 mmol·L$^{-1}$ 的 $CoCl_2·6H_2O$ 乙醇溶液。然后在该溶液中分别加入不同量的蒸馏水,得到乙醇与水体积比为 20∶1、20∶2、20∶3 和 20∶4 的 $CoCl_2·6H_2O$ 乙醇水溶液。使用水浴锅加热,以 10 ℃ 为单位,观察记录不同浓度溶液在 20~80 ℃ 温度区间内对应的颜色。

(3) 使用紫外-可见分光光度计分别记录 0.5 mmol·L$^{-1}$ 和 1.0 mmol·L$^{-1}$ 的 $CoCl_2·6H_2O$ 乙醇溶液在加入水 ($V_{乙醇}:V_{水}=20:1$) 后,在 20 ℃、50 ℃ 和 70 ℃ 下的吸收光谱,并探究吸收光谱中吸收带相对强度与溶液颜色之间的关系。

### 五、实验结果与数据处理

将步骤 2.(2) 的实验相关数据记录于表 5-18 中。

表 5-18　$CoCl_2·6H_2O$ 乙醇溶液中加入不同水量时的热致变色情况

| $V_{乙醇}:V_{水}$ | 20 ℃ | 30 ℃ | 40 ℃ | 50 ℃ | 60 ℃ | 70 ℃ | 80 ℃ |
|---|---|---|---|---|---|---|---|
| | 颜色 | | | | | | |
| 20∶1 | | | | | | | |
| 20∶2 | | | | | | | |
| 20∶3 | | | | | | | |
| 20∶4 | | | | | | | |

### 六、思考题

1. 制备过程中,加入 3A 分子筛的作用是什么?
2. 制备四氯合铜二乙基铵盐时要注意什么?
3. 影响四氯合铜二乙基铵盐热致变色的重要因素是什么?
4. 与变色硅胶原理类似,$CoCl_2·6H_2O$ 的乙醇水溶液热致变色实验中,也涉及了 $Co^{2+}$ 配位数及配体种类的变化,具体变化过程如下:

$$CoCl_2 + 6H_2O \longrightarrow [Co(H_2O)_6]^{2+} + 2Cl^-$$

$$[Co(H_2O)_6]^{2+} + 2Cl^- + 2EtOH \longrightarrow [Co(EtOH)_2Cl_2] + 6H_2O$$

请结合溶液的颜色变化,试着从化学平衡移动原理的角度,判断上述两个过程的吸热或放热情况,并对颜色变化进行解释。

# 实验 25　水质化学需氧量的测定

### 一、实验目的

1. 了解测定化学需氧量(COD)对环境保护的重要意义;

2. 学会硫酸亚铁铵标准溶液的标定方法；
3. 掌握高锰酸钾法与重铬酸钾法测定水体中COD的原理和方法。

## 二、实验原理

化学需氧量（COD）是指通过化学方法检测水样中能被氧化的还原性物质消耗氧化剂的质量浓度（单位为 $mg \cdot L^{-1}$），该指标是考察地表水、生活污水和工业废水中有机污染物浓度的重要依据。水体有机污染物含农药、化工废水、有机肥料等还原性物质，它们会破坏水系中的生态系统，对人体健康极为不利。COD值越高说明水体污染越严重。随着测定水样中还原性物质以及测定方法的不同，COD的测定值也有不同。目前应用最普遍的是酸性高锰酸钾氧化法和重铬酸钾氧化法。

高锰酸钾法（又称高锰酸盐指数）相对简便，但氧化率较低，一般用于监测地表水和地下水有机物含量的相对比值。通常是在酸性条件下，向被测水样中加入过量且定量的 $KMnO_4$ 溶液后加热水样，使 $KMnO_4$ 与水样中有机污染物充分反应，再加入过量且定量的 $Na_2C_2O_4$ 还原剩余的 $KMnO_4$，最后用 $KMnO_4$ 溶液反滴定过量的 $Na_2C_2O_4$，由此计算出水样的需氧量。反应方程式（C代表有机物）：

$$4MnO_4^-(aq) + 5C + 12H^+(aq) \longrightarrow 4Mn^{2+}(aq) + 5CO_2(g) + 6H_2O(l)$$

$$2MnO_4^-(aq) + 5C_2O_4^{2-}(aq) + 16H^+(aq) \longrightarrow 2Mn^{2+}(aq) + 10CO_2(g) + 8H_2O(l)$$

重铬酸钾法具有准确度高、精密度高、重现性好等优点，是普遍采用的国标方法，广泛应用于含有机污染物较多的工业废水和生活污水的监测。在水样中准确加入过量的浓度已知的 $K_2Cr_2O_7$ 溶液，并在强酸介质下以银盐作催化剂，经沸腾回流后，以试亚铁灵为指示剂，用 $(NH_4)_2Fe(SO_4)_2$ 滴定水样中过量的 $K_2Cr_2O_7$，由消耗的 $(NH_4)_2Fe(SO_4)_2$ 的量换算出消耗的 $K_2Cr_2O_7$ 的量。由于溶液中潜在的无机还原性物质，如亚硝酸盐、硫化物及二价铁盐，限定范围内其需氧量作为水样COD值的一部分是可以接受的。该实验的主要干扰物为氯化合物，当 $Cl^-$ 含量超过 $1000\ mg \cdot L^{-1}$ 时，COD的最低允许值为 $250\ mg \cdot L^{-1}$，低于此值，结果的准确度将不可靠。为排除 $Cl^-$ 干扰，可加入 $HgSO_4$ 部分去除，经回流后，$Cl^-$ 可与 $HgSO_4$ 结合成可溶性的氯汞配合物。主要反应方程式如下（C代表有机物）：

$$Cr_2O_7^{2-}(aq) + 3C + 16H^+(aq) \longrightarrow 4Cr^{3+}(aq) + 3CO_2(g) + 8H_2O(l)$$

$$Cr_2O_7^{2-}(aq) + 14H^+(aq) + 6Fe^{2+}(aq) \longrightarrow 6Fe^{3+}(aq) + 2Cr^{3+}(aq) + 7H_2O(l)$$

注意：在酸性重铬酸钾条件下，芳烃和吡啶难以被氧化，其氧化率较低。在 $Ag_2SO_4$ 催化作用下，直链脂肪族化合物可有效地被氧化；无机还原性物质如亚硝酸盐、硫化物和二价铁盐等将使测定结果增大，其需氧量也是COD的一部分。

## 三、仪器与试剂

### 1. 高锰酸钾法

仪器：磨口锥形瓶（250 mL）、电炉、大烧杯（500 mL）、容量瓶（250 mL）、棕色试剂瓶、酸式滴定管（50 mL）、移液管（25 mL或50 mL）、吸量管、电子天平、电炉等。

试剂：$H_2SO_4$（体积比 1∶2）、$AgNO_3$ 溶液（10%）、$Na_2C_2O_4$（s，AR）、0.013 mol·$L^{-1}$ $Na_2C_2O_4$ 标准溶液（准确称取基准物质 $Na_2C_2O_4$ 0.42 g 溶于少量蒸馏水中，定容于 250 mL 容量瓶中，摇匀，计算其浓度）、0.005 mol·$L^{-1}$ $KMnO_4$ 溶液。

2. 重铬酸钾法

仪器：容量瓶（1000 mL）、酸式滴定管（50 mL）、烧杯（250 mL 或 500 mL）、防暴沸玻璃珠或沸石、硬质玻璃试管（10 mm×150 mm）、移液管（10 mL，50 mL）、量筒（50 mL）、电子天平（准确至 0.0001 g）、电炉、酒精灯、火柴或打火机、锥形瓶（24 号标准磨口；250 mL 或 500 mL）、冷凝管（长度为 300～500 mm）等。若取样在 30 mL 以上，可采用带 500 mL 锥形瓶的全玻璃回流装置。

试剂：$Ag_2SO_4$（s，AR）、$HgSO_4$（s，GR）、$K_2Cr_2O_7$（s，GR）、1,10-菲咯啉（s，AR）、七水合硫酸亚铁（s，AR）、$H_2SO_4$（18.4 mol·$L^{-1}$）、$Ag_2SO_4$-$H_2SO_4$ 试剂［向 1L 硫酸（18.4 mol·$L^{-1}$）中加入 10 g 硫酸银，放置 1～2 天使之溶解，并混匀，使用前小心混匀］、$(NH_4)_2Fe(SO_4)_2·6H_2O$（s，AR）、邻苯二甲酸氢钾（s，AR）。

注意：废水中会不可避免地含有悬浮物或固体大颗粒，这些物质的存在，严重地影响了水质的均化程度，导致 COD 测定结果失真。可借助水浴超声器超声 5 min 使水质均化。盛装水样的容器不可用塑料容器。塑料容器在制造加工过程中需加入有机催化剂、引发剂、增塑剂和添加剂等，容易产生有机污染。同时交联度低且具有许多微孔的软质塑料容器容易吸附水样中的有机物，使结果偏低。所以，盛装水样的容器不可用塑料容器，应使用磨口的玻璃仪器。并且所用的玻璃器皿不能用洗涤剂清洗，以免影响 COD 测定。水样如不能立即分析时，应加入硫酸至 pH<2，置 4 ℃下保存，但保存时间不多于 5 天。

四、实验内容

1. 高锰酸钾法

（1）在 250 mL 锥形瓶中加入蒸馏水 100 mL 和 1∶2 的 $H_2SO_4$ 10 mL，用移液管加入 0.013 mol·$L^{-1}$ $Na_2C_2O_4$ 标准溶液 10.00 mL，摇匀，在 70～80 ℃水浴中，用 0.005 mol·$L^{-1}$ $KMnO_4$ 溶液滴定至溶液呈微红色，30 s 内不褪色即为终点。记下 $KMnO_4$ 溶液的消耗量 $V_c$。平行测定三次。

（2）在 250 mL 锥形瓶中加入蒸馏水 100 mL 和 1∶2 $H_2SO_4$ 10 mL，在 70～80 ℃水浴中用 0.005 mol·$L^{-1}$ $KMnO_4$ 溶液滴定至溶液呈微红色，30 s 内不褪色即为终点。记下 $KMnO_4$ 溶液的消耗量 $V_0$。平行测定三次。

（3）移取适量水样于 250 mL 锥形瓶中，用蒸馏水稀释至 100 mL，加 $H_2SO_4$ 溶液（1∶2）10 mL，再加入 10% 的硝酸银溶液 5 mL，以除去水样中的 $Cl^-$（当水样中 $Cl^-$ 浓度很小时，可以不加 $AgNO_3$），摇匀后，借助滴定管准确加入 0.005 mol·$L^{-1}$ $KMnO_4$ 溶液 10.00 mL（$V_1$），将锥形瓶置于沸水浴中加热直至沸腾 30 min，氧化需氧污染物。稍冷后（约 80 ℃），加 0.013 mol·$L^{-1}$ $Na_2C_2O_4$ 标准溶液 10.00 mL 对剩余的 $KMnO_4$ 进行还原，摇匀（此时溶液变回原本的无色状态），在 70～80 ℃的水浴中用 0.005 mol·$L^{-1}$ $KMnO_4$ 溶液对过量的 $Na_2C_2O_4$ 进行回滴，直至溶液呈现微红色，30 s 内不褪色即为终点，记录消耗的 0.005 mol·L$^{-1}$ KMnO$_4$ 标准溶液的消耗量 $V_2$。平行测定三次。

注意：水样量根据在沸水浴中加热反应 30 min 后，应剩下加入量一半以上的 0.005 mol·L$^{-1}$ 高锰酸钾溶液量来确定。

2. 重铬酸钾法

(1) 不同浓度重铬酸钾标准溶液的配制

① 浓度为 $c\left(\frac{1}{6}K_2Cr_2O_7\right)=0.250$ mol·L$^{-1}$ 的 K$_2$Cr$_2$O$_7$ 标准溶液的配制：将优级纯 K$_2$Cr$_2$O$_7$ 基准试剂于 105 ℃ 干燥 2 h，缓慢冷却至室温，取烘干后的 K$_2$Cr$_2$O$_7$ 12.2579 g 溶于烧杯中，加入 250 mL 水，充分搅拌后，缓慢加入 50 mL H$_2$SO$_4$，搅拌至 K$_2$Cr$_2$O$_7$ 完全溶解，待溶液冷却后转移至 1000 mL 容量瓶中，用水冲洗烧杯 2~3 次，并用水定容至标线。

② 浓度为 $c\left(\frac{1}{6}K_2Cr_2O_7\right)=0.0250$ mol·L$^{-1}$ 的重铬酸钾标准溶液的配制：取 100 mL 0.250 mol·L$^{-1}$ 的重铬酸钾标准溶液，稀释定容至 1000 mL 容量瓶中。

(2) 不同浓度 (NH$_4$)$_2$Fe(SO$_4$)$_2$ 标准溶液的配制

① 浓度约为 0.10 mol·L$^{-1}$ 的 (NH$_4$)$_2$Fe(SO$_4$)$_2$ 溶液的配制：称取 39.5 g (NH$_4$)$_2$Fe(SO$_4$)$_2$·6H$_2$O 溶解于水中，边搅拌边缓慢加入 20 mL 硫酸 (18.4 mol·L$^{-1}$)，待其溶解冷却后移至容量瓶并加水稀释定容至 1000 mL，混合均匀。

② (NH$_4$)$_2$Fe(SO$_4$)$_2$ 溶液的标定：移液管准确移取 10.00 mL 浓度为 0.250 mol·L$^{-1}$ 的 K$_2$Cr$_2$O$_7$ 标准溶液置于锥形瓶中，用水稀释至约 100 mL，加入 30 mL H$_2$SO$_4$ (18.4 mol·L$^{-1}$)，混匀，冷却后，加 3 滴 (约 0.15 mL) 试亚铁灵指示剂，用 0.10 mol·L$^{-1}$ (NH$_4$)$_2$Fe(SO$_4$)$_2$ 滴定，溶液的颜色由黄色经蓝绿色变为红褐色，即为终点。记录下 (NH$_4$)$_2$Fe(SO$_4$)$_2$ 的消耗量 $V$(mL)。由于 (NH$_4$)$_2$Fe(SO$_4$)$_2$ 溶液不稳定，使用前须用 K$_2$Cr$_2$O$_7$ 标准溶液重新标定 (NH$_4$)$_2$Fe(SO$_4$)$_2$ 溶液的浓度，标定时须做平行实验。

(NH$_4$)$_2$Fe(SO$_4$)$_2$ 标准溶液浓度的计算：

$$c_{(NH_4)_2Fe(SO_4)_2}=\frac{10.0\times 0.250}{V}=\frac{2.50}{V}$$

③ 浓度为 0.010 mol·L$^{-1}$ 的 (NH$_4$)$_2$Fe(SO$_4$)$_2$ 标准溶液的配制：将 0.10 mol·L$^{-1}$ 的 (NH$_4$)$_2$Fe(SO$_4$)$_2$ 标准溶液稀释 10 倍，其滴定步骤及浓度计算同上。

(3) 浓度为 2.0824 mmol·L$^{-1}$ 邻苯二甲酸氢钾标准溶液的配制

称取 105 ℃ 时干燥 2 h 后冷却的邻苯二甲酸氢钾 0.4251 g 溶于水，稀释定容至 1000 mL，混匀。以 K$_2$Cr$_2$O$_7$ 为氧化剂，将邻苯二甲酸氢钾完全氧化的 COD 值为 1.176 g 氧·g$^{-1}$ (指 1 g 邻苯二甲酸氢钾耗氧 1.176 g)，故该标准溶液的理论 COD 值为 500 mg·L$^{-1}$。

(4) 试亚铁灵指示剂 [三 (1,10-菲咯啉) 硫酸铁溶液] 的配制

称取 0.695 g 七水合硫酸亚铁、1.485 g 的 1,10-菲咯啉溶于 50 mL 蒸馏水中，搅拌至溶解，加蒸馏水稀释至 100 mL，贮于棕色瓶内。

(5) 水样的测定

取 20 mL($V_s$) 混合均匀的水样（该方法测定上限为 700 mol·L$^{-1}$，浓度高时则取适量水样稀释至 20 mL）置于 250 mL 磨口回流锥形瓶中，移液管准确加入 10.0 mL 0.250 mol·L$^{-1}$ 的 $K_2Cr_2O_7$ 标准溶液和几粒防暴沸玻璃珠，连接磨口回流冷凝管，接通冷凝水。从冷凝管上端缓慢加入 30 mL $Ag_2SO_4$-$H_2SO_4$ 试剂，以防止低沸点有机物的逸出，轻轻摇动锥形瓶使溶液混合均匀。开启加热装置，自溶液沸腾时开始计时，加热回流 2 h。说明：①摇动锥形瓶使溶液混匀时，一边加 $Ag_2SO_4$-$H_2SO_4$ 溶液一边摇匀，该过程中会放热；②开始加热后，可以在冷凝管上口盖一个小烧杯，否则放置溶液沸腾挥发时，不能完全冷凝进入锥形瓶中，从而引起有机物蒸发损失；③加热 2 h，加热时应始终使溶液保持沸腾状态，加热时间短会造成结果偏低；④溶液显绿色原因：溶液中还原性物质与 $K_2Cr_2O_7$ 反应得到 $Cr^{3+}$ 的颜色。对于污染严重的水样，可选取所需体积 1/10 的试料和 1/10 的试剂，放入 10 mm×150 mm 硬质玻璃试管中。摇匀后，用酒精灯加热至沸数分钟，观察溶液是否变成蓝绿色。如呈蓝绿色，应再适当取少量试料，重复以上实验，直至溶液不变蓝绿色为止，从而确定待测水样适当的稀释倍数。

关闭加热装置，冷却后，用 90 mL 水自上而下冲洗冷凝管内壁，取下锥形瓶后，可以再加水稀释，使溶液总体积不少于 140 mL。说明：①冲洗冷凝管过程是放热过程，应缓慢摇匀锥形瓶；②必须加水稀释，如果不稀释会因酸度过大，滴定终点不明显。溶液冷却至室温后，加入 3 滴试亚铁灵指示剂溶液，用 $(NH_4)_2Fe(SO_4)_2$ 标准溶液滴定，溶液的颜色由黄色经蓝绿色变为红褐色即为终点。记下 $(NH_4)_2Fe(SO_4)_2$ 标准溶液的消耗体积 $V_1$。

空白实验：测定水样的同时，取 20 mL 蒸馏水，按上述同样操作做空白实验。记录滴定空白时 $(NH_4)_2Fe(SO_4)_2$ 标准溶液的消耗体积 $V_0$。

校核试验：取试料于锥形瓶中，或取适量试料加水至 20.0 mL。按测定试料提供的方法分析 20.0 mL 邻苯二甲酸氢钾（2.0824 mmol·L$^{-1}$）标准溶液的 COD 值，用来检验操作技术及试剂纯度。该溶液的理论 COD 值为 500 mg·L$^{-1}$，如果校核试验的结果大于该值的 96%，即可认为实验步骤基本上是适宜的，否则，必须寻找失败的原因，重复实验，使之达到要求。

说明：在特殊情况下，需要测定的试料在 10.0～50.0 mL 之间，试剂的体积或质量要按表 5-19 作相应调整；对于 COD 值小于 50 mg·L$^{-1}$ 的水样，应采用低浓度重铬酸钾标准溶液（0.025 mol·L$^{-1}$）氧化、加热回流以后，采用 0.010 mol·L$^{-1}$ $(NH_4)_2Fe(SO_4)_2$ 标准溶液回滴。

表 5-19 不同取样量采用的试剂用量

| 样品量 /mL | 0.250 mol·L$^{-1}$ $K_2Cr_2O_7$/mL | $Ag_2SO_4$-$H_2SO_4$ /mL | $HgSO_4$/g | $(NH_4)_2Fe(SO_4)_2$ /mol·L$^{-1}$ | 滴定前体积 /mL |
|---|---|---|---|---|---|
| 10.0 | 5.0 | 15 | 0.2 | 0.05 | 70 |
| 20.0 | 10.0 | 30 | 0.4 | 0.10 | 140 |
| 30.0 | 15.0 | 45 | 0.6 | 0.15 | 210 |

续表

| 样品量/mL | 0.250 mol·L$^{-1}$ K$_2$Cr$_2$O$_7$/mL | Ag$_2$SO$_4$-H$_2$SO$_4$/mL | HgSO$_4$/g | (NH$_4$)$_2$Fe(SO$_4$)$_2$/mol·L$^{-1}$ | 滴定前体积/mL |
|---|---|---|---|---|---|
| 40.0 | 20.0 | 60 | 0.8 | 0.20 | 280 |
| 50.0 | 25.0 | 75 | 1.0 | 0.25 | 350 |

### 五、数据记录与处理

1. 高锰酸钾法

按下式以 mg·L$^{-1}$ 为单位计算 COD$_{Mn}$：

$$\text{COD}_{\text{Mn}} = \frac{[(V_1+V_2-V_0)f-10.00] \times c(\text{Na}_2\text{C}_2\text{O}_4) \times 32.00 \times 1000}{V_s}$$

式中，$f=10.00/(V_c-V_0)$，即每毫升 KMnO$_4$ 相当于 $f$(mL) Na$_2$C$_2$O$_4$ 标准溶液；$V_s$ 为水样体积（mL）；32.00 为氧气的摩尔质量（g·mol$^{-1}$）；1000 为质量换算系数。

2. 重铬酸钾法

(1) 计算方法  以 mg·L$^{-1}$ 为单位的水样化学需氧量，计算公式如下：

$$\text{COD}(\text{mg·L}^{-1}) = \frac{c(V_0-V_1) \times 8 \times 1000}{V_s}$$

式中，$c$ 为硫酸亚铁铵标准溶液的浓度，mol·L$^{-1}$；$V_0$ 为空白实验所消耗的硫酸亚铁铵标准溶液的体积，mL；$V_1$ 为水样测定所消耗的硫酸亚铁铵标准溶液的体积，mL；$V_s$ 为水样的体积，mL；8 为 1/4 O$_2$ 的摩尔质量，g·mol$^{-1}$；1000 为质量换算系数。

测定结果一般保留三位有效数字，对 COD 值小的水样，当计算出的 COD 小于 10 mg·L$^{-1}$ 时，应表示为"COD<10 mg·L$^{-1}$"。

(2) 精密度  标准溶液测定的精密度：42 个不同的实验室测定的 COD 值为 500 mg·L$^{-1}$ 的邻苯二甲酸氢钾标准溶液，其标准偏差为 20 mg·L$^{-1}$，相对标准偏差为 4.0%。

工业废水 COD 测定的精密度见表 5-20。

表 5-20  工业废水 COD 测定的精密度

| 工业废水类型 | 参加验证的实验室个数 | COD 平均值/mg·L$^{-1}$ | 实验室内相对标准偏差/% | 实验室间相对标准偏差/% | 实验室间总相对标准偏差/% |
|---|---|---|---|---|---|
| 有机废水 | 5 | 70.1 | 3.0 | 8.0 | 8.5 |
| 石化废水 | 8 | 398 | 1.8 | 3.8 | 4.2 |
| 染料废水 | 6 | 603 | 0.7 | 2.3 | 2.4 |
| 印染废水 | 8 | 284 | 1.3 | 1.8 | 2.3 |
| 制药废水 | 6 | 517 | 0.9 | 3.2 | 3.3 |
| 皮革废水 | 9 | 691 | 1.5 | 3.0 | 3.4 |

## 六、思考题

1. 哪些因素影响 COD 测定的结果，为什么？
2. 高锰酸钾法中可以采用哪些方法避免废水中 $Cl^-$ 对测定结果的影响？
3. 重铬酸钾法的 COD 的计算公式中，为什么用空白值（$V_0$）减去水样值（$V_1$）？

## 实验 26　12-硅钨酸及其杂多蓝的制备

### 一、实验目的

1. 了解多金属氧酸盐的发展历程；
2. 掌握 12-硅钨酸的制备方法；
3. 学习萃取分离操作。

### 二、实验原理

多金属氧酸盐，简称多酸，是在一定 pH 值条件下，将含氧酸盐进行缩合脱水而成，可分成同多酸和杂多酸两种。其中同多酸是由一种含氧酸盐缩合脱水而成，而杂多酸是由两种或者两种以上含氧酸盐经脱水而成。目前，人们研究较多的两种常见类型为 Keggin 结构的阴离子 $[XM_{12}O_{40}]^{m-}$ 和 Dawson 结构的阴离子 $[X_2M_{12}O_{62}]^{m-}$（图 5-12）。

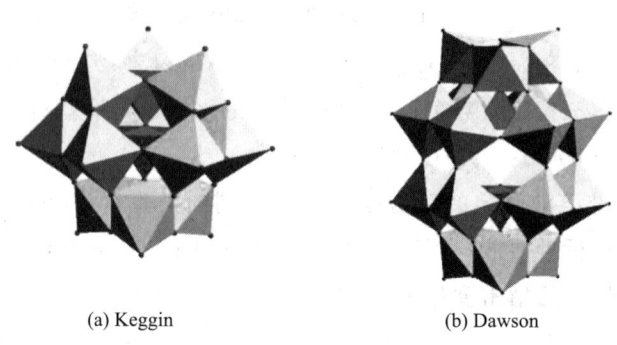

(a) Keggin　　　　　　(b) Dawson

图 5-12　多金属氧酸盐的 Keggin 和 Dawson 结构

多酸化学距今已经历经两百余年的发展，其结构早已超越上述两种经典结构类型，组成元素也得到很大扩展，可涵盖元素周期表上的 70 多种元素。多酸前期因其化学组成以及独特的结构，拥有强酸性和强氧化性，一直作为工业催化剂。随着人们对多金属氧酸盐的深入研究，大量的多酸化合物被合成出来，这些新型的多酸化合物结构多样，而且具有独特的光电磁特性，在医药、催化、材料和能源领域均具有广泛的应用。

本实验利用硅钨酸在强酸溶液中易与乙醚生成加合物，而被乙醚萃取的性质来制备 12-硅钨酸。在碱性溶液中，钨以正钨酸根离子（$WO_4^{2-}$）存在，当溶液逐渐酸化时，便逐渐聚合成各种同多酸阴离子（表 5-21）。

表 5-21　多种钨同多酸阴离子

| $H^+$ 与 $WO_4^{2-}$ 摩尔比 | 同多酸阴离子 |
| --- | --- |
| 1.14 | $[W_7O_{24}]^{6-}$ 仲钨酸根（A）离子 |
| 1.17 | $[W_{12}O_{42}H_2]^{10-}$ 仲钨酸根（B）离子 |
| 1.50 | $\alpha\text{-}[H_2W_{12}O_{40}]^{6-}$ 偏钨酸根离子 |
| 1.60 | $[W_{10}O_{32}]^{4-}$ 十钨酸根离子 |
| 1.67 | $[W_6O_{19}]^{2-}$ 六钨酸根离子 |

若在钨酸根离子 $WO_4^{2-}$ 被酸化的过程中，加入一定量的磷酸盐或硅酸盐，则可聚合生成有固定组成的钨杂多酸离子，如 $[PW_{12}O_{40}]^{3-}$、$[SiW_{12}O_{40}]^{4-}$ 等。这类具有代表性的 12-钨杂多酸阴离子 $[XW_{12}O_{40}]^{m-}$ 的晶体结构为 Keggin 结构。在这种结构中，每 3 个 $WO_6$ 八面体两两共边形成一组共顶三聚体，4 组这样的三聚体又各通过其他 6 个顶点两两共顶相连，构成多面体结构。处于中心的 X 杂原子则分别与 4 组三聚体的 4 个共顶氧原子连接，形成 $XO_4$ 四面体。

$$12Na_2WO_4 + Na_2SiO_3 + 26HCl \longrightarrow H_4SiW_{12}O_{40} + 26NaCl + 11H_2O$$

此外，杂多阴离子还可以通过不同数目的电子介入而还原形成杂多蓝。杂多蓝是一类混合价态的配合物，通常含有 $M^V$ 和 $M^{VI}$（如 M＝Mo、W 等），不论母体颜色如何，引入电子后颜色通常表现为蓝色，因而称为杂多蓝。杂多蓝在结构上仍保持其氧化母体的结构特征，但却具有热稳定性高、稳定存在的 pH 值范围宽等优点，具有广泛的应用前景。

早期制备杂多蓝使用化学还原法，即采用各种还原试剂与杂多酸进行氧化还原反应而制得杂多蓝。主要使用 $SnCl_2$、Cr(Ⅱ)、V(Ⅱ)、Fe(Ⅱ)、Zn＋HCl、抗坏血酸和肼等还原试剂。然而，用化学还原法容易使产物混入杂原子并且难于分离。例如下述反应：

$$O(\alpha\text{-}SiMo_{12}) \xrightarrow{Sn(Ⅱ)} Ⅳ(\alpha\text{-}SiMo_{10}Sn_2)$$

式中，O 指未还原的杂多酸；Ⅳ 指四电子还原产物。

从 20 世纪 60 年代开始，科学家们尝试使用电解还原制备杂多蓝，但这种方法也存在制备周期长、条件苛刻、难于控制等缺点。而光化学合成法与上述方法比较，具有反应条件温和、选择性强和转化率高等优点。例如，在光照过程中，有机基团中的电子在光激发下，由有机分子转移到 $[SiW_{12}O_{40}]^{4-}$ 的 $W^{6+}$ 上，12-硅钨酸杂多阴离子就可被还原形成杂多蓝。

### 三、仪器与试剂

仪器：电子天平、恒温水浴、磁力搅拌器、酒精灯、坩埚钳、蒸发皿、滤纸、布氏漏斗、抽滤瓶、循环水真空泵、剪刀、玻璃棒、铁架台、铁圈、石棉网、烧杯、量筒、分液漏斗、450W 高压汞灯、红外光谱仪、紫外-可见光谱仪等。

试剂：钨酸钠（$Na_2WO_4 \cdot 2H_2O$, s）、偏硅酸钠（$Na_2SiO_3 \cdot 9H_2O$, s）、浓盐酸、乙醚、盐酸（6 mol·$L^{-1}$）、去离子水、溴化钾（KBr, s）、乙醇。

## 四、实验内容

### 1. 12-硅钨酸的制备与表征

称取 5.0 g $Na_3WO_4 \cdot 2H_2O$ 和 0.35 g $Na_2SiO_3 \cdot 9H_2O$，溶于 10 mL 去离子水中，加热搅拌使其溶解，在微沸下缓慢滴加 2 mL 浓盐酸（1~2 滴/s），同时不断搅拌。注意：搅拌需相对剧烈，加浓盐酸的速度要慢一些，防止局部酸浓度过大，从而产生较多硅酸而使产量降低。开始滴入盐酸时，可能有黄色钨酸或白色硅酸沉淀出现，继续滴加盐酸，直至不再有沉淀时，便可停加盐酸（此过程需约 10 min）。继续加热搅拌 30 min 后，将混合物冷却至室温。

将冷却后的全部溶液转移到分液漏斗中，并加入 4 mL 乙醚，再加入 1 mL 盐酸（6 $mol \cdot L^{-1}$），充分振荡萃取后静置，溶液分三层。分出下层油状物到另一个分液漏斗中，再加入 2 mL 浓盐酸、4 mL 去离子水和 2 mL 乙醚，剧烈振荡后静置（此时油状物应澄清无色，如颜色偏黄可继续萃取一两次），分出澄清的下层第三相于蒸发皿中，加入少量蒸馏水（15~20 滴），在 60 ℃水浴蒸发浓缩，直至液体表面有晶膜出现为止。冷却至室温，待乙醚挥发后，得到无色透明的 12-硅钨酸晶体，减压过滤后，吸干滤液称重。

取少量较纯净的、空气中自然干燥后的 12-硅钨酸晶体产物，加入 100~200 倍的溴化钾，研细后压片，测试红外光谱鉴定其纯度及结构。

### 2. 12-硅钨酸杂多蓝的制备与表征

称取上述制备的 1.0 g 12-硅钨酸晶体，加入 10 mL 乙醇和 10 mL 去离子水溶解。在不断搅拌的条件下，用 450 W 高压汞灯连续照射 1 h，最终得到还原态的 12-硅钨酸杂多蓝。

取少量上述 12-硅钨酸杂多蓝溶液，进行紫外可见光谱测试。并且对比 12-硅钨酸在紫外光照射前的紫外可见光谱，分析两者紫外区和可见光区吸收峰的区别。

## 五、实验结果与数据处理

1. 12-硅钨酸的产品外观：＿＿＿＿＿＿；产品质量（g）：＿＿＿＿＿＿；产率（%）：＿＿＿＿＿＿。
2. 使用 Origin 软件作图，绘制 12-硅钨酸的红外光谱，并指认相关特征吸收峰填入表 5-22。

表 5-22 特征峰相关数据记录

| 项目 | 特征峰 1 | 特征峰 2 | 特征峰 3 | 特征峰 4 |
|---|---|---|---|---|
| 所在峰位置/$cm^{-1}$ |  |  |  |  |
| 代表基团类型 |  |  |  |  |

3. 使用 Origin 软件作图，绘制 12-硅钨酸杂多蓝和 12-硅钨酸的紫外可见光谱。对比其紫外光照射前的溶液，分析两者紫外区和可见光区吸收峰的区别。

## 六、思考题

1. 12-硅钨酸具有典型的催化性能，试举一例说明。

2. 12-硅钨酸萃取分离时，静置后溶液分三层，请问每层各为什么物质？
3. 制备 12-硅钨酸过程中，使用乙醚时有哪些注意事项？
4. 制备 12-硅钨酸时，能否用硫酸、醋酸或硝酸替换盐酸？

## 实验 27  氧化石墨烯的制备及表征

### 一、实验目的

1. 掌握氧化石墨烯的制备原理和技术；
2. 了解氧化石墨烯的基本结构和物性；
3. 通过 XRD 表征加深对氧化石墨烯结构的认识。

### 二、实验原理

2004 年，英国曼彻斯特大学的两位科学家安德烈·海姆（Andre Geim）和康斯坦丁·诺沃肖洛夫（Konstantin Novoselov）以石墨为原料，通过胶带反复粘贴剥离石墨片获得了仅有一层碳原子构成的薄片，即为石墨烯（graphene）。至此，石墨烯的发现，成为继富勒烯和碳纳米管以来的新型二维碳材料。除了用胶带反复粘贴剥离以外，现在还有很多其他的石墨烯制备方法，如机械剥离法、外延生长法、化学剥离法、化学气相沉积法等。而氧化石墨烯（graphene oxide）是在单层石墨烯材料的制备和研究过程中产生的一种重要的石墨烯衍生物，是石墨粉末经化学氧化及剥离后的产物。

氧化石墨烯是单一的原子层，可在横向尺寸上扩展到数十微米，其结构跨越了一般化学和材料科学的典型尺度。氧化石墨烯是由羧基、羰基、羟基、环氧基等含氧官能团组成的单层石墨烯片（图 5-13），表面呈褶皱状但仍保持石墨的层状结构，是石墨烯的衍生物。含氧官能团的量随氧化程度的升高而增多，而这些氧基功能团的引入使得单一的石墨烯结构变得非常复杂。

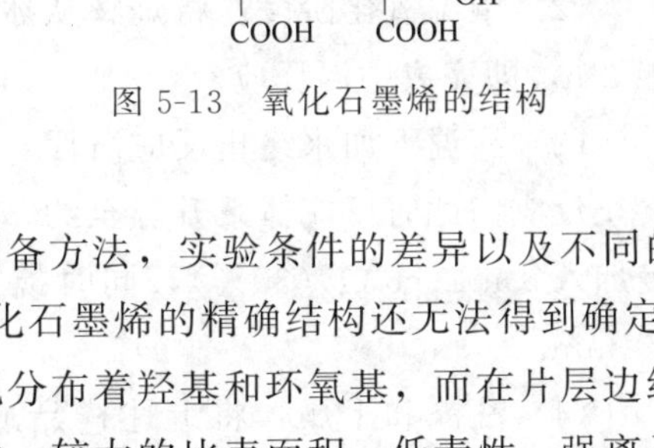

鉴于氧化石墨烯在石墨烯材料领域中的地位，许多科学家试图对氧化石墨烯的结构进行详细和准确的描述，以便有利于进一步研究石墨烯材料。虽然已经利用了计算机模拟、拉曼光谱、核磁共振等

图 5-13  氧化石墨烯的结构

手段对其结构进行分析，但由于种种原因（不同的制备方法，实验条件的差异以及不同的石墨来源对氧化石墨烯的结构都有一定的影响），氧化石墨烯的精确结构还无法得到确定。目前普遍接受的结构模型是在氧化石墨烯片层上随机分布着羟基和环氧基，而在片层边缘则引入了羧基和羰基。氧化石墨烯具有优异的亲水性、较大的比表面积、低毒性、强离子交换能力的特点，因此具有良好的与其他材料复合的能力。氧化石墨烯因其独特的结构和出众的物理、化学性能，在透明导电薄膜、传感器、电子器件、生物医药、能源储存等领

域具有广阔的应用。

目前，制备氧化石墨烯的方法主要有 Brodie 法、Staudenmaier 法和 Hummers 法等。Hummers 法的制备过程不使用硝酸和 $KClO_3$，而是将硝酸钠和高锰酸钾溶解到浓硫酸中制备氧化石墨烯。与其他方法相比，Hummers 法因具有反应简单、时效性相对较好、安全性较高等特点而成为应用最为广泛的方法之一。本实验采用改进的 Hummers 法对膨胀石墨粉进行氧化处理制备氧化石墨，后经超声剥离得到氧化石墨烯，即石墨在浓强酸介质中（如浓 $H_2SO_4$、浓 $HNO_3$）被氧化剂（如 $H_2O_2$、$KMnO_4$ 等）氧化，再经插入、高温膨胀等化学过程制得。制备过程可分为三个阶段：低温插层阶段，硫酸在高锰酸钾协同作用下与石墨形成一阶硫酸-石墨层间化合物；中温氧化阶段，高锰酸钾的强氧化作用使一阶硫酸-石墨层间化合物发生进一步氧化，并破坏石墨碳 $sp^2$ 杂化结构；高温下加水终止反应阶段，置换出硫酸氢根离子并增加石墨片层间距从而产生剥离效果，此外还涉及共价硫酸盐的水解，以及与水反应生成含氧官能团的过程。

## 三、仪器与试剂

仪器：电子天平、磁力搅拌器、真空干燥箱、高速离心机、烧杯、量筒、玻璃棒、表面皿、超声分散仪、广泛 pH 试纸、冰水浴装置、恒温油浴、X 射线粉末衍射仪等。

试剂：膨胀石墨（50 目或 80 目，纯度＞98%）、$NaNO_3(s)$、浓硫酸、$KMnO_4(s)$、$H_2O_2$（30%）、盐酸（5%）溶液、去离子水。

## 四、实验内容

1. 氧化石墨烯的制备

（1）低温插层阶段：在 250 mL 洁净干燥的烧杯中放入磁子，并加入 22 mL 浓硫酸。随后将烧杯放入冰水浴中，打开磁力搅拌装置。待烧杯中浓硫酸的温度冷却至 0 ℃ 左右，再加入 0.5 g 膨胀石墨和 0.5 g $NaNO_3(s)$，继续搅拌 20 min。随后，在搅拌的同时缓慢加入 3 g $KMnO_4(s)$（历时约 30 min，注意要缓慢多次少量地加入 $KMnO_4$），形成墨绿色油状物 $Mn_2O_7$。该物质具有强氧化性，不稳定且容易爆炸分解为 $MnO_2$ 和氧气（其熔点为 5.9 ℃，95 ℃易爆炸）。在冰水浴下继续搅拌反应 2 h，此时溶液的颜色将呈现紫绿色。同时注意控制搅拌速度，防止强酸性、强氧化性溶液飞溅出来。

（2）中温氧化阶段：将烧杯从冰水浴中取出，放入 35 ℃ 左右的恒温油浴中，继续搅拌 2 h，即完成中温反应。

（3）高温下加水终止反应阶段：使用玻璃棒不断搅拌下，缓慢加入 60 mL 去离子水终止反应。此时反应体系升温至约 95 ℃，再不断搅拌 1 h，反应体系的颜色呈亮黄色。缓慢加入 8 mL $H_2O_2$（30%），同时搅拌至没有气泡再冒出，再将所得样品充分超声剥离 30 min。

（4）洗涤和干燥：将上述样品通过高速离心机，用盐酸（5%）溶液洗涤 3 次，再用去离子水洗涤若干次直至 pH 接近中性即可，最终得到氧化石墨烯的均匀分散液。将部分氧化石墨烯分散液置于表面皿中，60 ℃ 真空干燥 24 h，即可得到干燥的氧化石墨烯。

## 2. 氧化石墨烯的表征

对所制得的干燥氧化石墨烯样品进行 X 射线粉末衍射（PXRD）表征，并与膨胀石墨的 PXRD 谱图对比，分析其特征衍射峰所在位置。

## 五、实验结果与数据处理

1. 氧化石墨烯产品外观：_____；产品质量（g）：_____。
2. 使用 Origin 软件作图，对比氧化石墨烯和膨胀石墨的 PXRD 谱图，分析氧化石墨烯的特征衍射峰。

## 六、思考题

1. 根据所知氧化石墨烯的结构和物性，你认为氧化石墨烯具有怎样的性质和用途？
2. 查阅文献，讨论如何优化氧化石墨烯的制备方法。其他制备方法中使用的氧化剂有哪些？
3. 在氧化石墨烯制备过程中，加入 $H_2O_2$ 的作用是什么？

# 实验 28　MXene 材料的制备及表征

## 一、实验目的

1. 了解 MXene 材料的分类，认识 MXene 的基本结构和物性；
2. 掌握 $Ti_3C_2T_x$ MXene 的制备原理和技术。

## 二、实验原理

二维材料具有厚度远小于其他两个维度的结构特点，其表面结构、电子能级和态密度相对于体相材料都发生了显著变化，从而显示出独特的电子、力学和光学等特性，这使得二维材料被广泛应用于各个领域。目前所研究的二维材料包括完全由单元素组成的石墨烯、硅烯、锗烯和磷烯等，还包括具有双元素组分的过渡金属硫族化合物和氧化物以及由更多元素组成的黏土等。

2011 年美国 Drexel 大学的 Gogotsi 教授和 Barsoum 教授合作发现了一种新型的二维类石墨烯过渡金属碳化物、氮化物、碳/氮化物 MXene 材料。该类材料具有独特的二维层状结构、较大的比表面积及良好的导电性、稳定性、磁性和力学性能，已广泛应用于储能、催化、吸附等多个领域。其化学式为 $M_{n+1}X_nT_x$，其中 $n=1$、2、3，M 为前过渡金属元素（如 Ti、Sc、Zr、Nb 等），X 为碳或/和氮元素，$T_x$ 为表面官能团（如—OH、—O、—F 等）。MXene 材料的前驱体为 MAX 相材料，是一类三元层状化合物，由交替排列的 $M_{n+1}X_n$ 片层与紧密堆积的 A 原子层连接而成，化学式为 $M_{n+1}AX_n$，其中 M、X、$n$ 与上述相同，A 为Ⅲ或Ⅳ主族元素。M—X 原子层间主要是共价键和离子键相连，M—A 原子层间主要以金属键相连。与 M—X 键相比，M—A 键结合力较弱，因而 A 层

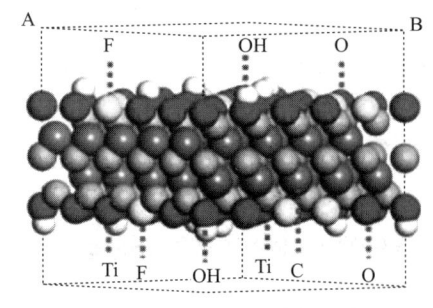

图 5-14 $Ti_3C_2T_x$ 结构示意

原子反应活性比较高，易于剥离。可通过适当的方法，如化学液相蚀刻法，将 A 层从结构中去除，从而获得一种新型的二维堆叠层状结构。目前通过该刻蚀方法已制备得到 20 多种 MXene，包括 $Ti_3C_2T_x$、$Ti_2CT_x$、$Nb_4C_3T_x$ 等，其中 $Ti_3C_2T_x$ 是第一个被制备出来，也是目前研究最深入、最广泛的 MXene 材料（图 5-14）。

本实验以 $Ti_3C_2T_x$ MXene 为例，由于不同的制备方法对所制 $Ti_3C_2T_x$ 的形貌、结构和性能都会产生影响，而不同的应用领域对材料的形貌、结构和性能均会有不同的要求。其中，HF 选择性刻蚀是最早也是最经典的制备二维 MXene 材料的方法，其刻蚀反应式如下：

$$Ti_3AlC_2 + 3HF \longrightarrow AlF_3 + \frac{3}{2}H_2 + Ti_3C_2$$

$$Ti_3C_2 + 2H_2O \longrightarrow Ti_3C_2(OH)_2 + H_2$$

$$Ti_3C_2 + 2HF \longrightarrow Ti_3C_2F_2 + H_2$$

$Ti_3AlC_2$ 基面的 Ti—C 键很强，不容易被腐蚀，而 Ti—Al 键相对较弱，所以 Al 层容易被 HF 刻蚀掉。HF 选择性刻蚀掉 $Ti_3AlC_2$ 中的 Al 元素而放出 $H_2$，得到二维手风琴结构的 $Ti_3C_2$。刚形成的 $Ti_3C_2$ 表面活性较高，Ti 离子为了平衡价态会与周围的水或 HF 发生反应，生成带有—OH 或—F 官能团的 $Ti_3C_2(OH)_2$ 或者 $Ti_3C_2F_2$。但采用 HF 刻蚀会导致 MXene 片层存在纳米尺度的缺陷，且操作上存在危险性。后续发展了 LiF+HCl 混合溶液代替 HF 作为刻蚀剂，避免了强酸的直接接触，从而提高了操作的安全性，并且易获得产率高、横向尺寸大、质量高的 $Ti_3C_2T_x$ MXene。再经后续超声，将多层 $Ti_3C_2T_x$ 剥离成少层或单层 $Ti_3C_2T_x$ MXene 纳米片（图 5-15）。

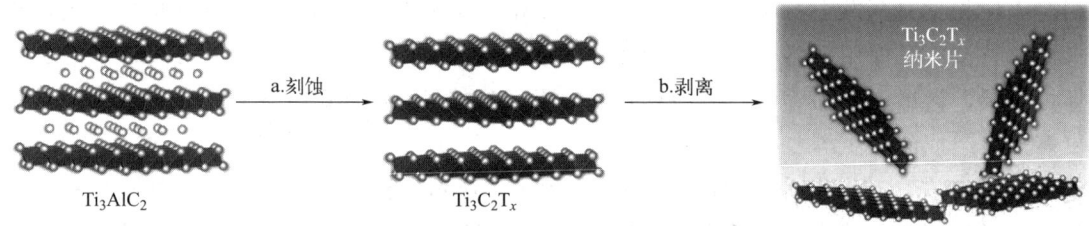

图 5-15 刻蚀-剥离两步法制备少层或单层 $Ti_3C_2T_x$ MXene 示意

## 三、仪器与试剂

仪器：电子天平、磁力搅拌器、油浴装置、真空干燥箱、高速离心机、聚四氟乙烯烧杯、烧杯、量筒、表面皿、超声分散仪、X 射线粉末衍射仪等。

试剂：LiF(s)、浓 HCl、$Ti_3AlC_2$（400 目）、去离子水。

## 四、实验内容

1. 多层 $Ti_3C_2T_x$ 的制备。在洁净干燥的聚四氟乙烯烧杯中放入磁子,加入 10 mL 浓 HCl 和 1.0 g LiF(s) 后,打开磁力搅拌器。注意该反应体系含有 HF 成分,应防止溶液飞溅,并避免与身体接触。待 LiF 完全溶解后,再缓慢加入 1.0 g $Ti_3AlC_2$(400 目),历时约 20 min。随后,将聚四氟乙烯烧杯置于恒温油浴中,在 35 ℃下继续搅拌 24 h。待反应结束后,将产物用去离子水离心洗涤多次,直至滤液接近 pH=6,得到多层 $Ti_3C_2T_x$。

2. 少层或单层 $Ti_3C_2T_x$ 的制备。将上述多层 $Ti_3C_2T_x$ 分散在 20 mL 去离子水中,并在惰性气体保护下的冰水浴中超声分散 1 h,然后将所得分散液在 3500 r·$min^{-1}$ 的转速下离心 50 min,上层分散液即为由少层或单层 $Ti_3C_2T_x$ 片组成的稳定胶体溶液。取一定体积的少层或单层 $Ti_3C_2T_x$ 分散液置于表面皿,60 ℃真空干燥 24 h,即可得到干燥的 $Ti_3C_2T_x$ 粉末。

3. 少层或单层 $Ti_3C_2T_x$ 的表征。对所制得的 $Ti_3C_2T_x$ 和 $Ti_3AlC_2$ 原料进行 X 射线粉末衍射(PXRD)表征,分析 $Ti_3C_2T_x$ 特征衍射峰所在位置。

## 五、实验结果与数据处理

1. $Ti_3C_2T_x$ 产品外观:_____;产品质量(g):_____。

2. 使用 Origin 软件作图,对比 $Ti_3C_2T_x$ 和 $Ti_3AlC_2$ 原料的 PXRD 谱图,分析 $Ti_3C_2T_x$ 的特征衍射峰并指出其层间距变化的原因。

## 六、思考题

1. 多层 $Ti_3C_2T_x$ 剥离时,为何需要在惰性气体保护下的冰水浴中超声?
2. 查阅相关文献,试举一例说明无氟合成路径制备 MXene 材料。
3. 试比较氧化石墨烯和 $Ti_3C_2T_x$ 的异同点。

# 实验29 CdTe 量子点的制备及表征

## 一、实验目的

1. 掌握水相中制备 CdTe 量子点的原理和方法;
2. 了解 CdTe 量子点的常见表征手段。

## 二、实验原理

半导体纳米粒子主要是由ⅡB-ⅥA族元素(CdSe、CdTe、CdS、ZnSe 等)和ⅢA-ⅤA族元素(如 InP、InAs 等)组成的纳米晶体,目前研究较多的主要是 CdX(X=S、Se、Te)类材料。半导体纳米晶材料也可称为半导体量子点,或简称量子点(quantum dots, QDs),其粒径一般介于 1~100 nm 之间。量子点由于电子和空穴被量子限域,连续的能带结构变成具有分子特性的分立能级结构,在紫外或可见光照射下,吸收光子后价带上电子跃迁到导带，电子可以再跃回到价带并放出光子，其发射波长由带隙决定。近年来，量子点由于具有独特的光学和电学性质，而被广泛用于发光二极管、太阳能电池、生物标记与生物成像等领域。

与传统的荧光染料相比，量子点具有以下荧光特性：激发光波长范围很宽；具有可精确调谐的发射波长；具有较大的斯托克斯位移和狭窄对称的荧光谱峰；具有强的抗光漂白特性。此外，可通过控制反应时间、温度、配体来精确控制量子点的尺寸和形状，当量子点尺寸小于它的波尔半径时，量子点的连续能级开始分裂，其能级由量子点的尺寸决定。随着尺寸变小，能级能隙增加，导致荧光发射波长蓝移从而获得不同荧光发射波长的量子点。窄且对称的荧光发射使量子点成为一种理想的多色标记材料，宽且连续的量子点吸收光谱，可只采用一个激发光源就能同时激发一系列波长不同的荧光量子点，而良好的光学稳定性使量子点能够应用于组织成像等领域。

目前，主要有两种量子点制备途径，即有机相制备和水相制备。有机相制备的量子点具有较高的荧光量子产率、较窄的荧光半峰宽、较好的单分散性和稳定性，但存在试剂毒性强、实验成本高、操作安全性低等诸多缺点。而水相制备量子点，则具有试剂无毒廉价，操作简单，环境友好，并有高度重现性的优势。同时，水相制备的量子点还有优越的生物相容性，可以直接应用于生物体系。然而，除 CdTe、HgTe 外，大部分水相制备的量子点发光性能较差，通常需要经过选择性沉淀、紫外光照和改变量子点结构等手段来提高荧光量子产率。

本实验采用一锅煮的水相合成路线，选择空气稳定的亚碲酸钠（$Na_2TeO_3$）作为 Te 源，二水合氯化镉（$CdCl_2 \cdot 2H_2O$）、半胱氨酸、二水合柠檬酸三钠（$C_6H_5Na_3O_7 \cdot 2H_2O$）为原料，不需要使用真空线（schlenk line）就可简单地生成 CdTe 量子点。在反应过程中 Te 源的选择是最关键的，选用空气稳定的亚碲酸钠，可避免形成易被空气中氧气所氧化的 $H_2Te$ 或 NaHTe，本反应按照下述方程式来进行：

$$4TeO_3^{2-} + 3BH_4^- \longrightarrow 4Te^{2-} + 3BO_2^- + 6H_2O$$

$$CdL + Te^{2-} \longrightarrow CdTe + L^{2-}$$

其中，L=L-半胱氨酸。该反应中，亚碲酸离子（$TeO_3^{2-}$）首先被强还原性的硼氢化钠（$NaBH_4$）还原成碲离子（$Te^{2-}$），而 $Te^{2-}$ 进一步和 CdL 反应最终生成 CdTe 量子点。

### 三、仪器与试剂

仪器：电子天平、三颈瓶、冷凝管、加热套、温度计、移液枪、荧光光谱仪、场发射扫描电镜等。

试剂：$Na_2TeO_3(s)$、$NaBH_4(s)$、$CdCl_2 \cdot 2H_2O(s)$、L-半胱氨酸（s）、$C_6H_5Na_3O_7 \cdot 2H_2O(s)$、去离子水。

### 四、实验内容

1. CdTe 量子点的制备

将 45 mL 去离子水注入到 100 mL 三颈瓶中，在搅拌的情况下，分别依次加入

0.16 mmol $CdCl_2 \cdot 2H_2O(s)$、100 mg $C_6H_5Na_3O_7 \cdot 2H_2O(s)$、0.04 mmol $Na_2TeO_3$（存储于冰箱中）和 50 mg L-半胱氨酸，随后缓慢少量多次地加入 400 mg $NaBH_4(s)$，若过快地加入 $NaBH_4(s)$，溶液将迅速反应变成黑色。待上述溶液变为浅绿色后，在三颈瓶上加一个冷凝管，迅速加热至沸腾（可将加热套温度设为 180 ℃）。同时记录溶液在不同时间内经历绿色、橙色、红色的变化过程，最终得到不同粒径的 L-半胱氨酸保护的 CdTe 量子点。实验过程中，要对每个颜色的溶液取样 1mL，并放入冰箱冷藏备用。

2. CdTe 量子点的荧光光谱测试和形貌表征

（1）将上述取得的不同颜色溶液用四倍水稀释，用于荧光光谱测试。需测定样品的激发光谱和发射光谱。

（2）采用场发射扫描电镜对所得不同颜色 CdTe 量子点的形貌进行表征。

### 五、实验结果与数据处理

1. 将实验相关数据记录于表 5-23 中。

表 5-23 数据记录

| CdTe 量子点溶液颜色 | 绿色 | 橙色 | 红色 |
|---|---|---|---|
| 取样时间 | | | |
| 荧光发射光谱峰位置 | | | |

2. 使用 Origin 软件作图，对比不同颜色 CdTe 量子点的荧光激发光谱和发射光谱，并分析不同反应时间所得样品的荧光光谱和形貌的规律性。

### 六、思考题

1. 为什么不同反应间隔取样，得到 CdTe 量子点的尺寸不同？
2. CdTe 量子点制备过程中，L-半胱氨酸的作用是什么？
3. 收集不同颜色 CdTe 量子点溶液后，为何需要放入冰箱冷藏？

## 实验 30　水体中有机污染物的光催化降解

### 一、实验目的

1. 掌握光催化剂的基本概念；
2. 掌握溶胶-凝胶法制备 $TiO_2$ 的合成方法；
3. 了解常见有机污染物的光催化降解原理。

### 二、实验原理

光催化技术是解决能源短缺和环境污染问题的有效方法之一，1972 年 Fujishima 等人

首次报道了 $TiO_2$ 在紫外线照射下分解水生成氢气的现象，极大地促进了光催化领域的发展。而纳米 $TiO_2$ 作为环保型光催化剂，具有光稳定性好、光催化活性强、耐化学腐蚀、价格低廉、无毒性等特点，并且对绝大多数有机化合物具有非常强的吸附和降解能力。因此，纳米 $TiO_2$ 在光解水制氢、抗菌抑癌、废气净化、降解有机污染物、表面亲水疏水性转换等方面具有发展前景。

$TiO_2$ 有 3 种常见晶型，即锐钛矿型、金红石型和板钛矿型，它们的结构单元均为 $TiO_6$ 八面体，当八面体的顶点相连接时属于锐钛矿型，当相邻八面体的边缘相连接属于金红石型，若这两种连接方式同时存在则属于板钛矿型。这 3 种晶型因各自的晶体结构不同，性质也存在巨大差异，其中锐钛矿型和金红石型晶体具有光催化活性。$TiO_2$ 的禁带宽度（也称带隙，$E_g$）为 3.2 eV，相当于波长为 387.5 nm 光子的能量。当有高于其带隙值的光辐射到 $TiO_2$ 上时，价带电子被激发，跃过禁带进入能量更高的空带，当空带中存在电子后便成为导电的能带即导带（CB），而空穴被滞留在价带（VB）上（图 5-16）。$TiO_2$ 通过发生带间跃迁过程形成光生电子（$e^-$）和空穴（$h^+$），随后具有氧化性的空穴（$h^+$）可与吸附在 $TiO_2$ 表面的—OH 和 $H_2O$ 分子发生氧化作用，形成·OH（羟基自由基）；而具有还原性的电子（$e^-$）易被水中的溶解氧等氧化性物质所捕获，生成·$O_2^-$（超氧自由基）。·OH（羟基自由基）和·$O_2^-$（超氧自由基）等活性氧类自由基氧化性极强，几乎能使各种有机物的化学键断裂，可被用于降解有机物、消毒杀菌等。例如，·OH 羟基自由基反应能为 1686.4 kJ·$mol^{-1}$，远远高于有机化合物中各类化学键能，如 C—C(347.3 kJ·$mol^{-1}$)、C—H(414.2 kJ·$mol^{-1}$)、C—N(305.4 kJ·$mol^{-1}$)、C—O(359.8 kJ·$mol^{-1}$)、H—O(464.4 kJ·$mol^{-1}$)、N—H(389.1 kJ·$mol^{-1}$)等，因此可将各种有机物分解为无害的 $CO_2$ 和 $H_2O$，以有机染料（dye）为例，其相关反应机理如下：

$$TiO_2 \xrightarrow{h\nu} TiO_2(e^-, h^+)$$
$$h^+ + OH^- \longrightarrow \cdot OH$$
$$h^+ + H_2O \longrightarrow \cdot OH + H^+$$
$$e^- + O_2 \longrightarrow \cdot O_2^-$$
$$\cdot O_2^- + H_2O \longrightarrow HO_2 \cdot + OH^-$$
$$HO_2 \cdot + e^- + H_2O \longrightarrow H_2O_2 + OH^-$$
$$H_2O_2 + e^- \longrightarrow \cdot OH + OH^-$$
$$H_2O_2 + \cdot O_2^- \longrightarrow O_2 + \cdot OH + OH^-$$
$$\cdot OH + dye \longrightarrow \cdots \longrightarrow CO_2 + H_2O$$
$$\cdot O_2^- + dye \longrightarrow \cdots \longrightarrow CO_2 + H_2O$$

本实验采用溶胶-凝胶法合成 $TiO_2$ 纳米粉体，该合成方法具有反应温度低、设备简单、工艺可控可调、重复性好等特点，因此在材料合成领域具有极大的应用价值，引起了广泛的研究和关注。纳米 $TiO_2$ 的溶胶-凝胶法合成一般以钛醇盐 $Ti(OR)_4$（R = —$C_2H_5$、—$C_3H_7$、—$C_4H_9$）为原料，先将钛醇盐溶于溶剂中形成均相溶液，以保证钛醇盐的水解反应能在分子均匀的水平上进行。由于钛醇盐在水中的溶解度不大，一般选用

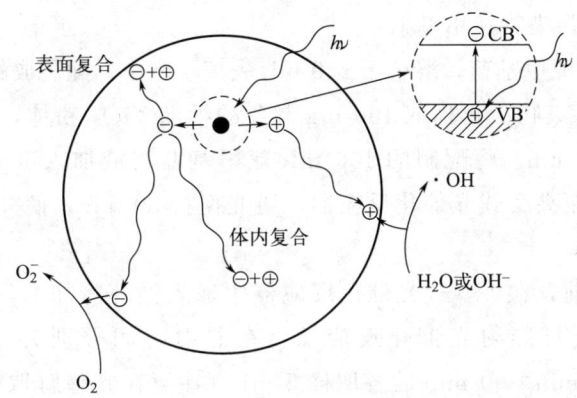

图 5-16　TiO$_2$ 光催化剂光照时载流子的变化历程

醇（如乙醇、丙醇、丁醇等）作为溶剂。钛醇盐与水发生水解反应时，同时发生失水和失醇缩聚反应，使生成物聚集成 1 nm 左右的粒子并形成溶胶；溶胶经陈化后，胶粒间缓慢聚合形成三维空间网络结构的凝胶；再干燥凝胶以除去残余水分、有机基团和有机溶剂，便得到干凝胶；干凝胶研磨后煅烧，除去化学吸附的羟基和烷基基团以及物理吸附的有机溶剂和水，最终得到 TiO$_2$ 纳米粉体。

本实验选用钛酸四丁酯 [Ti(OC$_4$H$_9$)$_4$] 作为 Ti 源制备纳米 TiO$_2$，由于钛酸四丁酯的活性较高，其水解、缩聚反应速率极快，若反应控制不好，易快速产生沉淀，故需加抑制剂减缓其水解速度。常用的抑制剂有盐酸、氨水、硝酸等，从而形成均匀、稳定的溶胶。一般溶胶凝胶法低温合成的 TiO$_2$ 干凝胶为非晶态，需经高温处理才能得到锐钛矿型或金红石型晶体。

### 三、仪器和试剂

仪器：电子天平、磁力搅拌器、恒温水浴、真空干燥箱、马弗炉、125 W 紫外灯、光催化反应器、精密 pH 试纸、烧杯、高速离心机、超声分散、紫外-可见光谱仪等。

试剂：钛酸四丁酯 [Ti(OC$_4$H$_9$)$_4$]、无水乙醇、盐酸（20%）、亚甲基蓝、冰醋酸、去离子水。

### 四、实验内容

1. 纳米 TiO$_2$ 粉体的制备

取一只洁净干燥的烧杯，倒入 35 mL 无水乙醇，打开磁力搅拌器，将 10 mL Ti(OC$_4$H$_9$)$_4$ 缓慢地滴入无水乙醇中，再剧烈搅拌 10 min 后形成 A 溶液。另取一只洁净干燥的烧杯，倒入 35 mL 无水乙醇，将 2 mL 冰醋酸、10 mL 去离子水加入到无水乙醇中得到 B 溶液，并用盐酸（20%）调节溶液的 pH＝3。在剧烈搅拌的条件下，将 A 溶液缓慢滴加到 B 溶液中，滴加完毕后形成透明溶液。随后将该透明溶液在 40 ℃恒温水浴中，搅拌 1 h 得到白色凝胶。再将所得凝胶置于 100 ℃烘箱干燥，经研磨后置于马弗炉中 600 ℃煅烧 2 h，即可得到疏松多孔的白色纳米 TiO$_2$ 粉体。

## 2. 催化降解有机污染物亚甲基蓝

（1）称取 3.0 mg 亚甲基蓝，溶解于 250 mL 去离子水中，配制成的亚甲基蓝（12 mg·L$^{-1}$）溶液模拟有机污染物。再称取 160 mg 制备的纳米 $TiO_2$ 粉体，分散到 100 mL 去离子水中，超声分散 20 min。将配制的 100 mL 亚甲基蓝溶液加入至上述 $TiO_2$ 水溶液中，随后将混合溶液转移至夹套式光催化反应器，避光搅拌 30 min，使 $TiO_2$ 和亚甲基蓝达到吸附平衡。

（2）光降解测试前，在夹套式光催化反应器中通入循环冷却水，其装置图见图 5-17。随后开启 125 W 紫外灯照射光催化反应器，在照射时间分别为 0、15 min、30 min、45 min、60 min、75 min、90 min 后各取样 5 mL（注意在光降解取样过程中不要关闭光源，请自动取样），取样溶液经离心分离后去除纳米 $TiO_2$ 催化剂，得到不同浓度的亚甲基蓝上清液。再测试不同降解时间的亚甲基蓝溶液的紫外-可见光谱，分析亚甲基蓝的降解率。

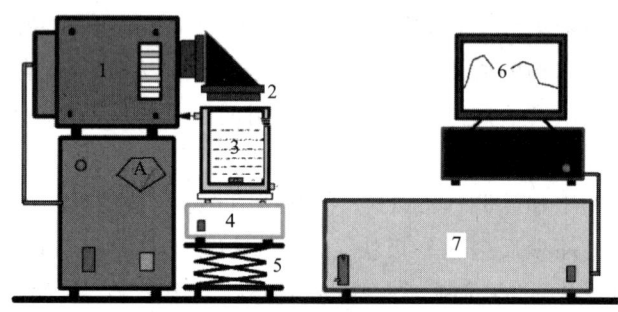

图 5-17 光催化反应器的装置

1—光源发生器；2—紫外光源；3—夹套式光催化反应器；4—磁力搅拌器；5—升降台；
6—计算机；7—紫外-可见光谱仪

### 五、实验结果与数据处理

1. 产品外观：_____；产品质量（g）：_____；产率（%）：_____。

2. 将不同时间间隔取样的亚甲基蓝上清液，根据取样的顺序排列，观察溶液的颜色变化并拍照留存。

3. 将一系列亚甲基蓝上清液进行紫外-可见光谱测试，并在 Origin 软件中作图。

4. 利用下式计算亚甲基蓝的降解率，并以 $A/A_0$ 为纵坐标、光照时间 $T$ 为横坐标作图。

$$降解率 = \frac{A_0 - A}{A_0} \times 100\%$$

式中，$A_0$ 和 $A$ 分别为亚甲基蓝溶液的起始吸光度和降解 $T$ 时间后的吸光度。

### 六、思考题

1. 采用溶胶-凝胶法制备 $TiO_2$ 过程中，为什么所用的玻璃仪器必须干燥？
2. 溶胶-凝胶法制备 $TiO_2$，加入冰醋酸的作用是什么？
3. 本实验选用钛酸四丁酯为原料制备 $TiO_2$，为何不选用四氯化钛？

## 实验 31　储能电极材料 LiMn₂O₄ 的制备及电化学性能表征

### 一、实验目的

1. 了解锂离子电池工作原理；
2. 掌握锂离子电池正极材料 $LiMn_2O_4$ 的制备方法；
3. 初步掌握电化学性能测试的常见方法。

### 二、实验原理

2019 年，诺贝尔化学奖授予 John B. Goodenough、M. Stanley Whittingham 和 Akira Yoshino，以表彰他们在开发锂离子电池（LIB）方面做出的卓越贡献。这种重量轻、可充电、功能强大的电池现在被广泛应用于手机、笔记本电脑和电动汽车等各种产品，并且还可以作为载体来实现太阳能和风能的能量储存，因此锂离子电池被认为是二十一世纪最有前途的新一代储能技术之一。与早期的铅酸蓄电池和镍氢电池相比，锂离子电池具有大比容量、高电压、高功率、高效率并且对环境污染小等优势，在可充电电池市场占据重要地位。

锂离子电池由正极、负极、电解液和隔膜等关键部件组成。放电时，锂离子从锂化的负极材料中脱出，嵌入正极材料。此时负极材料的电势升高，正极材料电势降低，使得整个锂离子电池的电压降低。充电时则过程相反，从而实现化学能与电能之间的转化（图 5-18）。锂离子电池的电化学性能在很大程度上取决于电极中的活性材料，其中的正极材料在储能

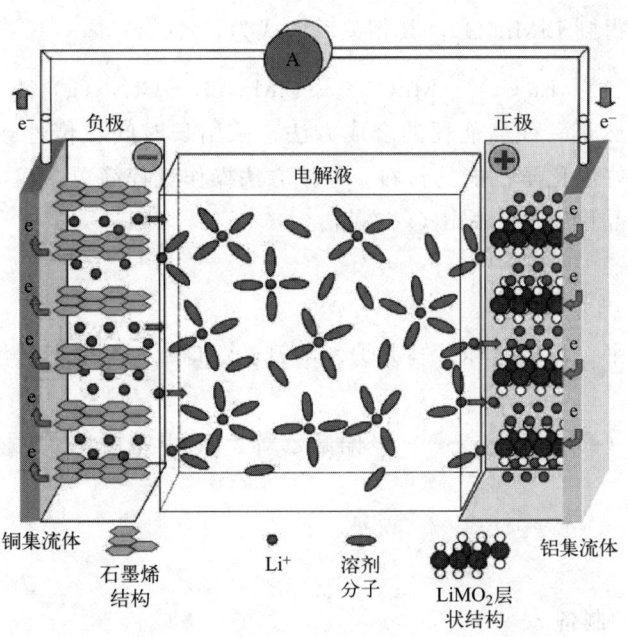

图 5-18　锂离子电池的工作原理

容量、热稳定性和电势等方面起着重要作用,是电池系统中主要的锂离子供体。选择合适的正极材料不仅影响着电池的储锂容量,而且决定了电池的大部分成本,因此设计和制造电学性能优异、价格低廉的正极材料变得至关重要。

目前,正极材料主要是钴系、锰系、镍系的氧化物锂盐,以及橄榄石的磷酸盐及其一系列三元正极材料。锂离子电池的正极材料按结构主要可分为以下三类:层状结构的$LiMO_2$(M=Co、Ni、Mn)正极材料;尖晶石结构的$LiMn_2O_4$正极材料;橄榄石结构的$LiFePO_4$正极材料。

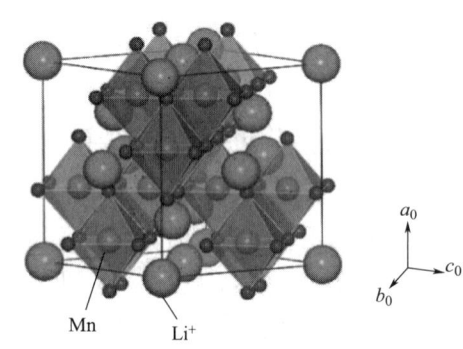

图 5-19　$LiMn_2O_4$ 结构单元示意

由于锰酸锂($LiMn_2O_4$)具有资源丰富、无污染、价格低、电位高、耐过充过放、热稳定性好等优点,被认为是最有发展前途的锂离子电池正极材料之一。$LiMn_2O_4$ 具有尖晶石结构,属于 $Fd3m$ 空间群,其结构如图 5-19 所示。32 个氧原子(O)呈面心立方密堆积,16 个锰原子(Mn)交替位于 O 密堆积的八面体空隙位置,8 个锂原子占据四面体位置,$Mn_2O_4$ 骨架构成了一个利于 $Li^+$ 扩散的四面体与八面体共面的三维网络,其理论放电比容量可达 $148\ mA \cdot h \cdot g^{-1}$。$LiMn_2O_4$ 的电极反应为:

充电:$LiMn_2O_4 \longrightarrow Li_xMn_2O_4 + (1-x)Li^+ + (1-x)e^-$

放电:$Li_xMn_2O_4 + (1-x)Li^+ + (1-x)e^- \longrightarrow LiMn_2O_4$

$LiMn_2O_4$ 的常见制备方法主要有:高温固相法、溶胶凝胶法、乳液干燥法、水热合成法、熔融浸渍法和微波合成法。本实验采用的高温固相法是将锂源和锰源混合,经过研磨、高温焙烧制备得到 $LiMn_2O_4$,其相关反应式为:

$$Li_2CO_3 + MnO_2 \xrightarrow{\triangle} LiMn_2O_4 + CO_2\ (g)$$

高温固相法虽然是一种高能耗的合成方法,采用长时间在惰性或空气气氛中高温煅烧,以获得具有良好电化学性能的材料。但该方法操作流程简单、成本低廉,可以在工业上生产具有良好结晶性能的 $LiMn_2O_4$ 产品。

### 三、仪器与试剂

仪器:电子天平、玛瑙研钵、马弗炉、刮刀、瓷舟、X 射线衍射仪、CHI 电化学工作站、手套箱等。

试剂:$Li_2CO_3$(s)、$MnO_2$(s)、聚偏氟乙烯、$N$-甲基吡咯烷酮、乙炔黑、电解液、铝箔、乙醇。

### 四、实验内容

1. $LiMn_2O_4$ 的制备

按比例称取总量为 5 g 的 $Li_2CO_3$(s) 和 $MnO_2$(s) (其中 $M_{Li}$ 与 $M_{Mn}$ 摩尔比为

0.56），将称好的药品放入玛瑙研钵中，加入适量乙醇研磨 30 min，并保证物料充分混合，若研磨不充分将导致形成的晶体纯度不高。随后将药品转移至瓷舟中，并将瓷舟放置于马弗炉内，设定马弗炉的升温程序：5 ℃/min 升温至 500 ℃，恒温保持 3 h，然后再升温至 800 ℃，恒温保持 6 h。反应结束后冷却至室温，最终得到 $LiMn_2O_4$ 固体粉末。

2. $LiMn_2O_4$ 的物相表征和电化学性能测试

（1）对制得的 $LiMn_2O_4$ 粉末进行 X 射线粉末衍射（PXRD）表征。

（2）根据手工混料涂覆电极材料流程，见图 5-20(a)，将 0.19 g $LiMn_2O_4$ 与乙炔黑按质量比 90∶5 混合后，放入玛瑙研钵中，研磨 15 min 以保证物料充分混合。随后加入 0.2 g 聚偏氟乙烯/$N$-甲基吡咯烷酮（5%）混合溶液，再继续研磨 20 min。若极片活性物质不均匀，将导致电流分布不均匀而影响电池的电化学性能。将所得浆料均匀涂敷在铝箔上，120 ℃真空烘干备用，再经过冲片、压片后得到正极极片。在惰性气体保护的手套箱内，将所得正极极片与负极金属锂以及锂电池隔膜、电解液组装成扣式电池，如图 5-20(b)：①测量所组装扣式电池的开路电压；②将所得扣式电池充电至 4.5 V 后，在 3.5～4.5 V (vs. Li/Li$^+$) 电压范围内进行循环伏安扫描，扫速为 0.2 mV·s$^{-1}$、扫描周期为 2 周。

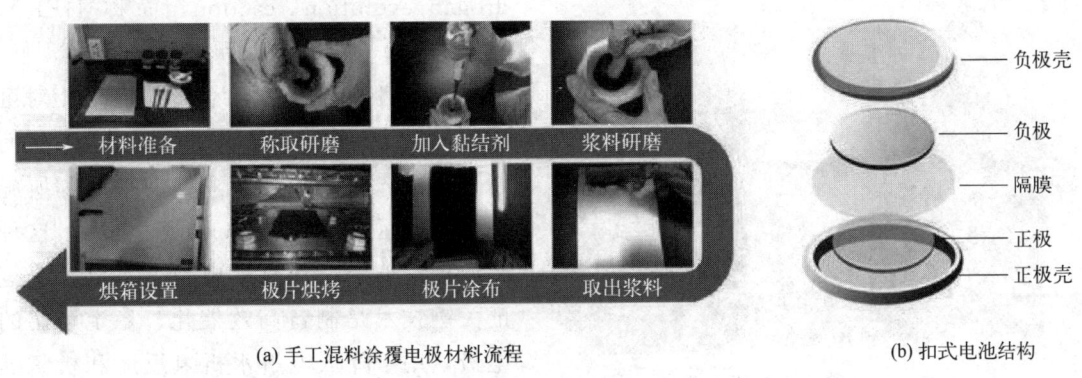

(a) 手工混料涂覆电极材料流程　　　　　(b) 扣式电池结构

图 5-20　手工混料涂覆电极材料流程和扣式电池结构

## 五、实验结果与数据处理

1. $LiMn_2O_4$ 的产品外观：_____；产品质量（g）：_____；产率（%）：_____。

2. 使用 Origin 软件绘制 $LiMn_2O_4$ 循环伏安图，根据氧化还原峰的形状、峰位置和峰数目，以及对应氧化峰和还原峰的间距，初步判定电极反应的可逆性和各个阶段可能发生的电极反应。

## 六、思考题

1. 简述高温固相法制备 $LiMn_2O_4$ 的利与弊，以及马弗炉为何要采取程序升温的加热方式。

2. 为什么要在惰性气体保护的手套箱中进行锂离子电池组装？

3. 从循环伏安曲线上可获得关于 $LiMn_2O_4$ 正极材料的哪些信息？

## 实验32 水分解析氧廉价电催化剂的制备及性能评估

### 一、实验目的

1. 了解电解水析氧的基本原理；
2. 了解非贵金属电催化剂的常见制备方法；
3. 掌握电解水析氧电催化剂的催化活性评价方法。

### 二、实验原理

目前，电解水技术制备高纯氢气（即电解水制氢）是一种将电能转化为化学能的有效手段，也是当今能源发展的重要领域之一。在电解水过程中，阳极发生水氧化反应（oxygen evolution reaction，简称OER）生成氧气，阴极发生还原反应产生氢气（hydrogen evolution reaction，简称HER），见图5-21。在298 K和101.325 kPa下，电解水的理论分解电压为1.23 V（相对可逆氢电极RHE电位，即vs.RHE）。然而由于电极表面的极化作用，使得实际所施加的电压远高于电解水的理论电压，这种超出理论值的电压称过电位。水电解制氢的关键技术是制备高效催化、稳定耐用的电极，用于降低电解水析氢反应和析氧反应的过电位。

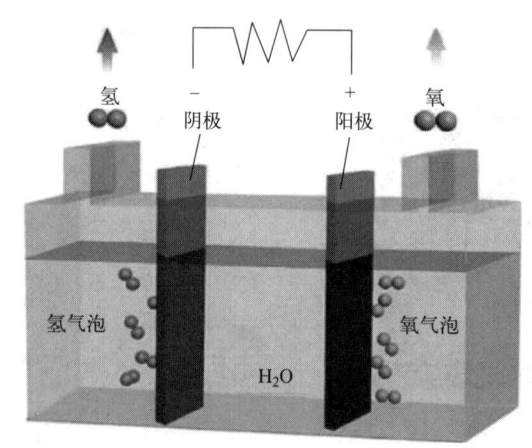

图 5-21 简易的电解水装置

析氧反应（即OER）需要经历复杂的多步四电子反应，涉及H—O—H键的断裂和O—O键的形成，相较于析氢反应（HER），是动力学很缓慢的过程。同时，在不同的pH值条件下，OER过程不尽相同，所需的催化剂类型也截然不同。在酸性条件下，一般认为贵金属$IrO_x$和$RuO_x$是目前最好的催化剂；而碱性条件下，一般认为$NiFe(OH)_x$等复合过渡金属氢氧化物性能较好。以碱性环境为例，OER机理为：

$$M-OH + OH^- \longrightarrow M-O^* + H_2O + e^-$$
$$M-O^* + OH^- \longrightarrow M-OOH + e^-$$
$$M-OOH + OH^- \longrightarrow M-OO^* + H_2O + e^-$$
$$M-OO^* + OH^- \longrightarrow M-OH + O_2 + e^-$$

催化过程中所形成的含氧中间体（如M—O、M—OH或M—OOH）均对催化性能产生重要的影响，其迟缓的动力学过程使得OER具有很大的过电位，往往远大于阴极析氢反应的过电位，这也是导致电解水持续效率低下的重要因素，因此设计高效的OER催化剂对提高电解水的效率十分关键。

二维层状金属氢氧化物含有带正电荷的水镁石层结构，层间往往含有平衡正电荷的阴离子和溶剂分子。这种相对开放的结构使得反应物能够在其中快速地扩散传输，也能允许电子在其中进行快速的交换，因此它们往往具备很好的电催化活性。其中，最典型的析氧型氢氧化物是 $Ni(OH)_2$，它有多种晶相，如 α 相、β 相。α-$Ni(OH)_2$ 相较于 β-$Ni(OH)_2$，在碱性溶液中不仅活性更高还能更稳定地参与反应，这说明该金属氢氧化物的晶相对 OER 性能有着很重要的作用，此外，金属氢氧化物材料的形貌、比表面积、氧化态对 OER 性能也有着十分重要的影响。

本实验以 OER 反应在 $10\ mA\cdot cm^{-2}$ 电流密度下的过电位为指标，评价电催化剂的催化性能。实际测量过程中，采用三电极体系，包含工作电极、辅助电极和参比电极。以室温下制备的 α-$Ni(OH)_2$ 纳米片作为电催化剂，修饰玻碳电极后作为工作电极；以惰性的铂片（丝）为对电极，其作用是提供电子回路；参比电极通常选电位比较固定的电极，用来控制工作电极电位。本实验采用 Ag/AgCl 参比电极（填充饱和 KCl 溶液，其电位为 0.197 V），利用线性扫描伏安法（linear sweep voltammetry）来测试 OER 性能。工作电极的电压被控制在上下限之间，以一定的扫描速度按照电压从高到低或从低到高进行线性扫描，同时记录电极上的电流数值，并对电压进行作图，得到线性扫描伏安曲线。为方便比较，常将所测得的电位 $E$(Ag/AgCl) 转换为相对 RHE 的电位 $E$(RHE)，按照如下公式转换：

$$E(RHE) = E(Ag/AgCl) + 0.197 + 0.059\ V\ pH$$

过电位（$\eta$）可由以下公式计算：

$$\eta = E(RHE) - 1.23\ V$$

### 三、仪器与试剂

仪器：电子天平、磁力搅拌器、CHI 电化学工作站、超声分散仪、电解池、玻碳电极（3 mm）、Ag/AgCl 电极、铂电极、移液枪、真空干燥箱等。

试剂：碳黑、$NiCl_2\cdot 6H_2O$(s)、$NaBH_4$(s)、KOH(0.1 $mol\cdot L^{-1}$)、乙醇、Nafion 溶液（$V_{乙醇}:V_{水}:V_{nafion}=1:1:0.2$）、去离子水。

### 四、实验内容

1. α-$Ni(OH)_2$ 电催化剂的制备。称取 0.1 mmol $NiCl_2\cdot 6H_2O$ 溶于 30 mL 去离子水中形成 A 溶液。再称取 0.185 mmol $NaBH_4$ 溶于 8 mL 去离子水中形成 B 溶液。在磁力搅拌的条件下，将 B 溶液缓慢地逐滴加入到 A 溶液中，触发氧化还原反应，此时透明溶液产生黑色沉淀。持续搅拌 30 min 后，将该溶液置于室温陈化 24 h，黑色沉淀转变成亮绿色。将亮绿色沉淀用去离子水离心洗涤 3 次，最后乙醇离心洗涤一次后，置于 80 ℃ 真空干燥箱中干燥。

2. 涂饰工作电极。采用粒径为 1 $\mu m$、0.3 $\mu m$、0.05 $\mu m$ 的 $Al_2O_3$ 粉末分别对玻碳电极进行抛光。抛光过程中要注意抛光布表面没有其他杂质，否则会划伤电极，电极表面要平行于抛光布并均匀用力，防止电极表面倾斜。此外，玻碳电极需轻拿轻放，严禁滑落摔坏。

取 5 mg 干燥后的 α-Ni(OH)$_2$ 电催化剂分散于 0.8 mL Nafion 溶液（$V_{乙醇}$ : $V_{水}$ : $V_{nafion}$ = 1 : 1 : 0.2），超声 30 min 后获得均匀的分散液。用移液枪取 2~3 μL 制得的分散液滴于抛光后的玻碳电极上，室温静置 1 h 晾干。

3. 析氧反应（OER）催化活性与稳定性表征。配制 30.0 mL KOH(0.1 mol·L$^{-1}$) 溶液置于电解池中，并接入涂饰 α-Ni(OH)$_2$ 的玻碳电极、对电极和参比电极（注意检测电路连接是否正确）。IR 降补偿后，采用线性扫描伏安法测试获得极化曲线，扫描速度为 10 mV·s$^{-1}$，电压从 0 V 升至 0.9 V。采用计时电流法表征 α-Ni(OH)$_2$ 催化剂的稳定性，在 KOH(0.1 mol·L$^{-1}$) 溶液中对工作电极施以电流密度为 10 mA·cm$^{-2}$ 对应的过电势，保持测试时间 1 h，获得 $I$-$t$ 曲线。

## 五、实验结果与数据处理

1. 产品外观：_____；产品质量（g）：_____；产率（%）：_____。
2. 使用 Origin 软件作图，绘制极化曲线，求取 α-Ni(OH)$_2$ 催化剂在电流密度为 10 mA·cm$^{-2}$ 时的析氧反应过电位。
3. 使用 Origin 软件作图，绘制 $I$-$t$ 曲线，讨论 α-Ni(OH)$_2$ 电催化剂的稳定性，并分析稳定性变差的原因。

## 六、思考题

1. 在 OER 过程中，为什么要做 IR 降补偿？
2. 哪些因素会影响 OER 测试过程中的过电位？
3. 查阅相关文献，分析在 OER 测试中 α-Ni(OH)$_2$ 催化剂可能会发生哪些变化。

# 实验 33　导电高分子聚苯胺的合成、结构及性能表征

## 一、实验目的

1. 理解聚苯胺的结构和导电机理；
2. 掌握聚苯胺的常见合成方法；
3. 掌握红外光谱法表征聚苯胺化学结构的方法；
4. 了解导电聚合物导电性的测定方法。

## 二、实验原理

本征型导电高分子材料是高分子材料本身具有导电能力，内部不含其他导电性物质，完全由导电性高分子材料本身构成。已知的电子导电型高分子材料的共同结构特征为分子内具有较大的共轭 π 电子体系，具有跨键移动能力的 π 电子作为载流子，如聚苯胺、聚乙炔、聚噻吩、聚吡咯等。但是对于聚合物仅具有上述结构还不够，因为电子若要在共轭 π

电子体系中自由移动,首先要克服价带与导带之间的能级差。该能级差的大小决定了共轭性聚合物导电能力的高低。利用"掺杂"改变导带或价带中电子的占有情况,减少能带差,是提高共轭型聚合物导电能力的主要途径。导电高分子的发现结束了人们对于高分子材料的传统观念,即高分子材料都是绝缘体这一观点。目前,导电高分子应用于诸多方面,在制备特殊电子材料、电磁屏蔽材料、电磁波吸收材料、防腐材料、抗静电材料及新型电池材料等方面都显示出巨大的应用潜力和价值。

在这些本征型导电高分子中,聚苯胺是唯一一个既能通过氧化还原掺杂又能通过质子酸掺杂取得一定电导率的导电高分子。利用共轭高分子容易被氧化还原这一特性,对聚苯胺进行电化学或化学掺杂,使离子嵌入聚合物,以中和主链上的电荷,可使聚苯胺迅速并可逆地从绝缘状态变成导电状态。当用质子酸进行掺杂时,质子化优先发生在分子链的亚胺氮原子上,即质子酸发生离解后,生成的氢质子转移至聚苯胺分子链上,使得亚胺上的氮原子发生质子化反应,生成荷电元激发态极化子。此时,电子云重新分布,氮原子上的正电荷离域到大共轭 $\pi$ 键中。通过掺杂及改变掺杂物的浓度可使其导电率的变化达到 18 个数量级。

本实验采用化学氧化法,以 $(NH_4)_2S_2O_8$ 为氧化剂,在盐酸环境中制备聚苯胺。盐酸除了提供反应质子外,还能保持体系有足够的酸度,使反应按照 1,4-偶联的方式进行。聚苯胺结构如图 5-22 所示,其中 $x$ 是 0 到 1 之间的任何数,当 $x=0.5$ 时,为聚苯胺的本征态结构即通常化学法或电化学法合成得到的聚苯胺结构式。若 $x=0$ 时,为全还原型;$x=1$ 时,为全氧化型。

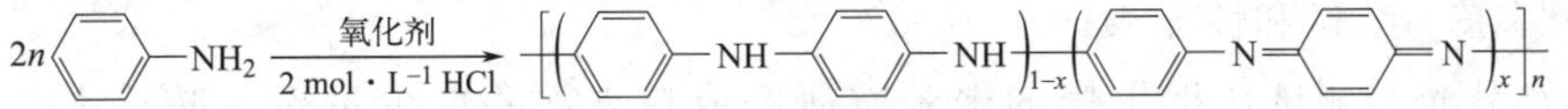

图 5-22 聚苯胺结构

聚苯胺的导电性取决于聚合物的氧化程度和掺杂度,图 5-23 为聚苯胺在盐酸掺杂前后的结构变化。当 pH>4 时,聚苯胺为绝缘体,电导率与 pH 无关;当 2<pH<4 时,电导率随 pH 降低而迅速变大,直接原因是掺杂程度提高;当 pH<2 时,电导率与 pH 无关,聚合物呈金属特性。聚苯胺在大多数溶剂中是不溶的,仅部分溶于二甲基甲酰胺和甲

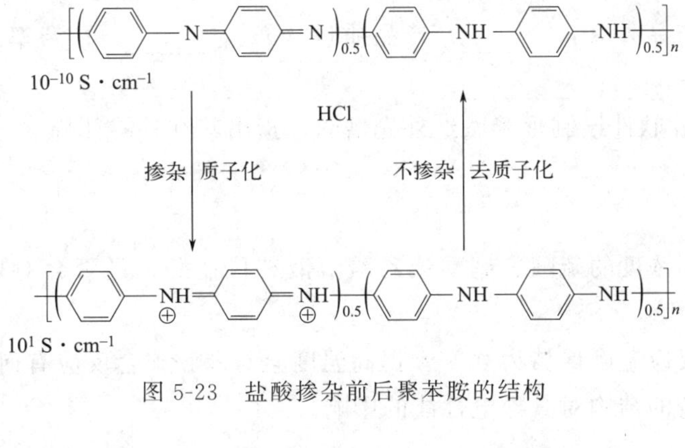

图 5-23 盐酸掺杂前后聚苯胺的结构

基吡咯烷酮中，可溶于浓硫酸。采用苯胺衍生物聚合、嵌段共聚和接枝共聚等方法可以提高聚苯胺的溶解性，但会使导电性带来负面影响。

### 三、仪器与试剂

仪器：电子天平、磁力搅拌器、三口烧瓶、烧杯、研钵、滤纸、布氏漏斗、抽滤瓶、循环水真空泵、剪刀、玻璃棒、真空干燥箱、红外光谱仪、四探针电导率仪等。

试剂：苯胺单体、$(NH_4)_2S_2O_8(s)$、浓盐酸、$KBr(s)$、无水乙醇、冰水混合物、去离子水。

### 四、实验内容

1. 聚苯胺的制备

由于苯胺单体微溶于水，可先将苯胺与酸反应生成可溶性苯胺盐，再采用均相聚合法合成聚苯胺。首先，用去离子水将浓盐酸配制成盐酸（2.0 mol·L$^{-1}$）溶液。在三口烧瓶中加入 50 mL 配制的盐酸（2.0 mol·L$^{-1}$）溶液和 4.7 g 苯胺（0.05 mol）单体，打开磁力搅拌器使苯胺溶解，获得盐酸/苯胺溶液。另取 11.4 g $(NH_4)_2S_2O_8$（0.05 mol）溶于 25 mL 去离子水中，配制成 $(NH_4)_2S_2O_8$ 溶液。使用冰水浴，并保持反应温度为 0 ℃，在磁力搅拌下，使用滴液漏斗将上述 $(NH_4)_2S_2O_8$ 溶液缓慢滴加到盐酸/苯胺溶液中，25~30 min 滴加完毕（请记录溶液颜色的变化）。继续搅拌反应 1 h，采用减压过滤获得产物，依次用盐酸溶液、无水乙醇和去离子水洗涤过滤，随后在 85 ℃ 烘箱中干燥 8 h，最终获得聚苯胺产物。

2. 聚苯胺的结构和性能表征

（1）红外光谱测试：把干燥的聚苯胺研磨成粉末，并取少量聚苯胺粉末，利用 KBr 压片法，采用傅里叶变换红外分光光度计对产物进行红外光谱分析，扫描范围为 4000~400 cm$^{-1}$。

（2）电导率测试：把干燥的聚苯胺研磨成粉末，在 1 MPa 压力下压制成直径 15 mm、厚度 4 mm 的圆片，用四探针电导率仪测定聚苯胺的电导率，观察其导电情况。将三次测得的电导率取平均值，为聚苯胺的平均电导率。

### 五、实验结果与数据处理

1. 聚苯胺的产品外观：_____；产品质量（g）：_____；产率（%）：_____；平均电导率（S·cm$^{-1}$）：_____。

2. 使用 Origin 软件绘制聚苯胺红外光谱图，指出其红外特征峰。

### 六、思考题

1. 能否用相同浓度的硫酸、硝酸或乙酸溶液替代盐酸，是否会对聚苯胺的导电性产生影响，为什么？
2. 为何要将反应温度保持为 0 ℃？提高温度会对苯胺聚合反应有何影响？
3. 讨论聚苯胺的结构对其导电性能的影响。

4. 与金属导体相比，导电聚合物有什么优势和劣势？

## 实验 34  Stöber 法制备 SiO$_2$ 微球及其银离子吸附性能测定

### 一、实验目的

1. 掌握 Stöber 法制备 SiO$_2$ 微球的方法；
2. 了解 SiO$_2$ 微球吸附性能；
3. 熟悉银离子的定量分析方法。

### 二、实验原理

抗菌材料是利用化学或物理方法杀灭细菌或抑制细菌生长繁殖及活性的物质。抗菌材料作为预防疾病传播，提高人类健康生活水平的新产品，在医疗领域、家庭用品、家用电器、食品包装等领域有着极其广阔的应用前景。常见的无机抗菌剂主要是利用银、铜、锌等金属本身所具有的抗菌能力，通过物理吸附或离子交换等方法，将银、铜、锌等金属（或其离子）负载到沸石、硅胶等多孔材料的表面或孔道内，然后将其添加到产品中获得具有抗菌性的材料。无机抗菌剂具有低毒性、耐热性、持续性、抗菌谱广等优点，有着良好的商业前景，成为了抗菌剂领域的研究热点。由于金属银的杀菌能力最强，因此在金属离子抗菌剂研究中最受关注，如 SiO$_2$-Ag$^+$ 复合材料作为无机抗菌剂，具有化学稳定性和热稳定性好，且方便成型加工的特点。

本实验将采用最经典的 Stöber 反应制备 SiO$_2$ 微球，后续以该微球作为载体，将银离子负载到微球表面或孔道中制备无机抗菌剂。SiO$_2$ 微球一般通过酸或者碱催化硅酸酯水解、缩合来实现。利用这种方法制备的微球颗粒形貌规整、粒径均一、单分散性好，因而被广泛应用。在本实验中，以正硅酸乙酯（TEOS）为硅源，并在氨水的催化作用下发生水解与脱水或脱醇缩聚反应，从而生成 SiO$_2$ 骨架结构（图 5-24），具体反应原理如下：

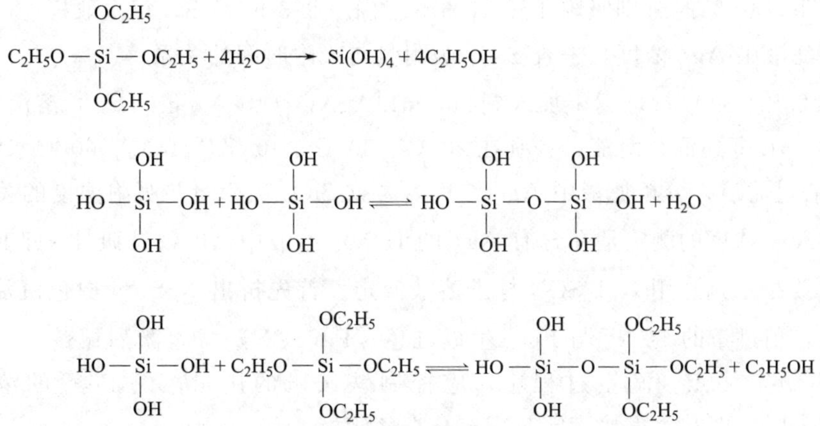

$$C_2H_5O-Si(OC_2H_5)_3 + 4H_2O \longrightarrow Si(OH)_4 + 4C_2H_5OH$$

$$HO-Si(OH)_2-OH + HO-Si(OH)_2-OH \rightleftharpoons HO-Si(OH)_2-O-Si(OH)_2-OH + H_2O$$

$$HO-Si(OH)_2-OH + C_2H_5O-Si(OC_2H_5)_2-OC_2H_5 \rightleftharpoons HO-Si(OH)_2-O-Si(OC_2H_5)_2-OC_2H_5 + C_2H_5OH$$

图 5-24  以 TEOS 为硅源制备 SiO$_2$ 纳米微球

在硅羟基（Si—OH）表面吸附有大量的水，失水后就会迅速形成 Si—O 结构，变成较大的颗粒。而极性分子乙醇的存在起到了隔离硅-氧联结的作用，从而制得小颗粒的 $SiO_2$。

$SiO_2$ 在 $AgNO_3$ 稀溶液中对银的吸附主要表现为物理吸附，但由于 $SiO_2$ 微球表面的活性基团硅羟基（Si—OH）的存在，$Ag^+$ 与羟基上的质子发生离子交换而进行化学吸附。$SiO_2$ 微球对 $Ag^+$ 具有较强的吸附性，在吸附初期有较快的吸附速度，随着吸附时间延长，吸附速度缓慢降低。这是因为随着吸附的进行，固体界面离子浓度与液相本体离子浓度差减小，导致对流、扩散与吸附推动力减小。当初始温度较低时，随着温度的升高，建立吸附平衡的时间快速缩短，吸附速度随着温度的升高而加快。而在 $AgNO_3$ 原始浓度较低时，附载能力随浓度升高而增大，然后附载 $Ag^+$ 能力逐渐趋于饱和。

## 三、仪器与试剂

仪器：电子天平、磁力搅拌器、容量瓶、烧杯、水浴装置，真空干燥箱等。

试剂：正硅酸乙酯（TEOS）、$AgNO_3$（1000 mg·$L^{-1}$）、乙醇、氨水（28%）、铁铵矾 [$NH_4Fe(SO_4)_2·12H_2O$] 指示剂、$NH_4SCN$（0.05 mol·$L^{-1}$）标准溶液、浓硝酸、去离子水。

## 四、实验内容

1. 制备 $SiO_2$ 微球

取 1 只 1000 mL 烧杯，加入 370.0 mL 乙醇、50.0 mL 去离子水和 60.0 mL 氨水（28%），混合搅拌均匀，随后将 30.0 mL 正硅酸乙酯快速加入到上述混合物中，并在室温下连续搅拌 2 h，观察溶液的变化。当烧杯中的溶液略有浑浊时，请记录下所需时间。反应完成后，混合溶液在 8000 r·$min^{-1}$ 的转速下高速离心 10 min，将上清液倾去得到白色 $SiO_2$ 微球沉淀，再用去离子水超声振荡分散后，离心洗涤 $SiO_2$ 微球 3 次，100 ℃干燥 8 h 后得到白色轻质的 $SiO_2$ 微球粉末。

2. $Ag^+$ 吸附测试

（1）取 2.5 g $SiO_2$ 微球粉末加入到 250 mL $AgNO_3$（1000 mg·$L^{-1}$）溶液中，在不断搅拌的条件下，40 ℃时分别吸附 1 h、1.5 h、2 h、2.5 h、3 h，每次取样 40 mL 并离心过滤，分析滤液中 $Ag^+$ 浓度，考查 $SiO_2$ 吸附量与吸附时间的关系。

（2）取 2.5 g $SiO_2$ 微球粉末加入到 250 mL $AgNO_3$（1000 mg·$L^{-1}$）溶液中，搅拌均匀后各取 40 mL 上述混合溶液，分别在 20 ℃、30 ℃、40 ℃、50 ℃、60 ℃水浴温度下吸附 2 h，离心过滤后，分析滤液中 $Ag^+$ 浓度，考查 $SiO_2$ 吸附量与吸附温度的关系。

提示：$Ag^+$ 浓度的测定是在含有 $Ag^+$ 的 $HNO_3$ 溶液中，以铁铵矾 [$NH_4Fe(SO_4)_2·12H_2O$] 作为指示剂，用 $NH_4SCN$ 标准溶液滴定。首先析出 AgSCN 白色沉淀，当 $Ag^+$ 完全沉淀后，稍过量的 $SCN^-$ 与 $Fe^{3+}$ 生成红色 $[Fe(SCN)]^{2+}$，激烈振荡 30 s 浅粉红色不褪色即为滴定终点。滴定过程中，应控制铁铵矾的用量，使 $Fe^{3+}$ 的浓度保持在 0.0015 mol·$L^{-1}$ 左右，直接滴定时应充分振荡溶液。

$$Ag^+ + SCN^- = AgSCN(s) \quad 白色$$

$$SCN^- + Fe^{3+} \rightleftharpoons [Fe(SCN)]^{2+} \quad 红色$$

### 五、实验结果与数据处理

1. $SiO_2$ 微球粉末的产品外观：_____；产品质量（g）：_____；产率（%）：_____。

2. 将实验相关数据记录于表 5-24 中。

表 5-24　实验数据记录

| 吸附时间/h | 1 h | 1.5 h | 2 h | 2.5 h | 3 h |
| --- | --- | --- | --- | --- | --- |
| $NH_4SCN$ 消耗量/mL | | | | | |
| 溶液中 $Ag^+$ 含量/$mol \cdot L^{-1}$ | | | | | |
| $Ag^+$ 吸附量/$mg \cdot L^{-1}$ | | | | | |
| 吸附温度/℃ | 20 ℃ | 30 ℃ | 40 ℃ | 50 ℃ | 60 ℃ |
| $NH_4SCN$ 消耗量/mL | | | | | |
| 溶液中 $Ag^+$ 含量/$mol \cdot L^{-1}$ | | | | | |
| $Ag^+$ 吸附量/$mg \cdot L^{-1}$ | | | | | |

3. 使用 Origin 软件作图，绘制 $SiO_2$ 微球 $Ag^+$ 吸附量与吸附时间的关系曲线，绘制 $SiO_2$ 微球 $Ag^+$ 吸附量与吸附温度的关系曲线。

### 六、思考题

1. 为什么吸附温度升高到一定程度后，$SiO_2$ 微球吸附速度增加的程度反而降低？
2. $SiO_2$ 微球制备过程中氨水的作用是什么？
3. $SiO_2$ 微球的粒径、比表面积与 $Ag^+$ 的吸附能力有何依赖关系？

## 实验 35　共沉淀法制备纳米 $Fe_3O_4$ 磁流体

### 一、实验目的

1. 学习了解磁性材料的基本特性；
2. 掌握共沉淀法的基本操作和磁性材料分离的基本方法；
3. 学习共沉淀法和表面修饰制备分散性良好的超顺磁性纳米颗粒。

### 二、实验原理

磁性纳米材料是材料领域的研究热点之一，在高密度磁记录、磁流体、磁传感器和微波材料、催化以及环境治理等方面具有广泛的应用。其中磁流体热疗是将磁性纳米粒子通过特定的方式导入到肿瘤内部，然后放置在交变磁场中，磁性粒子在交变磁场的作用下作为致热源产热，从而达到治疗肿瘤的目的。磁性纳米粒子的粒径、元素组成、形貌以及表面修饰环境等因素将直接影响磁性材料的产热效率。因此，合理设计制备高产热效率的磁性纳米材料和有效进行表面修饰对磁流体热疗效果特别重要。

磁性材料中的 $Fe_3O_4$ 因为制备简便、成本低廉、性质优越而受到广泛关注。特别是从块体 $Fe_3O_4$ 的铁氧体磁性变成超顺磁性，具有易磁化也易退磁的特性，在磁热疗肿瘤细胞过程中表现强的靶向性、良好生物相容性、高产热率、无创或微创等优点。目前可以通过共沉淀法、高温热解法、（水）溶剂热法、溶胶-凝胶法等制备方法合成形貌各异、粒径可控的 $Fe_3O_4$ 纳米颗粒，而共沉淀法是目前合成超顺磁 $Fe_3O_4$ 纳米粒子常用的方法之一。其原理是：在含多种阳离子的溶液中加入沉淀剂，使金属离子完全沉淀，沉淀物再经热分解得到微小粉体。共沉淀法可避免引入有害杂质，产物的化学均匀性较高，粒度较细，尺寸分布较窄。此外，共沉淀法使用的设备简单，也便于材料工业化生产。

### 三、仪器与试剂

仪器：电子天平、磁力搅拌器、烧杯、玻璃棒、广泛 pH 试纸、真空干燥箱、铷磁体等。

试剂：$FeCl_2(s)$、$FeCl_3(s)$、$NaOH(s)$、柠檬酸钠（s）、去离子水。

### 四、实验内容

1. 沉淀剂的配制。分别配制 20 mL 柠檬酸钠（$0.1\ g\cdot mL^{-1}$）溶液和 20 mL NaOH（$2\ mol\cdot L^{-1}$）溶液，将上述柠檬酸钠溶液全部加入到 NaOH 溶液中，混合搅拌均匀后得到沉淀剂。

2. 共沉淀法制备 $Fe_3O_4$

（1）取一只烧杯，加入 0.381 g $FeCl_3$、0.975g $FeCl_2$ 和 20 mL 去离子水，充分搅拌溶解。随后在不断搅拌下逐滴缓慢加入配制好的沉淀剂，直到溶液pH值大于11，并记录沉淀剂的用量。继续搅拌 20 min，待反应完成后静置 5 min，并将分散良好的产物倾倒出来（即选择烧杯上半部分混合物），得到 $Fe_3O_4$ 粗品 a。

（2）另取一只烧杯，同样加入 0.381 g $FeCl_3$、0.975g $FeCl_2$ 和 20 mL 去离子水，充分搅拌溶解。在不断搅拌下快速加入上述相同用量的 NaOH（$2\ mol\cdot L^{-1}$）溶液。继续搅拌 20 min，待反应完成后静置 5 min，并将分散良好的产物倾倒出来，得到 $Fe_3O_4$ 粗品 b。

对比 $Fe_3O_4$ 粗品 a 与 b 的产量和分散性，讨论柠檬酸钠的作用。

3. $Fe_3O_4$ 的分离。将上述两种 $Fe_3O_4$ 粗品置于烧杯中，在烧杯侧壁放置一块铷磁体，静置 10 min。将铷磁体紧贴在烧杯壁上，小心倾倒上清液，留下磁性物质吸附在烧杯壁上，并用去离子水洗涤 3 次。最后将 $Fe_3O_4$ 粗品放入真空干燥箱干燥 1 h，称重并计算产率。

### 五、实验结果与数据处理

1. $Fe_3O_4$ 粗品 a 的产品外观：_____；产品质量（g）：____；产率（%）：____。

2. $Fe_3O_4$ 粗品 b 的产品外观：_____；产品质量（g）：___；产率（%）：___。

## 六、思考题

1. 查阅文献，举例说明有哪些方法可以提高纳米颗粒的分散性。
2. 共沉淀法制备 $Fe_3O_4$ 时为什么要加入柠檬酸钠？
3. 分离 $Fe_3O_4$ 沉淀过程中，为什么只需要将铷磁体放在烧杯壁外侧？

## 实验 36　ZSM-5 分子筛的合成及其比表面积的测定

### 一、实验目的

1. 了解沸石分子筛的性质及应用；
2. 掌握高温高压水热法的实验操作方法与注意事项；
3. 掌握测定材料比表面积及孔径分布的方法。

### 二、实验原理

分子筛包括人工合成的具有筛选分子作用的水合硅铝酸盐（泡沸石）和天然沸石，其骨架最基本的结构是 $SiO_4$ 和 $AlO_4$ 四面体，通过共有的氧原子结合而形成三维网状结构。这种结构形式具有分子级、孔径均匀的孔道，由于结构不同、形式不同，"笼"形的空间孔道分为 α、β、γ、六方柱、八面沸石等结构。图 5-25 为分子筛的层次结构示意，根据 $SiO_2$ 和 $Al_2O_3$ 的分子比不同，得到不同孔径的分子筛。其型号有 3A（钾 A 型）、4A（钠 A 型）、5A（钙 A 型）、10Z（钙 Z 型）、18Z（钠 Z 型）、Y（钠 Y 型）等，对重金属离子等具有良好的交换性和吸附性。大多数类型的沸石分子筛在其表面上具有强酸中心，而在晶体内部存在强库仑场和极性，因而是一类性能优异的固体酸催化剂。它具有独特的"选择性催化"功能和强大的吸附分离性能，被广泛用于有机化工和石油化工，也是煤气脱水的优良吸附剂。

通常具有分子筛作用的有八元环（0.4~0.5 nm）、十元环（0.5~0.6 nm）及十二元环（0.7~0.9 nm）。其中，十元环的有 ZSM-5、ZSM-11 等部分 ZSM 系列分子筛。特别是 ZSM-5 沸石分子筛是一种广泛使用的高 $SiO_2/Al_2O_3$ 的分子筛，它通常被称作高硅型沸石，其晶体结构属于斜方晶系，空间群 $Pnma$，晶格常数 $a=20.1$ Å，$b=19.9$ Å，$c=13.4$ Å。它具有特殊的结构，没有 A 型、X 型和 Y 型沸石那样的笼，其孔道就是它的空腔。ZSM-5 骨架由两种交叉的孔道系统组成：直筒形孔道是椭圆形，长轴为 5.7~5.8 Å，短轴为 5.1~5.2 Å；"Z"字形横向孔道截面接近圆形，孔径为 (5.4±0.2) Å，属于中孔沸石。"Z"字形通道的折角为 110°，$Na^+$ 位于十元环孔道对称面上，其阴离子骨架密度约为 1.79 g·cm$^{-3}$。

水热法是指在特制的密闭反应器（或高压釜）中，采用水作为反应溶剂，通过对反应体系加热、加压，创造一个相对高温、高压的反应环境，使通常难溶或不溶的物质溶解，

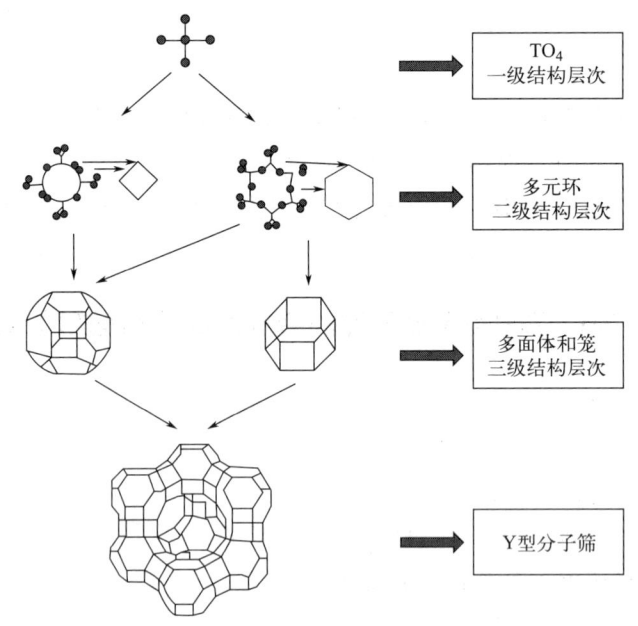

图 5-25 分子筛的层次结构示意

再重结晶而进行无机合成与材料处理的一种有效方法。在 ZSM-5 主要的合成方法中，水热合成法应用广泛、操作简单。相对于其他粉体制备方法，水热法制得的粉体具有晶粒发育完整，粒度小且分布均匀，颗粒团聚较轻，易得到合适的化学计量物和晶形等优点。水热法制备 ZSM-5 无须高温煅烧处理，避免了煅烧过程中晶粒长大、缺陷形成和杂质引入，因此所制得的粉体具有较高的烧结活性。其晶化过程可描述为：当各种原料混合后，硅酸根和铝酸根发生一定程度的聚合反应形成硅铝酸盐初始凝胶。在一定的温度下，初始凝胶发生解聚和重排，形成特定的结构单元，并进一步围绕模板分子（如水合阳离子或有机胺离子等）构成多面体，聚集形成晶核，并逐渐长大形成分子筛。

本实验将采用水热合成 ZSM-5 分子筛，通常合成的起始物是非均相的硅铝酸盐，最典型的凝胶是由活性硅源、铝源、碱和水混合而成。制备过程中，原料的配比、体系的均匀度、反应温度、pH 值、晶化时间等对分子筛的合成都有很大影响。对于高硅 ZSM-5 分子筛的合成，需要加入有机模板剂。本实验以正丁胺为模板剂，反应混合物组成为 10 $Na_2O : Al_2O_3 : 84\ SiO_2 : 32$ 正丁胺 $: 3500\ H_2O$，硅源为白炭黑，铝源为硫酸铝，分别与氢氧化钠、氯化钠和去离子水配成反应混合物，然后加入正丁胺，搅拌均匀后在 180 ℃ 水热晶化七天左右可得 ZSM-5 分子筛。

### 三、仪器与试剂

仪器：电子天平、磁力搅拌器、滤纸、布氏漏斗、抽滤瓶、循环水真空泵、剪刀、玻璃棒、不锈钢反应釜、烧杯、精密 pH 试纸、电热恒温箱、比表面和孔径分析仪等。

试剂：NaOH(s)、NaCl(s)、$Al_2(SO_4)_3$(s)、白炭黑、正丁胺、去离子水。

## 四、实验内容

1. 溶液的配制

（1）A 溶液：称取 0.375 g NaOH(s) 和 3.21 g NaCl(s)，溶于 20 mL 去离子水中，然后再加入 2.47 g 白炭黑，搅拌形成均匀胶体。

（2）B 溶液：称取 0.326 g $Al_2(SO_4)_3$(s) 置于烧杯中，加入 10 mL 去离子水，搅拌至溶解。

2. 成胶过程。在不断搅拌的条件下，将 B 溶液缓慢滴加至 A 溶液中（注意不要过快滴加，以免发生骤凝），滴加完毕后再继续搅拌 10 min。然后加入 1.35 mL 正丁胺，搅拌均匀后用精密 pH 试纸测试混合胶体的 pH 值。

3. 晶化与产物处理。把成胶后的混合物装入聚四氟乙烯釜套中（注意不要超过容积的 2/3），然后放入不锈钢反应釜中，拧紧釜盖，放入电热恒温箱于 180 ℃ 晶化 7 天左右。反应完毕后自然冷却至室温，通过减压抽滤水洗样品至滤液 pH=8～9，并于 110 ℃ 干燥 8 h 得 ZSM-5 分子筛。

注意：将实验原料装入高压反应釜一定要拧紧釜盖，防止实验过程中釜内压力过大，冲开反应釜后，高温液体溅出烫伤实验人员。使用烘箱加热时需控制烘箱的温度，如果温度过高，釜内压力太大，高压反应釜可能发生爆炸。

4. 比表面积和孔径分布分析。比表面积、孔径分布和孔体积是多孔材料十分重要的物性参数，而等温吸脱附曲线是研究多孔材料表面和孔结构的基本数据。即在一定温度下，吸附量（脱附量）与一系列相对压力之间的变化关系。利用比表面和孔径分析仪对合成的 ZSM-5 分子筛进行等温吸脱附曲线测试。

## 五、实验结果与数据处理

1. ZSM-5 分子筛的产品外观：_____；产品质量（g）：_____；产率（%）：_____。
2. 使用 Origin 软件作图，绘制 ZSM-5 分子筛等温吸脱附曲线和孔径分布图。

## 六、思考题

1. 分子筛的结构、特性及其应用领域有哪些？
2. 水热合成法的优点有哪些？影响 ZSM-5 分子筛合成的影响因素有哪些？
3. 有哪几种常见类型的等温吸脱附曲线？

**【拓展】比表面和孔径分析仪（BET 法）**

在测定微孔或者介孔等材料的比表面积实验中，最常用的 BET 法分为静态法和动态法。BET 比表面和孔径分析仪如图 5-26 所示。动态法中的容量法测定过程机械化程度高，测定结果比较准确，所以是一种常用的测定方法。

1. 操作步骤

（1）将待测样品（30～500 mg，根据样品比表面积不同而异）装入样品管内，注意样品不可沾到管壁上。

（2）将样品管装到脱气站，安装样品管时必须将样品管对准端口，拧紧螺丝，确保密

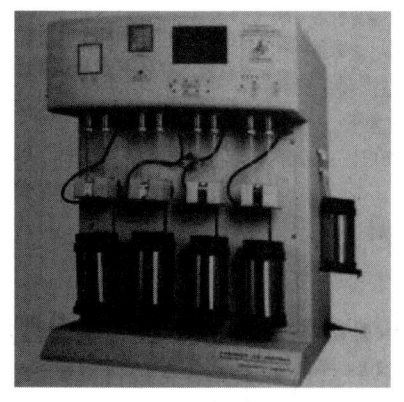

图 5-26 比表面和孔径分析仪

封。然后将加热套套在样品管上，并设置好文件信息和脱气温度等参数，打开真空泵开始对样品进行加热、真空脱气处理，以除去材料表面吸附的气体。

（3）脱气结束后，关闭加热电源，待样品冷却至室温后，回填氦气。待充入氦气到常压后，卸下样品管并立即盖上橡胶塞，称重至 0.1 mg，并记录该氦气填充的样品管、塞子重量，这是样品管的毛重。

样品称重采用减量法：①将支架放入天平，去皮归零；②将样品管塞上密封滤塞或者将塞子放在支架上，记下读数 $m_1$；③将样品通过漏斗装入样品管，塞上密封滤塞，称量并记下读数 $m_2$；④将样品管装入脱气站脱气；⑤将脱气冷却后的样品管放入归零操作后的支架上，称量并记下读数 $m_3$；⑥将读数 $m_3$ 减去 $m_1$，即得到样品质量。

（4）将称重后的样品管装到比表面和孔径分析仪，并在杜瓦瓶中加入液氮，将样品质量输入到分析文件中。设置测试参数，开始进行吸附和脱附测试过程。

（5）测试结束后，将样品从样品管取出，并洗涤样品管烘干备用。

2. 使用注意事项

（1）使用比表面和孔径分析仪时，向杜瓦瓶中倾倒液氮时，要注意缓慢加注。防止瓶体因为温度剧变而爆裂。另外不要在杜瓦瓶上方进行实验操作，防止有异物掉入杜瓦瓶内。

（2）样品管在使用前要确保清洁干燥，用手拿样品管时，应该戴上手套，防止手上的汗液污染样品管外壁影响称量。

（3）潮湿未烘干的样品，禁止直接在脱气站上脱气。样品装填禁止超过样品管球体的 2/3。避免样品沾在管壁上，样品一旦被抽入真空泵，就容易损坏真空泵。

## 实验 37  由易拉罐制备净水作用的明矾及其纯度的测定

### 一、实验目的

1. 学习综合利用废旧物的化学方法；
2. 进一步掌握溶解、过滤、结晶及沉淀转移等无机制备中的基本操作；
3. 掌握返滴定法测定铝的原理和方法。

### 二、实验原理

十二水硫酸铝钾 $KAl(SO_4)_2 \cdot 12H_2O$，又称明矾、白矾、钾矾，是含有结晶水的硫酸钾和硫酸铝的复合盐。其相对分子质量为 474.4，无色立方晶体，密度为 1.757 $g \cdot cm^{-1}$，

92.5 ℃时失去 9 个结晶水，200 ℃时失去 12 个结晶水。明矾溶于水，不溶于乙醇，可广泛添加于油漆、鞣料、澄清剂、媒染剂和防水剂中，而生活中常用于净水、发酵粉以及食用膨胀剂。

1. 明矾净水原理

明矾在水中电离出的 $Al^{3+}$ 很容易水解，生成 $Al(OH)_3$ 胶体，反应式如下：

$$Al^{3+} + 3H_2O \longrightarrow Al(OH)_3(s) + 3H^+$$

$Al(OH)_3$ 胶体的吸附能力很强，可吸附水里悬浮的杂质，并形成沉淀使水澄清，所以明矾是一种较好的净水剂。

2. 明矾的制备

本实验选用废旧易拉罐作为铝源，铝制的易拉罐主要成分有铝、硅以及少量的锰。铝是两性元素，其单质既能溶于酸，又能溶于强碱，将其溶于浓 KOH 溶液后，生成可溶性的四羟基合铝酸钾 $K[Al(OH)_4]$。用稀 $H_2SO_4$ 调节溶液的 pH 值，即转化为氢氧化铝 $Al(OH)_3$，而 $Al(OH)_3$ 又溶于 $H_2SO_4$，生成 $Al_2(SO_4)_3$。随后，$Al_2(SO_4)_3$ 能同 $K_2SO_4$ 在水溶液中形成溶解度更小的明矾复盐（见表 5-25），当温度降低时，明矾以结晶形式析出。

表 5-25　不同温度下，硫酸钾、硫酸铝、明矾在水中的溶解度

| 物质 | 0 ℃ | 10 ℃ | 20 ℃ | 30 ℃ | 40 ℃ | 50 ℃ | 60 ℃ | 70 ℃ |
| --- | --- | --- | --- | --- | --- | --- | --- | --- |
|  | 溶解度/g·(100 g)$^{-1}$ | | | | | | | |
| $K_2SO_4$ | 7.4 | 9.3 | 11.1 | 13.0 | 14.8 | 18.2 | 21.4 | 22.9 |
| $Al_2(SO_4)_3$ | 31.2 | 33.5 | 36.4 | 40.4 | 45.8 | 59.2 | 73.0 | 80.8 |
| $KAl(SO_4)_2 \cdot 12H_2O$ | 3.0 | 4.0 | 5.9 | 8.4 | 11.7 | 24.8 | 71.0 | 109.0 |

相关反应式如下：

$$2Al + 2KOH + 6H_2O \longrightarrow 2K[Al(OH)_4] + 3H_2(g)$$
$$2K[Al(OH)_4] + H_2SO_4 \longrightarrow 2Al(OH)_3(s) + K_2SO_4 + 2H_2O$$
$$2Al(OH)_3(s) + 3H_2SO_4 \longrightarrow Al_2(SO_4)_3 + 6H_2O$$
$$Al_2(SO_4)_3 + K_2SO_4 + 24H_2O \longrightarrow 2KAl(SO_4)_2 \cdot 12H_2O$$

3. 明矾中铝的测定

EDTA 配位滴定法测定 $Al^{3+}$ 含量时，不能采用直接滴定法，其原因有：①$Al^{3+}$ 对指示剂二甲酚橙产生封闭作用；②$Al^{3+}$ 易水解，在最高允许酸度（pH=4.1）时，其水解副反应已相当明显，并可能形成多核羟基配合物。这些多核羟基配合物不仅与 EDTA 配位十分缓慢，还可能影响 $Al^{3+}$ 与 EDTA 的配位比，对滴定十分不利；③$Al^{3+}$ 与 EDTA 配位速度慢，需在过量 EDTA 存在下，煮沸才能配位完全，因此 $Al^{3+}$ 含量一般都采用返滴定法测定。在 pH=3～4 的 $Al^{3+}$ 溶液中，先加入准确过量的 EDTA 标准溶液，加热煮沸使 $Al^{3+}$ 与 EDTA 配位反应进行完全，再调节 pH=5～6，以二甲酚橙为指示剂，用 Zn 标准溶液返滴定剩余的 EDTA 溶液。再加入过量 $NH_4F$ 溶液并加热至沸，使 $AlY^-$ 与 $F^-$ 之间发生置换反应，释放出与 $Al^{3+}$ 等量的 EDTA，再用 Zn 标准溶液滴定释放出来的 EDTA

而得到 Al 含量。

### 三、仪器与试剂

仪器：电子天平、恒温水浴、容量瓶、移液管、滴定管、锥形瓶、酒精灯、坩埚钳、烧杯、量筒、表面皿、蒸发皿、滤纸、布氏漏斗、抽滤瓶、循环水真空泵、剪刀、玻璃棒、铁架台、铁圈、石棉网、pH 试纸。

试剂：废旧易拉罐、KOH(s)、$H_2SO_4$（3.0 mol·$L^{-1}$）、$K_2SO_4$(s)、乙醇（1∶1 水溶液）、EDTA 标准溶液（乙二胺四乙酸，0.02 mol·$L^{-1}$）、Zn 标准溶液（0.01 mol·$L^{-1}$）、HCl(6 mol·$L^{-1}$)、$NH_4F$(20%)、氨水（1∶1 水溶液）、六亚甲基四胺（20%）、二甲酚橙（0.2%）、去离子水。

### 四、实验内容

1. 明矾的制备

(1) 易拉罐的处理。将含铝的废旧易拉罐打磨或灼烧，除去表面油漆并剪碎。

(2) $K[Al(OH)_4]$ 的制备。称取 1.0 g KOH(s) 放于烧杯中，加入 20 mL 去离子水溶解。称取 0.5 g 剪碎的易拉罐，并分批加入 KOH 溶液中，不断搅拌至无气泡产生（注意该反应激烈，应在通风橱内进行，并防止溶液溅出）。反应完毕后，趁热过滤，保留滤液。

(3) $Al(OH)_3$ 的制备。将上述滤液转移至烧杯中，加热至沸，在不断搅拌下逐滴加入 $H_2SO_4$（3.0 mol·$L^{-1}$）。调节溶液 pH=8~9，此时溶液中生成大量的白色 $Al(OH)_3$ 沉淀，继续搅拌煮沸数分钟，并将沉淀静置陈化。减压抽滤，并用沸水洗涤沉淀，直至滤液 pH=7~8。

(4) 明矾的制备。将沉淀转移至烧杯中，边搅拌边滴加约 20 mL $H_2SO_4$（3.0 mol·$L^{-1}$），加热使其溶解生成 $Al_2(SO_4)_3$。将制备的 $Al_2(SO_4)_3$ 溶液转移至蒸发皿，加入计量 $K_2SO_4$(s)，加热至完全溶解。随后水浴蒸发浓缩，至表面出现晶膜后自然冷却。待结晶完全后，减压过滤，用乙醇（1∶1 水溶液）洗涤晶体 2~3 次，将晶体用滤纸吸干，称量并计算产率。

2. 明矾中铝的测定

准确称取明矾晶体 0.90~1.00 g 于烧杯中，微热至完全溶解，冷却后将溶液转移至 100 mL 容量瓶中定容，摇匀后备用。用移液管移取 25.00 mL 明矾溶液置于锥形瓶中。用滴定管准确加入 40.00 mL EDTA 标准溶液（0.02 mol·$L^{-1}$），随后滴加 3 滴二甲酚橙（0.2%）指示剂，并用氨水（1∶1 水溶液）调至溶液恰呈紫红色。滴加 2 滴 HCl（6.0 mol·$L^{-1}$）使溶液 pH=3~4，将溶液煮沸 2~3 min 并冷却。加入 20 mL 六亚甲基四胺（20%）使溶液 pH=5~6，此时溶液呈黄色（如溶液不为黄色，可用 HCl 调节）。随后用 Zn 标准溶液（0.01 mol·$L^{-1}$）滴定至溶液由黄色变为红紫色（此时不计体积）。再加入 10 mL $NH_4F$(20%) 溶液，使 $AlY^-$ 与 $F^-$ 之间发生置换反应，释放出与 $Al^{3+}$ 等量的 EDTA，将溶液加热至微沸后冷却，再补加 1 滴二甲酚橙（0.2%）指示剂，此时溶液应呈黄色。若溶液为红色，应滴加 HCl 使溶液呈黄色。再用 Zn 标准溶液（0.01 mol·L$^{-1}$）滴定释放出来的 EDTA 至溶液由黄色变为红紫色时，即为终点。平行测定 3 次。根据 Zn 标准溶液消耗的体积，计算明矾中 Al 质量分数和相对平均偏差。

3. 明矾净水实验

取 4 只洁净干燥的烧杯，编号为 1、2、3、4。向 1 号烧杯加入 50 mL 去离子水作为对照，向 2、3、4 号烧杯分别加入 50 mL 浑浊水样，并加入 5 mL 明矾（5 g·L$^{-1}$）溶液，搅拌均匀后分别用 NaOH 和 HCl 溶液调节水样 pH=3.0、7.0 和 11.0。观察絮状沉淀物和凝聚效果，记录实验现象并讨论实验结果。

### 五、实验数据记录与处理

1. 产品外观：_____；产品质量（g）：_____；产率（%）：_____。
2. 称取明矾质量：_____；Zn 标准溶液浓度：_____。
3. 将实验相关数据记录于表 5-26 中。

表 5-26 明矾中铝的测定数据记录

| 编号 | Zn 标准溶液 | | Zn 标准溶液用量/mL | Al 质量分数/% | Al 质量分数平均值/% | 相对平均偏差 |
| --- | --- | --- | --- | --- | --- | --- |
| | 初始读数 | 终点读数 | | | | |
| 1 | | | | | | |
| 2 | | | | | | |
| 3 | | | | | | |

4. 拍摄明矾净水前后照片对比，说明不同 pH 环境下明矾的净水效果。

### 六、思考题

1. 本实验在哪一步除去了易拉罐中的其他杂质？
2. 用沸水洗涤 Al(OH)$_3$ 沉淀时，除去的是什么离子？
3. 明矾中铝的测定过程中，两次加热的目的分别是什么？

## 实验 38　银纳米棱柱的制备及表面等离子共振效应的观察

### 一、实验目的

1. 掌握分步法制备银纳米棱柱；
2. 学习观察不同尺寸银纳米棱柱的等离子共振吸收现象。

### 二、实验原理

金属表面存在大量自由电子，自由电子在入射光场的作用下发生集体振荡，而在金属表面存在的自由振动的电子与光子相互作用产生的沿着金属表面传播的电子疏密波被称为表面等离子体（surface plasmons，SP）。入射光与金属表面的振荡电子发生共振，对入射光的吸收显著增强，这种现象被称为表面等离子共振（surface plasmon resonance，SPR）。而金属纳米粒子的表面等离子体共振，由于其较大的比表面积，展现出远强于宏观物体的等离子体共振强度。当入射光子的频率与金属内的等离子体振荡频率相同时，就会产生共振，对入射光产生很强的吸收作用，发生局域表面等离子体共振，在光谱上表现为一个强共振吸收或散射峰。共振的频率与电子的密度、电子有效质量、电荷分布的形状和大小等密切相关。而金属的表面等离子体共振峰位置和强度受到很多因素的影响，如金属表面介质的介电常数，金属颗粒的形状、尺寸、分布，等等。因此，通过调节金属纳米颗粒的尺寸和形状来调节表面等离子体共振效应具有可行性。

本实验将利用两步法，通过控制种子溶液、生长溶液的比例，得到形状和尺寸可控的银纳米晶。采用聚苯乙烯磺酸钠作为表面保护剂，柠檬酸钠和 $NaBH_4$ 共同还原 $AgNO_3$ 得到银纳米颗粒。将该银纳米颗粒作为晶种，再次加入 $AgNO_3$ 溶液中，并用抗坏血酸和柠檬酸钠继续还原，可以得到具有窄尺寸分布的银纳米棱柱。本实验通过两步法能够可控调节银纳米颗粒的形状及尺寸，因此可以观察到与此相对应的表面等离子共振峰位的变化，从外观上看即溶液的颜色发生了变化。

### 三、仪器与试剂

仪器：电子天平、磁力搅拌器、微量移液枪、锥形瓶、样品瓶、滴管、针管（带针头）、紫外-可见光谱仪等。

试剂：柠檬酸钠（s）、聚苯乙烯磺酸钠（s）、$NaBH_4$（s）、$AgNO_3$（s）、抗坏血酸（s）、去离子水。

### 四、实验内容

1. 晶种的制备。使用微量移液枪，称量并配制下列水溶液：①0.01 g 柠檬酸钠（s）溶于 5 mL 去离子水；②0.02 g 聚苯乙烯磺酸钠（s）溶于 2 mL 去离子水；③0.01 g $NaBH_4$(s) 溶于 1.5 mL 去离子水；④0.01 g $AgNO_3$(s) 溶于 10 mL 去离子水。注意：$AgNO_3$ 见光分解，因此在称量和配制溶液的过程中，需要注意避光。可用锡纸将容器包覆起来，并且要最后一个称量。

将配制好的柠檬酸钠、聚苯乙烯磺酸钠、$NaBH_4$ 水溶液分别倒入锥形瓶中，打开磁力搅拌器缓慢搅拌（转速为 20 r·$min^{-1}$）。再将 $AgNO_3$ 水溶液通过滴管缓慢、匀速地滴入锥形瓶中。待滴加完毕后，继续搅拌反应 10 min 至溶液颜色不再变化，此时晶种溶液为黄色。

2. 银纳米棱柱的制备。使用微量移液枪，称量并配制下列水溶液：①0.01 g 抗坏血酸（s）溶于 1 mL 去离子水；②0.01 g 柠檬酸钠（s）溶于 1 mL 去离子水；③0.008 g $AgNO_3$(s) 溶于 10 mL 去离子水。取 7 个洁净干燥的样品瓶，分别加入 5 mL 去离子水、100 μL 抗坏血酸溶液和 0.5 mL 柠檬酸钠溶液。打开磁力搅拌器缓慢搅拌（转速为

15 r·min$^{-1}$），再向样品瓶中分别加入不同量的晶种溶液 20 μL、30 μL、40 μL、50 μL、60 μL、80 μL、100 μL，样品瓶编号为 1~7。随后用针管每 5 min 一次性滴加 0.1 mL AgNO$_3$ 水溶液（共滴加 1 mL，大约经过 30 min），观察并记录溶液的颜色变化。反应结束后，观察并记录不同编号银纳米棱柱溶液的颜色，并进行紫外-可见光谱测试。注意：需要严格控制反应速度，反应过快，将导致在低浓度的晶种溶液下也产生大尺寸颗粒，使溶液颜色的辨识度下降。

### 五、实验结果与数据处理

1. 记录 20 μL 晶种溶液随着滴加不同量 AgNO$_3$ 水溶液的颜色变化，并拍摄照片对比。
2. 反应完毕后，记录不同量的晶种溶液得到银纳米棱柱溶液的颜色变化，并拍摄照片对比。
3. 使用 Origin 软件作图，绘制不同编号银纳米棱柱溶液的紫外-可见光谱图，并分析对应的紫外-可见吸收峰位的变化规律。

### 六、思考题

1. 按照加入不同量的晶种溶液，最终的产物尺寸应发生怎样的变化？
2. 查阅相关文献，分析银纳米颗粒的形貌（如球形、棒状、三角形等）对表面等离子共振效应有何影响。

## 实验 39　废电池的综合回收利用

### 一、实验目的

1. 了解锌锰干电池的构造和工作原理；
2. 学习废电池中有效成分的回收利用方法；
3. 进一步掌握废电池中无机物的提取、制备、提纯等方法。

### 二、实验原理

随着社会的快速发展，人类对能源的需求量不断增长，特别是各种电子器件和便携设备的迅速发展，各类电池在人们日常生活中的地位和作用也与日俱增，人们对电池产生了严重的依赖。电池在给我们带来巨大方便的同时也给我们的环境带来巨大的威胁。废电池产品对环境的污染主要是酸、碱等电解质溶液和一些重金属的污染，不同类型的电池污染物也不同（表 5-27）。电池的组成物质在使用过程中，被封存在电池壳内部，不会对环境造成影响。但经过长期机械磨损和腐蚀，发生内部的重金属和酸碱泄漏，进入土壤或水源，并通过各种途径进入人的食物链，对人体健康产生极大的危害。目前，电池的回收和利用已成为日益关注的重要课题。

表 5-27  常用电池的组成成分

| 电池类型 | 大量元素和物质 | 主要有害物质 |
| --- | --- | --- |
| 锌锰干电池 | $Zn, MnO_2, NH_4Cl, ZnCl_2$ | $Hg$ |
| 碱性锌锰电池 | $Zn, MnO_2, KOH$ | $Hg, KOH$ |
| 镍镉电池 | $Cd, Ni, KOH$ | $Cd, KOH$ |
| 镍氢电池 | $Ni, KOH$ | $Ni, KOH$ |
| 锂离子电池 | $Li, Co, Ni, Mn$ | 有机电解质 |
| 铅蓄电池 | $Pb, H_2SO_4$ | $Pb, H_2SO_4, PbSO_4$ |

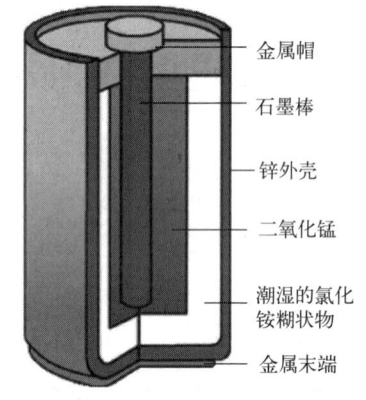

图 5-27  锌锰电池的构造

事实上，废电池中 95% 的物质均可回收，尤其是重金属的回收价值很高，日常生活中的锌锰干电池，其金属含量超过 50%，与其他类型的电池相比，具有较高的回收利用价值。锌锰干电池的负极是作为电池壳体的锌电极，正极是被 $MnO_2$ 包围着的石墨电极（为增强导电能力，填充有炭粉），电解质是 $NH_4Cl$ 及 $ZnCl_2$ 的糊状物，结构如图 5-27 所示。其电池反应为：

$$Zn + 2NH_4Cl + 2MnO_2 \longrightarrow Zn(NH_3)_2Cl_2 + 2MnOOH$$

随着电池的使用，锌电极会逐渐被消耗以至于造成泄漏的现象，正极 $MnO_2$ 的活性也不断减弱，最终电池中的 Zn、$MnO_2$、$NH_4Cl$ 这 3 种物质中有一种消耗完毕，锌锰干电池的放电随之终止，即我们常说的电池没电了。废旧锌锰干电池中含有的重金属和废酸电解质溶液，随着电池长时间暴露在地表或埋在地下，电池外壳会逐渐被腐蚀，里面的重金属会慢慢渗透土壤或者水体，直接造成严重的污染。废旧锌锰干电池中含有不止汞、锌、锰、铜等重金属，如果随用随丢，必将会对环境造成严重污染，造成资源浪费，故本实验将开展废锌锰干电池的回收利用研究。

### 三、仪器与试剂

仪器：电子天平、研钵、酒精灯、pH 试纸、滤纸、布氏漏斗、抽滤瓶、循环水真空泵、剪刀、玻璃棒、蒸发皿、铁架台、移液管、烧杯、锥形瓶、容量瓶、螺丝刀、钳子、小刀等。

试剂：废干电池（1，2 号均可）、$HCl$（2 mol·$L^{-1}$）、$AgNO_3$（1 mol·$L^{-1}$）、$H_2SO_4$（6 mol·$L^{-1}$）、$H_2O_2$（1 mol·$L^{-1}$）溶液、EDTA 标准溶液（0.02 mol·$L^{-1}$）、盐酸羟胺（$NH_2OH·HCl$，10%）、氨水-氯化铵缓冲溶液、铬黑 T 溶液、去离子水。

### 四、实验内容

1. **废锌锰干电池的处理。** 回收时剥去电池外层包装纸，用螺丝刀翘去顶盖。用小刀挖去顶盖下面的沥青层即可，用钳子慢慢拔出炭棒，可留着作为电极使用。用剪刀把废电池外壳剥开，取出里面黑色的物质，为 $MnO_2$、炭粉、$NH_4Cl$、$ZnCl_2$ 等的混合物，把这些黑色混合物倒入烧杯中，加入去离子水（每节 1 号电池加 50 mL 去离子水）后搅拌，溶解，过滤。滤液可用于提取 $NH_4Cl$，滤渣用以制备 $MnO_2$ 及锰的化合物，电池的锌壳可用以制锌及锌盐。

2. 锰盐的制备。从上述黑色混合物的滤渣中提取 $MnO_2$，先用研钵将黑色物质研碎，在烧杯中加入适量的去离子水将黑色物质分散，用 HCl（2 mol·L$^{-1}$）调节溶液 pH=2.0，并用酒精灯微热搅拌，待充分反应后，冷却减压过滤。再用去离子水洗涤 3 次，至溶液中无氯离子［取少量滤液于 1 支洁净的试管中，向其中加入 2 滴 $AgNO_3$（1 mol·L$^{-1}$）溶液，振荡均匀，观察是否有沉淀生成］。将黑色滤渣置于蒸发皿中高温灼烧 1 h，直至无火星产生，得到略带棕色的固体。冷却后即可得到锰的氧化物。除 $MnO_2$ 外，锰的氧化物中尚含有一些低价 Mn 和少量其他金属氧化物。例如，纯二氧化锰 535 ℃可分解为 $O_2$ 和 $Mn_2O_3$。将所得锰的氧化物加入 20 mL 去离子水、2 mL $H_2SO_4$（6 mol·L$^{-1}$）和 3 滴 $H_2O_2$（1 mol·L$^{-1}$）溶液。在酒精灯下加热溶解，待溶解完全并冷却后，减压过滤，将滤液加热蒸发并结晶，即可得到锰盐。

3. 计算锰的回收率。用电子天平准确称取 0.4000 g 回收的锰盐置于烧杯中，加入去离子水使其完全溶解。然后转移至 100 mL 容量瓶中定容，用移液管移取 20.00 mL 溶液置于锥形瓶中，依次加入 5 mL 盐酸羟胺（$NH_2OH·HCl$，10%）作为氧化还原掩蔽剂来还原高价锰，以防止共存离子效应。再加入 5 mL pH=10.0 的氨水-氯化铵作为缓冲溶液。随后滴加 2 滴铬黑 T 溶液作为指示剂。溶液轻微振荡摇匀后，用 EDTA 标准溶液（0.02 mol·L$^{-1}$）滴定，使锥形瓶中的溶液由紫红色变为蓝色，且 30 s 不变色，即达到终点，并平行标定 3 次。

## 五、实验结果与数据处理

1. 锰盐产品外观：_____；产品质量（g）：_____；产率（%）：_____。
2. 称取的锰盐质量：_____；EDTA 标准溶液浓度：_____。
3. 将实验相关数据记录于表 5-28 中。

表 5-28　锰的回收率实验数据记录

| 编号 | EDTA 标准溶液 | | EDTA 标准溶液用量/mL | Mn 质量分数/% | Mn 质量分数平均值/% | 相对平均偏差 |
|---|---|---|---|---|---|---|
| | 初始读数 | 终点读数 | | | | |
| 1 | | | | | | |
| 2 | | | | | | |
| 3 | | | | | | |

## 六、思考题

1. 请举例说明还有哪些废电池的回收方法，并简单评述利弊。
2. 除锌锰干电池外，日常生活中还有哪些常见的电池，并简要说明它们的工作原理。

## 实验40 新型荧光纳米显影剂的制备及其指纹显影的应用

### 一、实验目的

1. 了解指纹显影技术的基本原理；
2. 掌握热分解法制备荧光纳米材料的操作方法；
3. 熟悉识别指纹操作的流程。

### 二、实验原理

遗留在客体表面的潜指纹常常可以显示出犯罪嫌疑人的重要身份信息，采用有效的方法提取案发现场的指纹并鉴定，对刑事案件的侦破至关重要。指纹显影方法根据不同原理，一般有物理吸附法、化学显影法、光学显影法等传统指纹显影方法。其中最常用的是物理吸附法中的粉末显影法，该方法是利用指纹中的汗液、油脂等残留物质对粉末进行机械吸附或静电吸附作用而进行指纹显影，而显影粉末具备颗粒度适中、吸附力强、易保存等特点。特别是纳米荧光材料是兼具纳米尺寸与光致发光性能双重功效的一类荧光材料。在指纹识别工作中，指纹中残留物质与这一类材料结合后，在紫外灯照射下可显现清晰的指纹图像，是一种可以解决普通指纹提取过程中存在的粉末荧光不稳定、提取效果差、提取困难的有效手段。

在众多纳米材料中，石墨相氮化碳（$g\text{-}C_3N_4$）是不含金属元素、无毒、合成原料简单且易制备的一种聚合物材料，其稳定的化学性质和荧光发光性能使其可以作为一种有效的显影剂在刑侦领域进行推广使用。氮化碳材料的发展最早可以追溯到1834年，Berzelius制备了这种聚合物衍生物。基于三均三嗪结构的$g\text{-}C_3N_4$在外界环境中能够稳定存在，是直接带隙半导体（图5-28），具有与石墨类似的层状结构，层与层之间为范德瓦耳斯力。$g\text{-}C_3N_4$在大多数溶剂（如水、乙醇、吡啶、乙腈等）中能稳定存在，具有良好的化学稳定性。

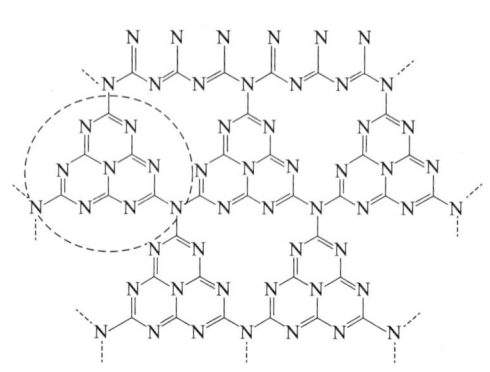

图5-28 具有三均三嗪结构的$g\text{-}C_3N_4$

本实验通过热缩聚有机物将富含碳氮的有机物经高温反应，脱去小分子生成产物$g\text{-}C_3N_4$。利用三聚氰酸和三聚氰胺的共同作用合成出一系列制备简单、性能优良的新型氮化碳材料，并探讨样品的荧光性能，以及暗室和自然光条件下指纹成像效果。合成出的$g\text{-}C_3N_4$材料不仅在荧光强度上有很大的提升，通过采用粉末喷洒法，可以实现对案发现场潜指纹的有效识别和提取，解决了普通粉末在应用于刑侦指纹识别时粉末堆积过多导致显影轮廓模糊的问题。

## 三、仪器与试剂

仪器：电子天平、研钵、瓷舟、管式炉、荧光光谱仪、紫外灯、玻璃片、喷壶等。

试剂：三聚氰酸、三聚氰胺、氮气。

## 四、实验内容

1. $g\text{-}C_3N_4$ 的制备。称取 1.0 g 三聚氰酸，以及不同量的三聚氰胺（1.0 g、2.0 g、3.0 g、4.0 g 和 5.0 g）用研钵研磨混合 0.5 h 后，分别置于瓷舟中。将瓷舟放置于氮气氛围下的管式炉正中心，并提前排空气约 30 min。随后将目标温度设置为 550 ℃，升温 4 h，保温 2 h。待自然降温后得到淡黄色块状样品，分别记作 $g\text{-}C_3N_4\text{-}X$（$X=1、2、3、4、5$），研磨成粉末备用。

传统 $g\text{-}C_3N_4$ 样品的制备：称取 5.0 g 的三聚氰胺置于瓷舟中，置于氮气氛围下的管式炉正中心，将目标温度设置为 550 ℃，升温 4 h，保温 2 h。待自然降温后研磨成粉末备用，记作 $g\text{-}C_3N_4\text{-}0$。

2. $g\text{-}C_3N_4$ 的荧光表征。将合成好的不同三聚氰酸与三聚氰胺配比的 $g\text{-}C_3N_4$ 粉末进行荧光光谱的测试，并以此选取荧光强度最佳的样品。即在 385 nm 光激发下，测试一系列 $g\text{-}C_3N_4\text{-}X$ 样品的荧光光谱。提示：随着三聚氰酸与三聚氰胺配比的增大，面内三均三嗪结构单元排列的有序性和层间堆积的紧实程度逐渐提高，样品的荧光强度也将增大。

3. 识别指纹操作流程。实验人员将手指清洗干净，在前额擦拭后，将手指轻轻地在某一客体上按上指纹。将一系列 $g\text{-}C_3N_4\text{-}X$ 粉末充分研磨后，装于喷壶中，喷洒在按好的指纹上，再用刑侦指纹刷轻轻扫去多余的样品粉末。此时，样品粉末便会与指纹作用，附着在指纹表面，用 365 nm 的紫外灯照射在样品上，随后拍摄荧光显现的指纹进行提取识别。为了更好地对指纹显影细节进行对比，我们将同一实验人员的同一手指清洗干净，将手指轻轻地在黑色墨水印板上蘸取印油，并将指纹印染在白纸上作为显影细节对比图。

## 五、实验结果与数据处理

1. 一系列 $g\text{-}C_3N_4\text{-}X$ 产品外观：_____；产品质量（g）：_____；产率（%）：_____。

2. 使用 Origin 软件作图，绘制不同三聚氰酸/三聚氰胺配比的 $g\text{-}C_3N_4$ 粉末荧光光谱，分析荧光发射峰的规律性。

3. 考察不同样品在暗室和自然光条件下，以玻璃为客体在 365 nm 紫外灯照射下的指纹显影，以墨水印指纹为对照，对一系列 $g\text{-}C_3N_4\text{-}X$ 粉末显影效果进行拍照对比，并完成表 5-29 数据。

表 5-29 一系列 $g\text{-}C_3N_4\text{-}X$ 粉末在紫外灯照射下的显影效果图

| $g\text{-}C_3N_4\text{-}0$ | $g\text{-}C_3N_4\text{-}1$ | $g\text{-}C_3N_4\text{-}2$ | $g\text{-}C_3N_4\text{-}3$ | $g\text{-}C_3N_4\text{-}4$ | $g\text{-}C_3N_4\text{-}5$ | 墨水印指纹 |
|---|---|---|---|---|---|---|
| | | | | | | |

### 六、思考题

1. 与传统 g-$C_3N_4$-0 样品相比,其他不同三聚氰酸与三聚氰胺配比的 g-$C_3N_4$ 粉末在相同荧光激发波长下,发射峰的强度为何增强?

2. g-$C_3N_4$ 粉末在不同留存时间的显影效果是否会有区别?为什么?

3. 查阅相关文献,给出 1~2 种 g-$C_3N_4$ 的其他制备方法。

# 附录

## 附录1 不同温度下水的饱和蒸气压

| 温度/℃ | 压力/kPa | 温度/℃ | 压力/kPa | 温度/℃ | 压力/kPa | 温度/℃ | 压力/kPa |
|---|---|---|---|---|---|---|---|
| 0 | 0.6105 | 4 | 0.8134 | 8 | 1.073 | 12 | 1.402 |
| 1 | 0.6568 | 5 | 0.8724 | 9 | 1.145 | 13 | 1.497 |
| 2 | 0.7058 | 6 | 0.9350 | 10 | 1.228 | 14 | 1.598 |
| 3 | 0.7580 | 7 | 1.002 | 11 | 1.312 | 15 | 1.705 |

## 附录2 弱电解质的电离平衡常数（0.01~0.1 mol·L$^{-1}$水溶液）

附录2.1 弱酸的电离平衡常数

| 酸 | 温度/℃ | 级 | $K_a^\ominus$ | $pK_a^\ominus$ |
|---|---|---|---|---|
| 砷酸（$H_3AsO_4$） | 18 | 1 | $5.62\times10^{-3}$ | 2.25 |
|  | 18 | 2 | $1.70\times10^{-7}$ | 6.77 |
|  | 18 | 3 | $3.95\times10^{-12}$ | 11.60 |
| 亚砷酸（$H_3AsO_3$） | 25 |  | $6\times10^{-19}$ | 9.23 |
| 正硼酸（$H_3BO_3$） | 20 |  | $7.3\times10^{-10}$ | 9.14 |
| 碳酸（$H_2CO_3$） | 25 | 1 | $4.30\times10^{-7}$ | 6.37 |
|  | 25 | 2 | $5.61\times10^{-11}$ | 10.25 |
| 铬酸（$H_2CrO_4$） | 25 | 1 | $1.8\times10^{-1}$ | 0.74 |
|  | 25 | 2 | $3.20\times10^{-7}$ | 6.49 |
| 氢氰酸（HCN） | 25 |  | $4.93\times10^{-10}$ | 9.31 |
| 氢氟酸（HF） | 25 |  | $3.53\times10^{-4}$ | 3.45 |
| 氢硫酸（$H_2S$） | 18 | 1 | $9.1\times10^{-8}$ | 7.04 |
|  | 18 | 2 | $1.1\times10^{-12}$ | 11.96 |
| 过氧化氢（$H_2O_2$） | 25 |  | $2.4\times10^{-12}$ | 11.62 |

续表

| 酸 | 温度/℃ | 级 | $K_a^\ominus$ | $pK_a^\ominus$ |
|---|---|---|---|---|
| 次溴酸(HBrO) | 25 | | $2.06\times10^{-9}$ | 8.69 |
| 次氯酸(HClO) | 18 | | $2.95\times10^{-8}$ | 7.53 |
| 次碘酸(HIO) | 25 | | $2.3\times10^{-11}$ | 10.64 |
| 碘酸($HIO_3$) | 25 | | $1.69\times10^{-1}$ | 0.77 |
| 亚硝酸($HNO_2$) | 12.5 | | $4.6\times10^{-4}$ | 3.37 |
| 高碘酸($HIO_4$) | 25 | | $2.3\times10^{-2}$ | 1.64 |
| 正磷酸($H_3PO_4$) | 25 | 1 | $7.52\times10^{-3}$ | 2.12 |
| | 25 | 2 | $6.23\times10^{-8}$ | 7.21 |
| | 18 | 3 | $2.2\times10^{-12}$ | 12.67 |
| 亚磷酸($H_3PO_3$) | 18 | 1 | $1.0\times10^{-2}$ | 2.00 |
| | 18 | 2 | $2.6\times10^{-7}$ | 6.59 |
| 焦磷酸($H_4P_2O_7$) | 18 | 1 | $1.4\times10^{-1}$ | 0.85 |
| | 18 | 2 | $3.2\times10^{-2}$ | 1.49 |
| | 18 | 3 | $1.7\times10^{-6}$ | 5.77 |
| | 18 | 4 | $6\times10^{-9}$ | 8.22 |
| 硒酸($H_2SeO_4$) | 25 | 2 | $1.2\times10^{-2}$ | 1.92 |
| 亚硒酸($H_2SeO_3$) | 25 | 1 | $3.5\times10^{-3}$ | 2.46 |
| | 25 | 2 | $5\times10^{-8}$ | 7.31 |
| 硅酸($H_2SiO_3$) | 常温 | 1 | $2\times10^{-10}$ | 9.70 |
| | 常温 | 2 | $1\times10^{-12}$ | 12.00 |
| 硫酸($H_2SO_4$) | 25 | 2 | $1.20\times10^{-2}$ | 1.92 |
| 亚硫酸($H_2SO_3$) | 18 | 1 | $1.54\times10^{-2}$ | 1.81 |
| | 18 | 2 | $1.02\times10^{-7}$ | 6.91 |
| 甲酸(HCOOH) | 20 | | $1.77\times10^{-4}$ | 3.75 |
| 醋酸(HAc) | 25 | | $1.76\times10^{-5}$ | 4.75 |
| 草酸($H_2C_2O_4$) | 25 | 1 | $5.90\times10^{-2}$ | 1.23 |
| | 25 | 2 | $6.40\times10^{-5}$ | 4.19 |

附录 2.2　弱碱的电离平衡常数

| 碱 | 温度/℃ | 级 | $K_b^\ominus$ | $pK_b^\ominus$ |
|---|---|---|---|---|
| 氨水($NH_3\cdot H_2O$) | 25 | | $1.79\times10^{-5}$ | 4.75 |
| 氢氧化铍[$Be(OH)_2$] | 25 | 2 | $5\times10^{-11}$ | 10.30 |
| 氢氧化钙[$Ca(OH)_2$] | 25 | 1 | $3.74\times10^{-3}$ | 2.43 |
| | 30 | 2 | $4.0\times10^{-2}$ | 1.40 |
| 联氨($NH_2\cdot NH_2$) | 20 | | $1.7\times10^{-6}$ | 5.77 |

续表

| 碱 | 温度/℃ | 级 | $K_b^{\ominus}$ | $pK_b^{\ominus}$ |
|---|---|---|---|---|
| 羟胺($NH_2OH$) | 20 | | $1.07 \times 10^{-8}$ | 7.97 |
| 氢氧化铅[$Pb(OH)_2$] | 25 | | $9.6 \times 10^{-4}$ | 3.02 |
| 氢氧化银(AgOH) | 25 | | $1.1 \times 10^{-4}$ | 3.96 |
| 氢氧化锌[$Zn(OH)_2$] | 25 | | $9.6 \times 10^{-4}$ | 3.02 |

## 附录3 常见难溶电解质的溶度积常数

| 难溶电解质 | $K_{sp}^{\ominus}$ | 难溶电解质 | $K_{sp}^{\ominus}$ |
|---|---|---|---|
| AgAc | $1.94 \times 10^{-3}$ | CuI | $1.27 \times 10^{-12}$ |
| AgBr | $5.35 \times 10^{-13}$ | CuOH | $1.0 \times 10^{-14}$ |
| AgCl | $1.77 \times 10^{-10}$ | $Cu(OH)_2$ | $2.2 \times 10^{-20}$ |
| $Ag_2CO_3$ | $8.46 \times 10^{-12}$ | $Cu_3(PO_4)_2$ | $1.40 \times 10^{-37}$ |
| $Ag_2C_2O_4$ | $5.40 \times 10^{-12}$ | $Cu_2P_2O_7$ | $8.3 \times 10^{-16}$ |
| $Ag_2CrO_4$ | $1.12 \times 10^{-12}$ | CuS | $6.3 \times 10^{-36}$ |
| $Ag_2Cr_2O_7$ | $2.0 \times 10^{-7}$ | $Cu_2S$ | $2.5 \times 10^{-48}$ |
| AgI | $8.52 \times 10^{-17}$ | $FeCO_3$ | $3.2 \times 10^{-11}$ |
| $AgIO_3$ | $3.17 \times 10^{-8}$ | $FeC_2O_4 \cdot 2H_2O$ | $3.2 \times 10^{-7}$ |
| $AgNO_2$ | $6.0 \times 10^{-4}$ | $Fe(OH)_2$ | $4.87 \times 10^{-17}$ |
| AgOH | $2.0 \times 10^{-8}$ | $Fe(OH)_3$ | $2.79 \times 10^{-39}$ |
| $Ag_3PO_4$ | $8.89 \times 10^{-17}$ | FeS | $6.3 \times 10^{-18}$ |
| $Ag_2SO_4$ | $1.20 \times 10^{-5}$ | $Hg_2Cl_2$ | $1.43 \times 10^{-18}$ |
| $Ag_2S(\alpha)$ | $6.3 \times 10^{-50}$ | $Hg_2I_2$ | $5.2 \times 10^{-29}$ |
| $Ag_2S(\beta)$ | $1.09 \times 10^{-49}$ | $Hg(OH)_2$ | $3.0 \times 10^{-26}$ |
| $Al(OH)_3$ | $1.3 \times 10^{-33}$ | $Hg_2S$ | $1.0 \times 10^{-47}$ |
| AuCl | $2.0 \times 10^{-13}$ | HgS(红) | $4.0 \times 10^{-53}$ |
| $AuCl_3$ | $3.2 \times 10^{-25}$ | HgS(黑) | $1.6 \times 10^{-52}$ |
| $Au(OH)_3$ | $5.5 \times 10^{-46}$ | $Hg_2SO_4$ | $6.5 \times 10^{-7}$ |
| $BaCO_3$ | $2.58 \times 10^{-9}$ | $KIO_4$ | $3.71 \times 10^{-4}$ |
| $BaC_2O_4$ | $1.6 \times 10^{-7}$ | $K_2[PtCl_6]$ | $7.48 \times 10^{-6}$ |
| $BaCrO_4$ | $1.17 \times 10^{-10}$ | $K_2[SiF_6]$ | $8.7 \times 10^{-7}$ |
| $BaF_2$ | $1.84 \times 10^{-7}$ | $Li_2CO_3$ | $8.15 \times 10^{-4}$ |
| $Ba_3(PO_4)_2$ | $3.4 \times 10^{-23}$ | LiF | $1.84 \times 10^{-3}$ |
| $BaSO_3$ | $5.0 \times 10^{-10}$ | $MgNH_4PO_4$ | $2.5 \times 10^{-13}$ |
| CuBr | $6.27 \times 10^{-9}$ | $MgF_2$ | $5.16 \times 10^{-11}$ |
| CuCN | $3.47 \times 10^{-20}$ | $Mg(OH)_2$ | $5.61 \times 10^{-12}$ |
| $CuCO_3$ | $1.4 \times 10^{-10}$ | $MnCO_3$ | $2.24 \times 10^{-11}$ |
| CuCl | $1.72 \times 10^{-7}$ | $BaSO_4$ | $1.08 \times 10^{-10}$ |
| $CuCrO_4$ | $3.6 \times 10^{-6}$ | $BaS_2O_3$ | $1.6 \times 10^{-5}$ |

续表

| 难溶电解质 | $K_{sp}^{\ominus}$ | 难溶电解质 | $K_{sp}^{\ominus}$ |
|---|---|---|---|
| $Bi(OH)_3$ | $4.0\times10^{-31}$ | $Ni(OH)_2$(新析出) | $2.0\times10^{-15}$ |
| $BiOCl$ | $1.8\times10^{-31}$ | $\alpha$-$NiS$ | $3.2\times10^{-19}$ |
| $Bi_2S_3$ | $1.0\times10^{-9}$ | $\beta$-$NiS$ | $1.0\times10^{-24}$ |
| $CaCO_3$ | $3.36\times10^{-9}$ | $\gamma$-$NiS$ | $2.0\times10^{-26}$ |
| $CaC_2O_4\cdot H_2O$ | $2.32\times10^{-4}$ | $PbBr_2$ | $6.60\times10^{-6}$ |
| $CaCrO_4$ | $7.1\times10^{-4}$ | $PbCl_2$ | $1.7\times10^{-5}$ |
| $CaF_2$ | $3.45\times10^{-11}$ | $PbCO_3$ | $7.4\times10^{-14}$ |
| $CaHPO_4$ | $1.0\times10^{-6}$ | $PbC_2O_4$ | $4.8\times10^{-10}$ |
| $Ca(OH)_2$ | $5.02\times10^{-33}$ | $PbCrO_4$ | $2.8\times10^{-13}$ |
| $Ca_3(PO_4)_2$ | $2.07\times10^{-5}$ | $PbF_2$ | $7.12\times10^{-7}$ |
| $CaSO_4$ | $4.93\times10^{-5}$ | $PbI_2$ | $9.8\times10^{-9}$ |
| $CaSO_3\cdot0.5H_2O$ | $3.1\times10^{-12}$ | $Pb(OH)_2$ | $1.43\times10^{-20}$ |
| $CdCO_3$ | $1.0\times10^{-8}$ | $Pb(OH)_4$ | $3.2\times10^{-44}$ |
| $CdC_2O_4\cdot3H_2O$ | $1.42\times10^{-14}$ | $Pb_3(PO_4)_2$ | $8.0\times10^{-40}$ |
| $Cd(OH)_2$(新析出) | $2.5\times10^{-27}$ | $PbMoO_4$ | $1.0\times10^{-13}$ |
| $CdS$ | $8.0\times10^{-13}$ | $PbS$ | $8.0\times10^{-28}$ |
| $CoCO_3$ | $1.4\times10^{-15}$ | $PbSO_4$ | $2.53\times10^{-8}$ |
| $Co(OH)_2$(桃红) | $1.6\times10^{-15}$ | $Sn(OH)_2$ | $5.45\times10^{-27}$ |
| $Co(OH)_2$(蓝) | $5.92\times10^{-44}$ | $Sn(OH)_4$ | $1.0\times10^{-56}$ |
| $Co(OH)_3$ | $1.6\times10^{-21}$ | $SnS$ | $1.0\times10^{-25}$ |
| $CoS(\alpha)$(新析出) | $4.0\times10^{-25}$ | $SrCO_3$ | $5.60\times10^{-10}$ |
| $CoS(\beta)$(陈化) | $2.0\times10^{-21}$ | $SrC_2O_4\cdot H_2O$ | $1.6\times10^{-7}$ |
| $Cr(OH)_3$ | $6.3\times10^{-25}$ | $SrCrO_4$ | $2.2\times10^{-5}$ |
| $Mn(OH)_2$ | $1.9\times10^{-13}$ | $SrSO_4$ | $3.44\times10^{-7}$ |
| $MnS$(无定形) | $2.5\times10^{-10}$ | $ZnCO_3$ | $1.46\times10^{-10}$ |
| $MnS$(结晶) | $2.5\times10^{-13}$ | $Zn(OH)_2$ | $3.0\times10^{-17}$ |
| $Na_3AlF_6$ | $4.0\times10^{-10}$ | $\alpha$-$ZnS$ | $1.6\times10^{-24}$ |
| $NiCO_3$ | $1.42\times10^{-7}$ | $\beta$-$ZnS$ | $2.5\times10^{-22}$ |

## 附录4 标准电极电势表(25 ℃)

| 电极反应 | $E^{\ominus}/V$ | 电极反应 | $E^{\ominus}/V$ |
|---|---|---|---|
| $Ag^+ + e^- \rightleftharpoons Ag$ | 0.7996 | $Ag_2CO_3 + 2e^- \rightleftharpoons 2Ag + CO_3^{2-}$ | 0.47 |
| $Ag^{2+} + e^- \rightleftharpoons Ag^+$ | 1.980 | $Ag_2CrO_4 + 2e^- \rightleftharpoons 2Ag + CrO_4^{2-}$ | 0.4470 |
| $AgAc + e^- \rightleftharpoons Ag + Ac^-$ | 0.643 | $AgF + e^- \rightleftharpoons Ag + F^-$ | 0.779 |
| $AgBr + e^- \rightleftharpoons Ag + Br^-$ | 0.07133 | $AgI + e^- \rightleftharpoons Ag + I^-$ | $-0.15224$ |
| $Ag_2BrO_3 + e^- \rightleftharpoons 2Ag + BrO_3^-$ | 0.546 | $Ag_2S + 2H^+ + 2e^- \rightleftharpoons 2Ag + H_2S$ | $-0.0366$ |
| $Ag_2C_2O_4 + 2e^- \rightleftharpoons 2Ag + C_2O_4^{2-}$ | 0.4647 | $AgSCN + e^- \rightleftharpoons Ag + SCN^-$ | 0.08951 |
| $AgCl + e^- \rightleftharpoons Ag + Cl^-$ | 0.22233 | $Ag_2SO_4 + 2e^- \rightleftharpoons 2Ag + SO_4^{2-}$ | 0.654 |

续表

| 电极反应 | $E^{\ominus}/V$ | 电极反应 | $E^{\ominus}/V$ |
|---|---|---|---|
| $Al^{3+}+3e^- \rightleftharpoons Al$ | $-1.662$ | $In^{3+}+2e^- \rightleftharpoons In^+$ | $0.443$ |
| $AlF_6^{2-}+3e^- \rightleftharpoons Al+6F^-$ | $-2.069$ | $In^{3+}+3e^- \rightleftharpoons In$ | $-0.3382$ |
| $As_2O_3+6H^++6e^- \rightleftharpoons 2As+3H_2O$ | $0.234$ | $Ir^{3+}+3e^- \rightleftharpoons Ir$ | $1.159$ |
| $HAsO_2+3H^++3e^- \rightleftharpoons As+2H_2O$ | $0.248$ | $K^++e^- \rightleftharpoons K$ | $-2.931$ |
| $H_3AsO_4+2H^++2e^- \rightleftharpoons HAsO_2+2H_2O$ | $0.560$ | $La^{3+}+3e^- \rightleftharpoons La$ | $-2.522$ |
| $Au^++e^- \rightleftharpoons Au$ | $1.692$ | $Li^++e^- \rightleftharpoons Li$ | $-3.0401$ |
| $Au^{3+}+3e^- \rightleftharpoons Au$ | $1.498$ | $Mg^{2+}+2e^- \rightleftharpoons Mg$ | $-2.372$ |
| $AuCl_4^-+3e^- \rightleftharpoons Au+4Cl^-$ | $1.002$ | $Mn^{2+}+2e^- \rightleftharpoons Mn$ | $-1.185$ |
| $Au^{3+}+2e^- \rightleftharpoons Au^+$ | $1.401$ | $Mn^{3+}+e^- \rightleftharpoons Mn^{2+}$ | $1.5415$ |
| $H_3BO_3+3H^++3e^- \rightleftharpoons B+3H_2O$ | $-0.8698$ | $MnO_2+4H^++2e^- \rightleftharpoons Mn^{2+}+2H_2O$ | $1.224$ |
| $Ba^{2+}+2e^- \rightleftharpoons Ba$ | $-2.912$ | $MnO_4^-+e^- \rightleftharpoons MnO_4^{2-}$ | $0.558$ |
| $Ba^{2+}+2e^- \rightleftharpoons Ba(Hg 电极)$ | $-1.570$ | $MnO_4^-+4H^++3e^- \rightleftharpoons MnO_2+2H_2O$ | $1.679$ |
| $Be^{2+}+2e^- \rightleftharpoons Be$ | $-1.847$ | $MnO_4^-+8H^++5e^- \rightleftharpoons Mn^{2+}+4H_2O$ | $1.507$ |
| $BiCl_4^-+3e^- \rightleftharpoons Bi+4Cl^-$ | $0.16$ | $Mo^{3+}+3e^- \rightleftharpoons Mo$ | $-0.200$ |
| $Bi_2O_4+4H^++2e^- \rightleftharpoons 2BiO^++2H_2O$ | $1.593$ | $N_2+2H_2O+6H^++6e^- \rightleftharpoons 2NH_4OH$ | $0.092$ |
| $BiO^++2H^++3e^- \rightleftharpoons Bi+H_2O$ | $0.320$ | $N_2+6H^++6e^- \rightleftharpoons 2NH_3(aq)$ | $-3.09$ |
| $BiOCl+2H^++3e^- \rightleftharpoons Bi+Cl^-+H_2O$ | $0.1583$ | $N_2O+2H^++2e^- \rightleftharpoons N_2+H_2O$ | $1.766$ |
| $Br_2(aq)+2e^- \rightleftharpoons 2Br^-$ | $1.0873$ | $N_2O_4+2e^- \rightleftharpoons 2NO_2^-$ | $0.867$ |
| $Br_2(l)+2e^- \rightleftharpoons 2Br^-$ | $1.066$ | $N_2O_4+2H^++2e^- \rightleftharpoons 2HNO_2$ | $1.065$ |
| $HBrO+H^++2e^- \rightleftharpoons Br^-+H_2O$ | $1.331$ | $N_2O_4+4H^++4e^- \rightleftharpoons 2NO+2H_2O$ | $1.035$ |
| $HBrO+H^++e^- \rightleftharpoons 1/2Br_2(aq)+H_2O$ | $1.574$ | $2NO+2H^++2e^- \rightleftharpoons N_2O+H_2O$ | $1.591$ |
| $HBrO+H^++e^- \rightleftharpoons 1/2Br_2(l)+H_2O$ | $1.596$ | $HNO_2+H^++e^- \rightleftharpoons NO+H_2O$ | $0.983$ |
| $BrO_3^-+6H^++5e^- \rightleftharpoons 1/2Br_2+3H_2O$ | $1.482$ | $2HNO_2+4H^++4e^- \rightleftharpoons N_2O+3H_2O$ | $1.297$ |
| $BrO_3^-+6H^++6e^- \rightleftharpoons Br^-+3H_2O$ | $1.423$ | $NO_3^-+3H^++2e^- \rightleftharpoons HNO_2+H_2O$ | $0.934$ |
| $Ca^{2+}+2e^- \rightleftharpoons Ca$ | $-2.868$ | $NO_3^-+4H^++3e^- \rightleftharpoons NO+2H_2O$ | $0.957$ |
| $Cd^{2+}+2e^- \rightleftharpoons Cd$ | $-0.4030$ | $2NO_3^-+4H^++2e^- \rightleftharpoons N_2O_4+2H_2O$ | $0.803$ |
| $CdSO_4+2e^- \rightleftharpoons Cd+SO_4^{2-}$ | $-0.246$ | $Na^++e^- \rightleftharpoons Na$ | $-2.71$ |
| $H_2O_2+2H^++2e^- \rightleftharpoons 2H_2O$ | $1.776$ | $Nb^{3+}+3e^- \rightleftharpoons Nb$ | $-1.1$ |
| $Hg^{2+}+2e^- \rightleftharpoons Hg$ | $0.851$ | $Ni^{2+}+2e^- \rightleftharpoons Ni$ | $-0.257$ |
| $2Hg^{2+}+2e^- \rightleftharpoons Hg_2^{2+}$ | $0.920$ | $NiO_2+4H^++2e^- \rightleftharpoons Ni^{2+}+2H_2O$ | $1.678$ |
| $Hg_2^{2+}+2e^- \rightleftharpoons 2Hg$ | $0.7973$ | $O_2+2H^++2e^- \rightleftharpoons H_2O_2$ | $0.695$ |
| $Hg_2Br_2+2e^- \rightleftharpoons 2Hg+2Br^-$ | $0.13923$ | $Te^{4+}+4e^- \rightleftharpoons Te$ | $0.568$ |
| $Hg_2Cl_2+2e^- \rightleftharpoons 2Hg+2Cl^-$ | $0.26808$ | $TeO_2+4H^++4e^- \rightleftharpoons Te+2H_2O$ | $0.593$ |
| $Hg_2I_2+2e^- \rightleftharpoons 2Hg+2I^-$ | $-0.0405$ | $TeO_4^-+8H^++7e^- \rightleftharpoons Te+4H_2O$ | $0.472$ |
| $Hg_2SO_4+2e^- \rightleftharpoons 2Hg+SO_4^{2-}$ | $0.6125$ | $H_6TeO_6+2H^++2e^- \rightleftharpoons TeO_2+4H_2O$ | $1.02$ |
| $I_2+2e^- \rightleftharpoons 2I^-$ | $0.5355$ | $Th^{4+}+4e^- \rightleftharpoons Th$ | $-1.899$ |
| $I_3^-+2e^- \rightleftharpoons 3I^-$ | $0.536$ | $Ti^{2+}+2e^- \rightleftharpoons Ti$ | $-1.630$ |
| $H_5IO_6+H^++2e^- \rightleftharpoons IO_3^-+3H_2O$ | $1.601$ | $Ti^{3+}+e^- \rightleftharpoons Ti^{2+}$ | $-0.368$ |
| $2HIO+2H^++2e^- \rightleftharpoons I_2+2H_2O$ | $1.439$ | $TiO^{2+}+2H^++e^- \rightleftharpoons Ti^{3+}+H_2O$ | $0.099$ |
| $HIO+H^++2e^- \rightleftharpoons I^-+H_2O$ | $0.987$ | $TiO_2+4H^++2e^- \rightleftharpoons Ti^{3+}+2H_2O$ | $-0.502$ |
| $2IO_3^-+12H^++10e^- \rightleftharpoons I_2+6H_2O$ | $1.195$ | $Tl^++e^- \rightleftharpoons Tl$ | $-0.336$ |
| $IO_3^-+6H^++6e^- \rightleftharpoons I^-+3H_2O$ | $1.085$ | $V^{2+}+2e^- \rightleftharpoons V$ | $-1.175$ |

续表

| 电极反应 | $E^{\ominus}/V$ | 电极反应 | $E^{\ominus}/V$ |
|---|---|---|---|
| $AgCN+e^- \rightleftharpoons Ag+CN^-$ | -0.017 | $ClO_3^-+6H^++5e^- \rightleftharpoons 1/2Cl_2+3H_2O$ | 1.47 |
| $[Ag(CN)_2]^-+e^- \rightleftharpoons Ag+2CN^-$ | -0.31 | $ClO_3^-+6H^++6e^- \rightleftharpoons Cl^-+3H_2O$ | 1.451 |
| $Ag_2O+H_2O+2e^- \rightleftharpoons 2Ag+2OH^-$ | 0.342 | $ClO_4^-+2H^++2e^- \rightleftharpoons ClO_3^-+H_2O$ | 1.189 |
| $2AgO+H_2O+2e^- \rightleftharpoons Ag_2O+2OH^-$ | 0.607 | $ClO_4^-+8H^++7e^- \rightleftharpoons 1/2Cl_2+4H_2O$ | 1.39 |
| $Ag_2S+2e^- \rightleftharpoons 2Ag+S^{2-}$ | -0.691 | $ClO_4^-+8H^++8e^- \rightleftharpoons Cl^-+4H_2O$ | 1.389 |
| $AsO_2^-+2H_2O+3e^- \rightleftharpoons As+4OH^-$ | -0.68 | $Co^{2+}+2e^- \rightleftharpoons Co$ | -0.28 |
| $AsO_4^{3-}+2H_2O+2e^- \rightleftharpoons AsO_2^-+4OH^-$ | -0.71 | $Co^{3+}+e^- \rightleftharpoons Co^{2+}$ (2mol·L$^{-1}$ H$_2$SO$_4$) | 1.83 |
| $H_2BO_3^-+5H_2O+8e^- \rightleftharpoons BH_4^-+8OH^-$ | -1.24 | $CO_2+2H^++2e^- \rightleftharpoons HCOOH$ | -0.199 |
| $H_2BO_3^-+H_2O+3e^- \rightleftharpoons B+4OH^-$ | -1.79 | $Cr^{2+}+2e^- \rightleftharpoons Cr$ | -0.913 |
| $Ba(OH)_2+2e^- \rightleftharpoons Ba+2OH^-$ | -2.99 | $Cr^{3+}+e^- \rightleftharpoons Cr^{2+}$ | -0.407 |
| $Be_2O_3^{2-}+3H_2O+4e^- \rightleftharpoons 2Be+6OH^-$ | -2.63 | $Cr^{3+}+3e^- \rightleftharpoons Cr$ | -0.744 |
| $Bi_2O_3+3H_2O+6e^- \rightleftharpoons 2Bi+6OH^-$ | -0.46 | $Cr_2O_7^{2-}+14H^++6e^- \rightleftharpoons 2Cr^{3+}+7H_2O$ | 1.232 |
| $BrO^-+H_2O+2e^- \rightleftharpoons Br^-+2OH^-$ | 0.761 | $HCrO_4^-+7H^++3e^- \rightleftharpoons Cr^{3+}+4H_2O$ | 1.350 |
| $BrO_3^-+3H_2O+6e^- \rightleftharpoons Br^-+6OH^-$ | 0.61 | $Cu^++e^- \rightleftharpoons Cu$ | 0.521 |
| $Ca(OH)_2+2e^- \rightleftharpoons Ca+2OH^-$ | -3.02 | $Cu^{2+}+e^- \rightleftharpoons Cu^+$ | 0.153 |
| $Ca(OH)_2+2e^- \rightleftharpoons Ca(Hg电极)+2OH^-$ | -0.809 | $Cu^{2+}+2e^- \rightleftharpoons Cu$ | 0.3419 |
| $ClO^-+H_2O+2e^- \rightleftharpoons Cl^-+2OH^-$ | 0.81 | $CuCl+e^- \rightleftharpoons Cu+Cl^-$ | 0.124 |
| $ClO_2^-+H_2O+2e^- \rightleftharpoons ClO^-+2OH^-$ | 0.66 | $F_2+2H^++2e^- \rightleftharpoons 2HF$ | 3.053 |
| $ClO_2^-+2H_2O+4e^- \rightleftharpoons Cl^-+4OH^-$ | 0.76 | $F_2+2e^- \rightleftharpoons 2F^-$ | 2.866 |
| $ClO_3^-+H_2O+2e^- \rightleftharpoons ClO_2^-+2OH^-$ | 0.33 | $Fe^{2+}+2e^- \rightleftharpoons Fe$ | -0.447 |
| $ClO_3^-+3H_2O+6e^- \rightleftharpoons Cl^-+6OH^-$ | 0.62 | $Fe^{3+}+3e^- \rightleftharpoons Fe$ | -0.037 |
| $ClO_4^-+H_2O+2e^- \rightleftharpoons ClO_3^-+2OH^-$ | 0.36 | $Fe^{3+}+e^- \rightleftharpoons Fe^{2+}$ | 0.771 |
| $[Co(NH_3)_6]^{3+}+e^- \rightleftharpoons [Co(NH_3)_6]^{2+}$ | 0.108 | $[Fe(CN)_6]^{3-}+e^- \rightleftharpoons [Fe(CN)_6]^{4-}$ | 0.358 |
| $Co(OH)_2+2e^- \rightleftharpoons Co+2OH^-$ | -0.73 | $FeO_4^{2-}+8H^++3e^- \rightleftharpoons Fe^{3+}+4H_2O$ | 2.20 |
| $Co(OH)_3+e^- \rightleftharpoons Co(OH)_2+OH^-$ | 0.17 | $Ga^{3+}+3e^- \rightleftharpoons Ga$ | -0.560 |
| $CrO_2^-+2H_2O+3e^- \rightleftharpoons Cr+4OH^-$ | -1.2 | $2H^++2e^- \rightleftharpoons H_2$ | 0.00000 |
| $CrO_4^{2-}+4H_2O+3e^- \rightleftharpoons Cr(OH)_3+5OH^-$ | -0.13 | $H_2(g)+2e^- \rightleftharpoons 2H^-$ | -2.23 |
| $Cr(OH)_3+3e^- \rightleftharpoons Cr+3OH^-$ | -1.48 | $HO_2+H^++e^- \rightleftharpoons H_2O_2$ | 1.495 |
| $Cu^{2+}+2CN^-+e^- \rightleftharpoons [Cu(CN)_2]^-$ | 1.103 | $O_2+4H^++4e^- \rightleftharpoons 2H_2O$ | 1.229 |
| $[Cu(CN)_2]^-+e^- \rightleftharpoons Cu+2CN^-$ | -0.429 | $O(g)+2H^++2e^- \rightleftharpoons H_2O$ | 2.421 |
| $Cu_2O+H_2O+2e^- \rightleftharpoons 2Cu+2OH^-$ | -0.360 | $O_3+2H^++2e^- \rightleftharpoons O_2+H_2O$ | 2.076 |
| $Cd^{2+}+2e^- \rightleftharpoons Cd(Hg电极)$ | -0.3521 | $P(红磷)+3H^++3e^- \rightleftharpoons PH_3(g)$ | -0.111 |
| $Ce^{3+}+3e^- \rightleftharpoons Ce$ | -2.483 | $P(白磷)+3H^++3e^- \rightleftharpoons PH_3(g)$ | -0.063 |
| $Cl_2(g)+2e^- \rightleftharpoons 2Cl^-$ | 1.35827 | $H_3PO_2+H^++e^- \rightleftharpoons P+2H_2O$ | -0.508 |
| $HClO+H^++e^- \rightleftharpoons 1/2Cl_2+H_2O$ | 1.611 | $H_3PO_3+2H^++2e^- \rightleftharpoons H_3PO_2+H_2O$ | -0.499 |
| $HClO+H^++2e^- \rightleftharpoons Cl^-+H_2O$ | 1.482 | $H_3PO_3+3H^++3e^- \rightleftharpoons P+3H_2O$ | -0.454 |
| $ClO_2+H^++e^- \rightleftharpoons HClO_2$ | 1.277 | $H_3PO_4+2H^++2e^- \rightleftharpoons H_3PO_3+H_2O$ | -0.276 |
| $HClO_2+2H^++2e^- \rightleftharpoons HClO+H_2O$ | 1.645 | $Pb^{2+}+2e^- \rightleftharpoons Pb$ | -0.1262 |
| $HClO_2+3H^++3e^- \rightleftharpoons 1/2Cl_2+2H_2O$ | 1.628 | $PbBr_2+2e^- \rightleftharpoons Pb+2Br^-$ | -0.284 |
| $HClO_2+3H^++4e^- \rightleftharpoons Cl^-+2H_2O$ | 1.570 | $PbCl_2+2e^- \rightleftharpoons Pb+2Cl^-$ | -0.2675 |
| $ClO_3^-+2H^++e^- \rightleftharpoons ClO_2+H_2O$ | 1.152 | $PbF_2+2e^- \rightleftharpoons Pb+2F^-$ | -0.3444 |
| $ClO_3^-+3H^++2e^- \rightleftharpoons HClO_2+H_2O$ | 1.214 | $PbI_2+2e^- \rightleftharpoons Pb+2I^-$ | -0.365 |

续表

| 电极反应 | $E^{\ominus}/V$ | 电极反应 | $E^{\ominus}/V$ |
|---|---|---|---|
| $PbO_2 + 4H^+ + 2e^- \rightleftharpoons Pb^{2+} + 2H_2O$ | 1.455 | $WO_2 + 4H^+ + 4e^- \rightleftharpoons W + 2H_2O$ | $-0.119$ |
| $PbO_2 + SO_4^{2-} + 4H^+ + 2e^- \rightleftharpoons PbSO_4 + 2H_2O$ | 1.6913 | $WO_3 + 6H^+ + 6e^- \rightleftharpoons W + 3H_2O$ | $-0.090$ |
| $PbSO_4 + 2e^- \rightleftharpoons Pb + SO_4^{2-}$ | $-0.3588$ | $2WO_3 + 2H^+ + 2e^- \rightleftharpoons W_2O_5 + H_2O$ | $-0.029$ |
| $Pd^{2+} + 2e^- \rightleftharpoons Pd$ | 0.951 | $Y^{3+} + 3e^- \rightleftharpoons Y$ | $-2.37$ |
| $PdCl_4^{2-} + 2e^- \rightleftharpoons Pd + 4Cl^-$ | 0.591 | $Zn^{2+} + 2e^- \rightleftharpoons Zn$ | $-0.7618$ |
| $Pt^{2+} + 2e^- \rightleftharpoons Pt$ | 1.118 | $Cu(OH)_2 + 2e^- \rightleftharpoons Cu + 2OH^-$ | $-0.222$ |
| $Rb^+ + e^- \rightleftharpoons Rb$ | $-2.98$ | $2Cu(OH)_2 + 2e^- \rightleftharpoons Cu_2O + 2OH^- + H_2O$ | $-0.080$ |
| $Re^{3+} + 3e^- \rightleftharpoons Re$ | 0.300 | $[Fe(CN)_6]^{3-} + e^- \rightleftharpoons [Fe(CN)_6]^{4-}$ | 0.358 |
| $S + 2H^+ + 2e^- \rightleftharpoons H_2S(aq)$ | 0.142 | $Fe(OH)_3 + e^- \rightleftharpoons Fe(OH)_2 + OH^-$ | $-0.56$ |
| $S_2O_6^{2-} + 4H^+ + 2e^- \rightleftharpoons 2H_2SO_3$ | 0.564 | $H_2GaO_3^- + H_2O + 3e^- \rightleftharpoons Ga + 4OH^-$ | $-1.219$ |
| $S_2O_8^{2-} + 2e^- \rightleftharpoons 2SO_4^{2-}$ | 2.010 | $2H_2O + 2e^- \rightleftharpoons H_2 + 2OH^-$ | $-0.8277$ |
| $S_2O_8^{2-} + 2H^+ + 2e^- \rightleftharpoons 2HSO_4^-$ | 2.123 | $Hg_2O + H_2O + 2e^- \rightleftharpoons 2Hg + 2OH^-$ | 0.123 |
| $2H_2SO_3 + H^+ + 2e^- \rightleftharpoons HSO_4^- + 2H_2O$ | $-0.056$ | $HgO + H_2O + 2e^- \rightleftharpoons Hg + 2OH^-$ | 0.0977 |
| $H_2SO_3 + 4H^+ + 4e^- \rightleftharpoons S + 3H_2O$ | 0.449 | $H_3IO_6^{2-} + 2e^- \rightleftharpoons IO_3^- + 3OH^-$ | 0.7 |
| $SO_4^{2-} + 4H^+ + 2e^- \rightleftharpoons H_2SO_3 + H_2O$ | 0.172 | $IO^- + H_2O + 2e^- \rightleftharpoons I^- + 2OH^-$ | 0.485 |
| $2SO_4^{2-} + 4H^+ + 2e^- \rightleftharpoons S_2O_6^{2-} + 2H_2O$ | $-0.22$ | $IO_3^- + 2H_2O + 4e^- \rightleftharpoons IO^- + 4OH^-$ | 0.15 |
| $Sb + 3H^+ + 3e^- \rightleftharpoons SbH_3$ | $-0.510$ | $IO_3^- + 3H_2O + 6e^- \rightleftharpoons I^- + 6OH^-$ | 0.26 |
| $Sb_2O_3 + 6H^+ + 6e^- \rightleftharpoons 2Sb + 3H_2O$ | 0.152 | $Ir_2O_3 + 3H_2O + 6e^- \rightleftharpoons 2Ir + 6OH^-$ | 0.098 |
| $Sb_2O_5 + 6H^+ + 4e^- \rightleftharpoons 2SbO^+ + 3H_2O$ | 0.581 | $La(OH)_3 + 3e^- \rightleftharpoons La + 3OH^-$ | $-2.90$ |
| $SbO^+ + 2H^+ + 3e^- \rightleftharpoons Sb + H_2O$ | 0.212 | $Mg(OH)_2 + 2e^- \rightleftharpoons Mg + 2OH^-$ | $-2.690$ |
| $Sc^{3+} + 3e^- \rightleftharpoons Sc$ | $-2.077$ | $MnO_4^- + 2H_2O + 3e^- \rightleftharpoons MnO_2 + 4OH^-$ | 0.595 |
| $Se + 2H^+ + 2e^- \rightleftharpoons H_2Se(aq)$ | $-0.399$ | $MnO_4^{2-} + 2H_2O + 2e^- \rightleftharpoons MnO_2 + 4OH^-$ | 0.60 |
| $H_2SeO_3 + 4H^+ + 4e^- \rightleftharpoons Se + 3H_2O$ | 0.74 | $Mn(OH)_2 + 2e^- \rightleftharpoons Mn + 2OH^-$ | $-1.56$ |
| $SeO_4^{2-} + 4H^+ + 2e^- \rightleftharpoons H_2SeO_3 + H_2O$ | 1.151 | $Mn(OH)_3 + e^- \rightleftharpoons Mn(OH)_2 + OH^-$ | 0.15 |
| $SiF_6^{2-} + 4e^- \rightleftharpoons Si + 6F^-$ | $-1.24$ | $2NO + H_2O + 2e^- \rightleftharpoons N_2O + 2OH^-$ | 0.76 |
| $SiO_2(石英) + 4H^+ + 4e^- \rightleftharpoons Si + 2H_2O$ | 0.857 | $NO_2^- + H_2O + e^- \rightleftharpoons NO + 2OH^-$ | $-0.46$ |
| $Sn^{2+} + 2e^- \rightleftharpoons Sn$ | $-0.1375$ | $2NO_2^- + 2H_2O + 4e^- \rightleftharpoons N_2^{2-} + 4OH^-$ | $-0.18$ |
| $Sn^{4+} + 2e^- \rightleftharpoons Sn^{2+}$ | 0.151 | $2NO_2^- + 3H_2O + 4e^- \rightleftharpoons N_2O + 6OH^-$ | 0.15 |
| $Sr^+ + e^- \rightleftharpoons Sr$ | $-4.10$ | $NO_3^- + H_2O + 2e^- \rightleftharpoons NO_2^- + 2OH^-$ | 0.01 |
| $Sr^{2+} + 2e^- \rightleftharpoons Sr$ | $-2.89$ | $2NO_3^- + 2H_2O + 2e^- \rightleftharpoons N_2O_4 + 4OH^-$ | $-0.85$ |
| $Sr^{2+} + 2e^- \rightleftharpoons Sr(Hg 电极)$ | $-1.793$ | $Ni(OH)_2 + 2e^- \rightleftharpoons Ni + 2OH^-$ | $-0.72$ |
| $Te + 2H^+ + 2e^- \rightleftharpoons H_2Te$ | $-0.793$ | $NiO_2 + 2H_2O + 2e^- \rightleftharpoons Ni(OH)_2 + 2OH^-$ | $-0.490$ |
| $V^{3+} + e^- \rightleftharpoons V^{2+}$ | $-0.255$ | $O_2 + H_2O + 2e^- \rightleftharpoons HO_2^- + OH^-$ | $-0.076$ |
| $VO^{2+} + 2H^+ + e^- \rightleftharpoons V^{3+} + H_2O$ | 0.337 | $O_2 + 2H_2O + 2e^- \rightleftharpoons H_2O_2 + 2OH^-$ | $-0.146$ |
| $VO_2^+ + 2H^+ + e^- \rightleftharpoons VO^{2+} + H_2O$ | 0.991 | $O_2 + 2H_2O + 4e^- \rightleftharpoons 4OH^-$ | 0.401 |
| $V(OH)_4^+ + 2H^+ + e^- \rightleftharpoons VO^{2+} + 3H_2O$ | 1.00 | $O_3 + H_2O + 2e^- \rightleftharpoons O_2 + 2OH^-$ | 1.24 |
| $V(OH)_4^+ + 4H^+ + 5e^- \rightleftharpoons V + 4H_2O$ | $-0.254$ | $HO_2^- + H_2O + 2e^- \rightleftharpoons 3OH^-$ | 0.878 |
| $W_2O_5 + 2H^+ + 2e^- \rightleftharpoons 2WO_2 + H_2O$ | $-0.031$ | | |

## 附录5  常见配离子的稳定常数

| 配离子 | $K_稳^\ominus$ | 配离子 | $K_稳^\ominus$ |
|---|---|---|---|
| $Ag(CN)_2^-$ | $5.6\times10^{18}$ | $Fe(CN)_6^{4-}$ | $1.0\times10^{35}$ |
| $Ag(EDTA)^{3-}$ | $2.1\times10^7$ | $Fe(EDTA)^-$ | $1.7\times10^{24}$ |
| $Ag(en)_2^+$ | $5.0\times10^7$ | $Fe(EDTA)^{2-}$ | $2.1\times10^{14}$ |
| $Ag(NH_3)_2^+$ | $1.6\times10^7$ | $Fe(en)_3^{2+}$ | $5.0\times10^9$ |
| $Ag(SCN)_4^{3-}$ | $1.2\times10^{10}$ | $Fe(ox)_3^{3-}$ | $2.0\times10^{20}$ |
| $Ag(S_2O_3)_2^{3-}$ | $1.7\times10^{13}$ | $Fe(ox)_3^{4-}$ | $1.7\times10^5$ |
| $Al(EDTA)^-$ | $1.3\times10^{16}$ | $Fe(SCN)^{2+}$ | $8.9\times10^2$ |
| $Al(OH)_4^-$ | $1.1\times10^{33}$ | $HgCl_4^{2-}$ | $1.2\times10^{15}$ |
| $CdCl_4^{2-}$ | $6.3\times10^2$ | $Hg(CN)_4^{2-}$ | $3.0\times10^{41}$ |
| $Cd(CN)_4^{2-}$ | $6.0\times10^{18}$ | $Hg(EDTA)^{2-}$ | $6.3\times10^{21}$ |
| $Cd(en)_2^{2+}$ | $1.2\times10^{12}$ | $Hg(en)_2^{2+}$ | $2.0\times10^{23}$ |
| $Cd(NH_3)_4^{2+}$ | $1.3\times10^7$ | $HgI_4^{2-}$ | $6.8\times10^{29}$ |
| $Co(EDTA)^-$ | $1.0\times10^{36}$ | $Hg(ox)_2^-$ | $9.5\times10^6$ |
| $Co(EDTA)^{2-}$ | $2.0\times10^{16}$ | $Ni(CN)_4^{2-}$ | $2.0\times10^{31}$ |
| $Co(en)_3^{2+}$ | $8.7\times10^{13}$ | $Ni(EDTA)^{2-}$ | $3.6\times10^{18}$ |
| $Co(en)_3^{3+}$ | $4.9\times10^{48}$ | $Ni(en)_3^{2+}$ | $2.1\times10^{18}$ |
| $Co(NH_3)_6^{2+}$ | $1.3\times10^5$ | $Ni(ox)_3^{4-}$ | $3.0\times10^8$ |
| $Co(NH_3)_6^{3+}$ | $4.5\times10^{33}$ | $PbCl_3^-$ | $2.4\times10^1$ |
| $Co(ox)_3^{3-}$ | $1.0\times10^{20}$ | $Pb(EDTA)^{2-}$ | $2.0\times10^{18}$ |
| $Co(ox)_3^{4-}$ | $5.0\times10^9$ | $PbI_4^{2-}$ | $3.0\times10^4$ |
| $Co(SCN)_4^{2-}$ | $1.0\times10^3$ | $Pb(OH)_3^-$ | $3.8\times10^{14}$ |
| $Cr(EDTA)^-$ | $1.0\times10^{23}$ | $Pb(ox)_2^{2-}$ | $3.5\times10^6$ |
| $Cr(OH)_4^-$ | $8.0\times10^{29}$ | $PtCl_4^{2-}$ | $1.0\times10^{16}$ |
| $CuCl_3^{2-}$ | $5.0\times10^5$ | $Pt(NH_3)_6^{2+}$ | $2.0\times10^{35}$ |
| $Cu(CN)_4^{3-}$ | $2.0\times10^{30}$ | $Zn(CN)_4^{2-}$ | $1.0\times10^{18}$ |
| $Cu(EDTA)^{2-}$ | $5.0\times10^{18}$ | $Zn(EDTA)^{2-}$ | $3.0\times10^{16}$ |
| $Cu(en)_2^{2+}$ | $1.0\times10^{20}$ | $Zn(en)_3^{2+}$ | $1.3\times10^{14}$ |
| $Cu(NH_3)_4^{2+}$ | $1.1\times10^{13}$ | $Zn(NH_3)_4^{2+}$ | $4.1\times10^8$ |
| $Cu(ox)_2^{2-}$ | $3.0\times10^8$ | $Zn(OH)_4^{2-}$ | $4.6\times10^{17}$ |
| $Fe(CN)_6^{3-}$ | $1.0\times10^{42}$ | $Zn(ox)_3^{4-}$ | $1.4\times10^8$ |

## 附录6  实验室常用试剂的名称及配制方法

| 试剂名称 | 浓度 | 配制方法 |
|---|---|---|
| 三氯化铋 $BiCl_3$ | $0.1\ mol\cdot L^{-1}$ | 溶解 36.1 g $BiCl_3$ 于 330 mL 6 $mol\cdot L^{-1}$ HCl 中,加水稀释至 1 L |
| 三氯化锑 $SbCl_3$ | $0.1\ mol\cdot L^{-1}$ | 溶解 32.8 g $SbCl_3$ 于 330 mL 6 $mol\cdot L^{-1}$ HCl 中,加水稀释至 1 L |

续表

| 试剂名称 | 浓度 | 配制方法 |
|---|---|---|
| 三氯化铁 $FeCl_3$ | 1 mol·$L^{-1}$ | 溶解 90 g $FeCl_3$·$6H_2O$ 于 80 mL 6 mol·$L^{-1}$ HCl 中,加水稀释至 1 L |
| 三氯化铬 $CrCl_3$ | 0.5 mol·$L^{-1}$ | 溶解 44.5 g $CrCl_3$·$6H_2O$ 于 40 mL 6 mol·$L^{-1}$ HCl 中,加水稀释至 1 L |
| 氯化亚锡 $SnCl_2$ | 0.1 mol·$L^{-1}$ | 溶解 22.6 g $SnCl_2$·$2H_2O$ 于 330 mL 6 mol·$L^{-1}$ HCl 中,加水稀释至 1 L,加入数粒纯锡 |
| 氯化氧钒 $VO_2Cl$ | | 将 1 g 偏钒酸铵固体,加入到 20 mL 6 mol·$L^{-1}$ HCl 和 10 mL 水中 |
| 硝酸汞 $Hg(NO_3)_2$ | 0.1 mol·$L^{-1}$ | 溶解 33.4 g $Hg(NO_3)_2$·$1/2H_2O$ 于 1 L 0.6 mol·$L^{-1}$ $HNO_3$ 中 |
| 硝酸亚汞 $Hg_2(NO_3)_2$ | 0.1 mol·$L^{-1}$ | 溶解 56.1 g $Hg_2(NO_3)_2$·$2H_2O$ 于 1 L 0.6 mol·$L^{-1}$ $HNO_3$ 中,并加入少许金属汞 |
| 硫化钠 $Na_2S$ | 2 mol·$L^{-1}$ | 溶解 $Na_2S$·$9H_2O$ 240 g 及 NaOH 40 g 于一定量水中,稀释至 1 L |
| 硫化铵 $(NH_4)_2S$ | 3 mol·$L^{-1}$ | 在 200 mL 浓氨水中通入 $H_2S$,直到不再吸收为止。然后加入 200 mL 浓氨水,稀释至 1 L |
| 硫酸氧钛 $TiOSO_4$ | 0.1 mol·$L^{-1}$ | 溶解 19 g 液态 $TiCl_4$ 于 220 mL 1∶1 $H_2SO_4$ 中,再用水稀释至 1 L(注意:液态 $TiCl_4$ 在空气中强烈发烟,因此必须在通风橱中配制) |
| 钼酸铵 $(NH_4)_6Mo_7O_{21}$ | 0.1 mol·$L^{-1}$ | 溶解 124 g $(NH_4)_6Mo_7O_{21}$·$4H_2O$ 于 1 L 水中,将所得溶液倒入 1 L 6 mol·$L^{-1}$ $HNO_3$ 中,放置 24 h,取其澄清液 |
| 氯水 | | 在水中通入氯气直至饱和 |
| 溴水 | | 在水中滴入液溴至饱和 |
| 碘水 | 0.01 mol·$L^{-1}$ | 溶解 2.5 g 碘和 3 g KI 于尽可能少量的水中,加水稀释至 1 L |
| 亚硝基铁氰化钠 $Na_2[Fe(CN)_5NO]$ | 1% | 溶解 1 g 亚硝基铁氰化钠于 100 mL 水中。如溶液变成蓝色,即需重新配制(只能保存数天) |
| 硝酸银-氨溶液 $AgNO_3$-$NH_3$ | | 溶解 1.7 g $AgNO_3$ 于水中,加 17 mL 浓 $NH_3$·$H_2O$,稀释至 1 L |
| 镁试剂 | | 溶解 0.01 g 对-硝基苯偶氮-间苯二酚于 1 L 1 mol·$L^{-1}$ NaOH 溶液中 |
| 淀粉溶液 | 1% | 将 1 g 淀粉和少量冷水调成糊状,倒入 100 mL 沸水中,煮沸后,冷却 |
| 奈斯勒试剂 | | 溶解 115 g $HgI_2$ 和 80 g KI 于水中稀释至 500 mL,加入 500 mL 6 mol·$L^{-1}$ NaOH 溶液,静置后,取其清液,保存在棕色瓶中 |
| 二苯硫腙 | | 溶解 0.1 g 二苯硫腙于 1 L $CCl_4$ 或 $CHCl_3$ 中 |
| 铬黑 T | | 将铬黑 T 和烘干的 NaCl 按 1∶100 的比例研细,均匀混合,储于棕色瓶中 |
| 钙指示剂 | | 将钙指示剂和烘干的 NaCl 按 1∶100 的比例研细,均匀混合,储于棕色瓶中 |
| 紫脲酸铵指示剂 | | 1 g 紫脲酸铵加 100 g 氯化钙,研匀 |
| 甲基橙 | 0.1% | 溶解 1 g 甲基橙于 1 L 热水中 |
| 石蕊 | 0.5%~1% | 5~10 g 石蕊溶于 1 L 水中 |
| 酚酞 | 0.1% | 溶解 1 g 酚酞于 900 mL 乙醇与 100 mL 水的混合液中 |
| 淀粉-碘化钾 | | 0.5% 淀粉溶液中含有 0.1 mol·$L^{-1}$ 碘化钾 |
| 二乙酰二肟 | | 取 1 g 二乙酰二肟溶于 100 mL 95% 乙醇中 |
| 甲醛 | | 1 份 40% 甲醛与 7 份水混合 |

## 附录7　常见危险化学品的火灾危险与处置方法

| 分子式 | 名称 | 火灾危险 | 处置方法 |
| --- | --- | --- | --- |
| — | 压缩空气 | 与易燃气体、油脂接触有引起燃烧爆炸的危险，受热时瓶内压力增大，有爆炸危险，有助燃性 | 切断气流，根据情况采取相应措施 |
| AgCN | 氰化银 | 不会燃烧，但遇酸会产生极毒、易燃的氰化氢气体；剧毒，吸入粉尘易中毒；与氟剧烈反应生成氟化银 | 禁用酸碱灭火剂，可用砂土、石粉压盖 |
| $AgClO_3$ | 氯酸银 | 与有机物、还原剂、易燃物（如硫、磷）等混合后，摩擦、撞击时有引起燃烧爆炸的危险 | 雾状水、砂土、泡沫 |
| $AgClO_4$ | 高氯酸银 | 与易燃物和还原剂混合后，摩擦、撞击时有引起燃烧爆炸的危险 | 雾状水、砂土、泡沫灭火剂 |
| $AgMnO_4$ | 高锰酸银 | 与有机物、还原剂、易燃物（如硫、磷）等混合，有成为爆炸性混合物的危险 | 水、砂土、泡沫 |
| $As_2O_3$ | 三氧化二砷 | 剧毒，不会燃烧，但一旦发生火灾时，由于$As_2O_3$于193℃开始升华，会产生剧毒气体 | 水、砂土 |
| $Ba(CN)_2$ | 氰化钡 | 不会燃烧，但遇酸产生极毒、易燃的气体；剧毒，吸入蒸气和粉尘易中毒 | 禁用酸碱灭火剂，可用干的砂土、石粉覆盖 |
| $BaCl_2 \cdot 2H_2O$ | 氯化钡 | 有毒，不会燃烧 | 水、砂土、泡沫 |
| $Ba(ClO_3)_2 \cdot H_2O$ | 一水合氯酸钡 | 与还原剂、有机物、铵的化合物等混合，有成为爆炸性混合物的危险；与硫酸接触易发生爆炸；燃烧时发出绿色火焰 | 雾状水、砂土 |
| $Ba(ClO_4)_2 \cdot 3H_2O$ | 三水合高氯酸钡 | 与有机物、还原剂、易燃物（如硫、磷）、金属粉末等接触有引起燃烧爆炸的危险 | 雾状水、砂土 |
| $Ba(NO_3)_2$ | 硝酸钡 | 与有机物、还原剂、易燃物（如硫、磷）等混合后，摩擦、碰撞、遇火星，有引起燃烧爆炸的危险 | 雾状水、砂土、二氧化碳 |
| $BaO_2, BaO_2 \cdot 8H_2O$ | 八水合过氧化钡 | 遇有机物、还原剂、易燃物（如硫、磷）等有引起燃烧爆炸的危险 | 干砂、干石粉、干粉；禁止用水灭火 |
| Be | 铍 | 极细粉尘接触明火有发生燃烧或爆炸危险；有毒，长期接触易发皮炎，人在含铍$0.1mg \cdot m^{-3}$的环境中会引起急性中毒 | 砂土、二氧化碳 |
| $Be(C_2H_3O_2)_2$ | 乙酸铍 | 剧毒、可燃 | 水、砂土、泡沫 |
| CO | 一氧化碳 | 与空气混合能成为爆炸性混合物，遇高温瓶内压力增大，有爆炸危险；漏气遇火种有燃烧爆炸危险 | 雾状水、泡沫、二氧化碳 |

续表

| 分子式 | 名称 | 火灾危险 | 处置方法 |
|---|---|---|---|
| $Ca(CN)_2$ | 氰化钙 | 剧毒,本身不会燃烧,但遇酸会产生极毒、易燃的气体,吸入粉尘易中毒。该物质水溶液能通过皮肤吸收而引起中毒 | 可用干砂、石粉压盖;禁止用水及酸碱式灭火器灭火 |
| $Ca(ClO_3)_2 \cdot 2H_2O$ | 二水合氯酸钙 | 与易燃物(如硫、磷)、有机物、还原剂等混合后,经摩擦、撞击、受热有引起燃烧爆炸的危险 | 雾状水、砂土、泡沫 |
| $Ca(ClO_4)_2$ | 高氯酸钙 | 与易燃物、有机物、还原剂混合,能成为有燃烧爆炸危险的混合物 | 砂土、水、泡沫 |
| $CaH_2$ | 氢化钙 | 遇潮气、水、酸、低级醇分解,放出易燃的氢气。与氧化剂反应剧烈。在空气中燃烧极其剧烈 | 干砂、干粉;禁止用水和泡沫灭火 |
| $Ca(MnO_4)_2 \cdot 5H_2O$ | 五水合高锰酸钙 | 与易燃物(如硫、磷)或有机物、还原剂混合后,摩擦、撞击有引起燃烧爆炸的危险 | 雾状水、砂土、泡沫、二氧化碳 |
| $Ca(NO_3)_2 \cdot 4H_2O$ | 四水合硝酸钙 | 与有机物、还原剂、易燃物(如硫、磷)混合,有成为爆炸性混合物的危险 | 雾状水 |
| $CaO_2$ | 过氧化钙 | 与有机物、还原剂、易燃物(如硫、磷)等相混合有引起燃烧爆炸的危险,遇潮气也能逐渐分解 | 干砂、干土、干石粉;禁止用水灭火 |
| $Cl_2$ | 液氯 | 本身虽不燃,但有助燃性,气体外溢时会使人畜中毒,甚至死亡,受热时瓶内压力增大,危险性增加 | 雾状水 |
| $CuCN$ | 氰化亚铜 | 本身不会燃烧,但遇酸产生极毒的易燃气体。剧毒,吸入蒸气或粉尘中毒 | 禁用酸碱灭火剂,可用砂土压盖,可用水 |
| $F_2$ | 氟 | 与多数可氧化物质发生强烈反应,常引起燃烧。与水反应放热,产生有毒及腐蚀性的烟雾。受热后瓶内压力增大,有爆炸危险。漏气可致附近人畜生命危险 | 二氧化碳、干粉、砂土 |
| $Fe(CO)_5$ | 五羰基化铁 | 暴露在空气中,遇热或明火均能引起燃烧,并释放出有毒的CO气体 | 水、泡沫、二氧化碳、干粉 |
| $H_2$ | 氢 | 氢气与空气混合能形成爆炸性混合物,遇火星、高温能引起燃烧爆炸,在室内使用或储存氢气时,氢气上升,不易自然排出,遇到火星时会引起爆炸 | 雾状水、二氧化碳 |
| $HCN$ | 氰化氢(无水) | 剧毒,漏气可致附近人畜生命危险,遇火种有燃烧爆炸危险。受热后瓶内压力增大,有爆炸危险 | 雾状水 |
| $HClO_4$ | 高氯酸(72%以上) | 性质不稳定,在强烈震动、撞击下会引起燃烧爆炸 | 雾状水、泡沫、二氧化碳 |
| $H_2S$ | 硫化氢 | 剧毒的液化气体,受热后瓶内压力增大,有爆炸危险,漏气可致附近人畜生命危险 | 雾状水、泡沫、砂土 |
| $H_2O_2$ | 过氧化氢溶液(40%以下) | 受热或遇有机物易分解放出氧气。加热到100℃则剧烈分解。遇铬酸、高锰酸钾、金属粉末会起剧烈作用,甚至爆炸 | 雾状水、黄沙、二氧化碳 |

续表

| 分子式 | 名称 | 火灾危险 | 处置方法 |
|---|---|---|---|
| $HgCl_2$ | 氯化汞 | 不会燃烧。剧毒,吸入粉尘和蒸气会中毒。与钾、钠能猛烈反应 | 水、砂土 |
| $HgI_2$ | 碘化汞 | 有毒,不会燃烧 | 雾状水、砂土 |
| $Hg(NO_3)_2$ | 硝酸汞 | 受热分解放出有毒的汞蒸气。与有机物、还原剂、易燃物(如硫、磷)等混合,易着火燃烧,摩擦、撞击有引起燃烧爆炸的危险。有毒 | 雾状水、砂土 |
| KCN | 氰化钾 | 剧毒,不会燃烧,但遇酸会产生剧毒、易燃的氰化氢气体,与硝酸盐或亚硝酸盐反应强烈,有发生爆炸的危险。接触皮肤极易侵入人体,引起中毒 | 禁用酸碱灭火剂和二氧化碳。如用水扑救,应防止接触含有氰化钾的水 |
| $KClO_3$ | 氯酸钾 | 遇有机物、磷、硫、碳及铵的化合物,氰化物,金属粉末,稍经摩擦、撞击,即会引起燃烧爆炸。与硫酸接触易引起燃烧或爆炸 | 灭火时先用砂土,后用水 |
| $KClO_4$ | 高氯酸钾 | 与有机物、还原剂、易燃物(如硫、磷)等相混合有引起爆炸的危险 | 雾状水、砂土 |
| $KMnO_4$ | 高锰酸钾 | 与乙醚、乙醇、硫酸、硫黄、磷、双氧水等接触会发生爆炸;与甘油混合能发生燃烧;与铵的化合物混合有引起爆炸的危险 | 水、砂土 |
| $KNO_2$ | 亚硝酸钾 | 与硫、磷、有机物、还原剂混合后,摩擦、撞击有引起燃烧爆炸的危险 | 雾状水、砂土 |
| $KNO_3$ | 硝酸钾 | 与有机物及硫、磷等混合,有成为爆炸性混合物的危险。浸过硝酸钾的麻袋易自燃 | 雾状水 |
| $K_2O_2$ | 过氧化钾 | 遇水及水蒸气产生热,量大时可能引起爆炸。与还原剂能产生剧烈反应。接触易燃物,如硫、磷等也能引起燃烧爆炸 | 干砂、干土、干石粉;严禁用水及泡沫灭火 |
| $K_2O_4$ | 超氧化钾 | 本品为强氧化剂,遇易燃物、有机物、还原剂等能引起燃烧爆炸。遇水或水蒸气产生大量热量,可能发生爆炸 | 干砂、干土、干粉;禁止用水、泡沫灭火 |
| $K_2S$ | 硫化钾 | 粉尘在空气中可能自燃而发生爆炸。燃烧后产生有毒和刺激性的二氧化硫气体。遇酸类产生易燃的硫化氢气体 | 水、砂土 |
| $LiAlH_4$ | 氢化铝锂 | 易燃。当碾磨、摩擦或有静电火花时能自燃。遇水或潮湿空气、酸类、高温及明火有引起燃烧的危险。与多数氧化剂混合能形成比较敏感的混合物,容易爆炸 | 干砂、干粉、石粉;禁止用水和泡沫灭火 |
| $Mg(ClO_3)_2 \cdot 6H_2O$ | 六水合氯酸镁 | 与易燃物(如硫、磷)、有机物、还原剂等混合后,摩擦、撞击有引起燃烧爆炸的危险 | 雾状水、砂土、泡沫 |
| $Mg(ClO_4)_2$ | 高氯酸镁 | 与有机物、还原剂、易燃物(如硫、磷)及金属粉末等接触,有引起燃烧爆炸的危险 | 雾状水、砂土 |

续表

| 分子式 | 名称 | 火灾危险 | 处置方法 |
|---|---|---|---|
| $NH_3$ | 液氨 | 猛烈撞击钢瓶受到震动,气体外溢会危及人畜健康与生命,遇水则变为有腐蚀性的氨水,受热后瓶内压力增大,有爆炸危险,空气中氨蒸气浓度达15.7%～27.4%时有引起燃烧的危险,有油类存在时,更增加燃烧危险 | 雾状水、泡沫 |
| $NH_4ClO_3$ | 氯酸铵 | 与有机物、易燃物(如硫、磷)、还原剂以及硫酸相接触,有燃烧爆炸的危险。遇高温(100℃以上)或猛烈撞击也会引起爆炸 | 雾状水 |
| $NH_4ClO_4$ | 高氯酸铵 | 与有机物、还原剂、易燃物(如硫、磷)以及金属粉末等混合及与强酸接触有引起燃烧爆炸的危险 | 雾状水、砂土 |
| $NH_4MnO_4$ | 高锰酸铵 | 属强氧化剂,遇有机物、易燃物、还原性物质能引起燃烧或爆炸。受热、震动、撞击均能引起爆炸,分解出有毒气体 | 水、砂土 |
| $NH_4NO_2$ | 亚硝酸铵 | 遇高温(60℃以上)、猛撞以及与易燃物、有机物接触,有发生爆炸的危险 | 雾状水、砂土 |
| $NH_4NO_3$ | 硝酸铵 | 混入有机杂质时,其爆炸危险性明显增加。与硫、磷、还原剂相混合,有引起燃烧爆炸的危险 | 雾状水 |
| $NO_2$ | 二氧化氮 | 不会燃烧,但有助燃性,具有强氧化性,如接触炭、磷和硫有助燃作用 | 干砂、二氧化碳,不可用水灭火 |
| $N_2O$ | 一氧化二氮 | 受高温有爆炸危险,有助燃性 | 雾状水 |
| $N_2O_3$ | 三氧化二氮 | 遇可燃物、有机物、还原剂易燃烧,受热分解放出 $NO_2$ 有毒烟雾。漏气可致附近人畜生命危险 | 雾状水、二氧化碳 |
| $NaBH_4$ | 硼氢化钠 | 与氧化剂反应剧烈,有燃烧危险,与水或水蒸气反应能产生氢气。接触酸或酸性气体反应剧烈,放出氢气和热量,有燃烧危险 | 干砂、干粉;禁止用水和泡沫灭火 |
| $NaClO_2$ | 亚氯酸钠 | 与易燃物(如硫、磷)、有机物、还原剂、氰化物、金属粉末混合以及与硫酸接触,有引起着火燃烧或爆炸的危险 | 雾状水、砂土 |
| $NaClO_3$ | 氯酸钠 | 与有机物、还原剂及硫、磷等混合,有成为爆炸性混合物的危险。与硫酸接触会引起爆炸 | 雾状水 |
| $NaClO_4$ | 高氯酸钠 | 与有机物、还原剂、易燃物(如硫、磷)等混合或与硫酸接触有引起燃烧爆炸的危险 | 水、砂土 |
| $NaMnO_4 \cdot 3H_2O$ | 三水合高锰酸钠 | 与有机物、还原剂、易燃物(如硫、磷)等接触有引起燃烧爆炸的危险。遇甘油立即分解而强烈燃烧 | 雾状水、砂土 |
| $NaN_3$ | 叠氮化钠 | 遇明火、高温、震动、撞击、摩擦,有引起燃烧爆炸的危险 | 雾状水、泡沫;禁止用砂土压盖 |

续表

| 分子式 | 名称 | 火灾危险 | 处置方法 |
|---|---|---|---|
| $NaNO_3$ | 硝酸钠 | 其危险程度略低于硝酸钾。与硫、磷、木炭等易燃物混合,有成为爆炸性混合物的危险 | 雾状水 |
| $Na_2O_4$ | 超氧化钠 | 强氧化剂,接触易燃物、有机物、还原剂能引起燃烧爆炸。遇水或水蒸气产生热,量大时能发生爆炸 | 干砂、干土、干粉;禁止用水、泡沫灭火 |
| $Na_2S_2O_4 \cdot 2H_2O$ | 二水合连三亚硫酸钠 | 有极强的还原性,遇氧化剂、少量水或吸收潮湿空气能发热,引起冒黄烟燃烧,甚至爆炸 | 干砂、干粉、二氧化碳;禁止用水灭火 |
| $Ni(CO)_4$ | 羰基镍 | 剧毒,遇明火、高温、氧化剂能燃烧。受热、遇酸或酸雾会产生极毒气体,能与空气、氧、溴强烈反应而引起爆炸 | 雾状水、二氧化碳、砂土、泡沫。灭火时消防员应戴防毒面具 |
| $O_2$ | 氧 | 与乙炔、氢、甲烷等按一定比例混合,能使油脂剧烈氧化引起燃烧爆炸,有助燃性 | 切断气流,根据情况采取相应措施 |
| $OsO_4$ | 四氧化锇 | 本身不会燃烧,但受热能分解放出剧毒的烟雾。剧毒,触及皮肤能引起皮炎,甚至坏死。能刺激眼睛结膜,甚至失明。吸入蒸气可使人死亡 | 水、砂土 |
| $P_4$ | 红磷 | 遇热、火种、摩擦、撞击或溴、氯气等氧化剂都有引起燃烧的危险 | 发烟及初起火苗时用黄沙、干粉、石粉;大火时用水,但应注意水的流向以及红磷散失后的场地处理 |
| $P_4$ | 黄磷 | 在空气中会冒白烟燃烧。受撞击、摩擦或与氯酸钾等氧化剂接触能立即燃烧,甚至爆炸 | 雾状水、砂土(火熄灭后应仔细检查,将剩下的黄磷移入水中,防止复燃) |
| $PF_5$ | 五氟化磷 | 受热后瓶内压力增大,有爆炸危险,漏气可致附近人畜生命危险 | 二氧化碳、干砂、干粉 |
| $PH_3$ | 磷化氢 | 能自燃。受热分解放出有毒的$PO_x$气体。遇氧化剂发生强烈反应。遇火种立即燃烧爆炸 | 雾状水、泡沫、二氧化碳 |
| $Pb(C_2H_5)_4$ | 四乙基铅 | 剧毒,可燃,遇明火、高温有燃烧危险,受热分解放出有毒气体。遇氧化剂反应剧烈 | 雾状水、泡沫、二氧化碳、砂土 |
| $Pb(ClO_4)_2 \cdot 3H_2O$ | 三水合高氯酸铅 | 与有机物、还原剂及硫、磷等混合后,撞击、摩擦有引起燃烧爆炸的危险。与硫酸接触易着火燃烧 | 水、砂土 |
| $Pb(NO_3)_2$ | 硝酸铅 | 与有机物、还原剂及易燃物硫、磷等混合后,稍经摩擦,即有引起燃烧爆炸的危险。有毒 | 雾状水、砂土 |
| $SF_4$ | 四氟化硫 | 剧毒。受热、遇水、水蒸气、酸或酸雾生成有毒及腐蚀性烟雾,漏气可致附近人畜生命危险,受热后瓶内压力增大,有爆炸危险 | 二氧化碳、干粉、干砂;禁止用水灭火 |
| $SO_2$ | 二氧化硫 | 剧毒。受热后瓶内压力增大,有爆炸危险,漏气可致附近人畜生命危险 | 雾状水、泡沫、砂土 |

续表

| 分子式 | 名称 | 火灾危险 | 处置方法 |
|---|---|---|---|
| $SeO_2$ | 二氧化硒 | 剧毒，不会燃烧。遇明火、高温时放出的蒸气极毒。按国家规定，车间空气中最高容许浓度为 $0.1mg \cdot m^{-3}$ | 水、砂土 |
| $SiF_4$ | 四氟化硅 | 剧毒。漏气可致附近人畜生命危险，受热后瓶内压力增大，有爆炸危险 | 雾状水 |
| $Th$ | 金属钍 | 大块的钍不燃，粉末有燃烧爆炸危险 | 干砂、干粉 |
| $Th(NO_3)_4 \cdot 4H_2O$ | 四水合硝酸钍 | 遇高温分解，遇有机物、易燃物能引起燃烧，燃烧后有放射性灰尘，污染环境，危害人体健康 | 雾状水、泡沫、砂土、二氧化碳（火灾后现场要进行射线测定及消毒处理） |
| $Tl$ | 铊 | 不会燃烧，但剧毒，易经皮肤吸收，吸入后使肾脏受到刺激，导致毛发脱落或有精神异常症状 | 干砂、二氧化碳 |
| $TlC_2H_3O_2$ | 乙酸亚铊 | 剧毒，可燃 | 水、泡沫、砂土 |
| $UO_2(NO_3)_2 \cdot 6H_2O$ | 六水合硝酸铀酰 | 硝酸铀酰的醚溶液在阳光照射下能引起爆炸，高温分解。遇有机物、易燃物能引起燃烧。燃烧时产生大量放射性灰尘，污染环境，危害人体健康 | 泡沫、砂土、二氧化碳；不宜用水（火灾后现场要进行射线测定及消毒处理） |
| $Zn(CN)_2$ | 氰化锌 | 本身不会燃烧，但遇酸会产生极毒、易燃的氰化氢气体。剧毒，吸入蒸气和粉尘易中毒 | 禁用酸碱灭火剂，可用砂土、石粉压盖。如用水，要防止流入河道，污染环境 |
| $Zn(ClO_3)_2 \cdot 4H_2O$ | 四水合氯酸锌 | 与易燃物、有机物、还原剂等混合后，经摩擦、撞击、受热能引起燃烧爆炸。接触硫酸易着火或爆炸 | 雾状水、泡沫、砂土 |
| $Zn(MnO_4)_2 \cdot 6H_2O$ | 六水合高锰酸锌 | 与有机物、还原剂、易燃物（如硫、磷）等混合后，经摩擦、撞击，有引起燃烧爆炸的危险 | 雾状水、砂土、泡沫、二氧化碳 |
| $Zn(NO_3)_2 \cdot 3H_2O$ | 三水合硝酸锌 | 与易燃物（如硫、磷）、有机物、还原剂等混合后，易着火，稍经摩擦，有引起燃烧爆炸的危险 | 水、砂土 |
| $ZrSiO_4$ | 锆英石 | 有放射性 | 水、砂土、二氧化碳 |
| $B_2H_6$ | 乙硼烷 | 毒性相当于光气。受热，遇热水迅速分解放出氢气。遇卤素反应剧烈 | 干砂、石粉、二氧化碳，切忌用水灭火 |
| $B_5H_9$ | 戊硼烷 | 毒性高于氢氰酸，遇热、明火易燃 | 干砂、石粉、二氧化碳；禁用水和泡沫灭火 |
| $CH_4$ | 甲烷 | 与空气混合能形成爆炸性混合物，遇火星、高温有燃烧爆炸危险 | 雾状水、泡沫、二氧化碳 |
| $CH_3Cl$ | 一氯甲烷 | 空气中遇火星或高温（白热）能引起爆炸，并生成光气，接触铝及其合金能生成有自燃性的铝化合物 | 雾状水、泡沫 |

续表

| 分子式 | 名称 | 火灾危险 | 处置方法 |
|---|---|---|---|
| $CH_3NH_2$ | 一甲胺（无水） | 遇明火、高温有引起燃烧爆炸的危险。钢瓶和附件损坏会引起爆炸 | 雾状水、泡沫、二氧化碳、干粉 |
| $CH_2N_2$ | 重氮甲烷 | 化学反应时，能发生强烈爆炸。未经稀释的液体或气体，在接触碱金属、粗糙的物品表面，或加热到100℃，能发生爆炸 | 干粉、石粉、二氧化碳、雾状水 |
| $CH_3NO_3$ | 硝酸甲酯 | 遇明火、高温，受撞击，有引起燃烧爆炸的危险 | 雾状水；禁止用砂土压盖 |
| $CH_3SH$ | 甲硫醇 | 遇明火易燃烧，遇酸放出有毒气体，遇水放出有毒易燃气体，遇氧化剂反应强烈，其蒸气能与空气形成爆炸性混合物 | 二氧化碳、化学干粉、1211灭火剂、砂土；忌用酸碱灭火剂、水和泡沫灭火 |
| $CCl_3NO_2$ | 三氯硝基甲烷 | 剧毒，不易燃烧。受热分解放出有毒气体，遇发烟硫酸分解生成光气和亚硝基硫酸，在碱和乙醇中分解加快 | 水、泡沫、砂土 |
| $C(NO_2)_4$ | 四硝基甲烷 | 遇明火、高温、震动、撞击，有引起燃烧爆炸的危险 | 雾状水、二氧化碳 |
| $COCl_2$ | 碳酰氯 | 剧毒，漏气可致附近人畜生命危险。受热后瓶内压力增大，有爆炸危险 | 雾状水、二氧化碳。万一有光气泄漏，微量时可用水蒸气冲散，可用液氨喷雾解毒 |
| $CS_2$ | 二硫化碳 | 遇火星、明火极易燃烧爆炸，遇高温、氧化剂有燃烧危险 | 水、二氧化碳、黄沙 |
| $CCl_3CHO$ | 三氯乙醛（无水） | 不燃烧，但受热分解放出有催泪性及腐蚀性的气体 | 雾状水、泡沫、砂土、二氧化碳 |
| $CH_2=CH_2$ | 乙烯 | 易燃，遇火星、高温、助燃气有燃烧爆炸危险 | 水、二氧化碳 |
| $CH_2=CHCl$ | 氯乙烯 | 能与空气形成爆炸性混合物，遇火星、高温有燃烧爆炸危险 | 雾状水、泡沫、二氧化碳 |
| $C_2H_5Cl$ | 氯乙烷 | 与空气混合能形成爆炸性混合物，遇火星、高温有燃烧爆炸危险 | 雾状水、泡沫、二氧化碳 |
| $CH_3CHO$ | 乙醛 | 遇火星、高温、强氧化剂、湿性易燃物品、氨、硫化氢、卤素、磷、强碱等，有燃烧爆炸危险。其蒸气与空气混合成为爆炸性混合物 | 干砂、干粉、二氧化碳、雾状水、泡沫 |
| $CH_2ClCHO$ | 氯乙醛 | 可燃，并有腐蚀性及刺激性臭味 | 雾状水、泡沫、二氧化碳、干粉 |
| $CH_2FCOOH$ | 氟乙酸 | 可燃，受热分解放出有毒的氟化物气体，有腐蚀性 | 泡沫、雾状水、砂土、二氧化碳 |
| $C_2H_5NH_2$ | 乙胺 | 易燃，有毒，遇高温、明火、强氧化剂有引起燃烧爆炸的危险 | 泡沫、二氧化碳、雾状水、干粉、砂土 |

续表

| 分子式 | 名称 | 火灾危险 | 处置方法 |
|---|---|---|---|
| $(CH_2)_2O$ | 环氧乙烷 | 与空气混合能形成爆炸性混合物,遇火星有燃烧爆炸危险 | 水、泡沫、二氧化碳 |
| $CH_3OCH_3$ | 甲醚 | 与空气混合能形成爆炸性混合物,遇火星、高温有燃烧爆炸危险 | 雾状水、泡沫、二氧化碳 |
| $(CH_3O)_2SO_2$ | 硫酸二甲酯 | 剧毒,可燃。蒸气无严重气味,不易被察觉,往往在不知不觉中使人中毒。遇明火、高温能燃烧,与氢氧化铵反应强烈 | 雾状水、泡沫、二氧化碳、砂土 |
| $(CH_3)_2S$ | 甲硫醚 | 易燃,遇热分解。分解剧烈时有爆炸危险。与氧化剂反应剧烈。遇高温、明火极易燃烧 | 二氧化碳、干粉、泡沫、砂土 |
| $CH_3SCN$ | 硫氰酸甲酯 | 有毒,遇明火能燃烧,受热放出有毒气体 | 雾状水、泡沫、干粉、砂土;忌用酸碱灭火剂 |
| $CH_3CH_2CH_3$ | 丙烷 | 与空气混合能形成爆炸性混合物,遇火星、高温有燃烧爆炸危险 | 雾状水、二氧化碳 |
| $C_3H_6$ | 环丙烷 | 与空气混合形成爆炸性混合物,遇火星、高温有燃烧爆炸危险 | 二氧化碳、泡沫 |
| $CH_3CH=CH_2$ | 丙烯 | 与空气混合能形成爆炸性混合物,遇火星、高温有燃烧爆炸危险 | 雾状水、泡沫、二氧化碳 |
| $CH_3C\equiv CH$ | 丙炔 | 遇明火易燃易爆,受高温引起爆炸,遇氧化剂反应剧烈 | 水、二氧化碳 |
| $ClCH_2CH_2CN$ | 3-氯丙腈 | 有毒,遇明火燃烧,受热放出有毒物质,易经皮肤吸收中毒,其毒性介于丙烯腈和氢氰酸之间 | 泡沫、二氧化碳、干粉、砂土 |
| $CH_3COCH_3$ | 丙酮 | 蒸气与空气混合能成为爆炸性混合物,遇明火、高温易引起燃烧 | 抗溶性泡沫、泡沫、二氧化碳、化学干粉、黄砂 |
| $CH_2=CHCHO$ | 丙烯醛 | 易燃,能与空气形成爆炸性混合物,遇火星易燃。遇光和热有促进作用,存在引起爆炸的危险 | 泡沫、干粉、二氧化碳、砂土 |
| $C_2H_5OCH_3$ | 甲乙醚 | 遇高温、明火、强氧化剂有引起燃烧爆炸的危险,其蒸气能与空气形成爆炸性混合物 | 泡沫、抗溶性泡沫、二氧化碳、干粉 |
| $HCOOC_2H_5$ | 甲酸乙酯 | 遇热、明火、氧化剂有引起燃烧的危险 | 泡沫、二氧化碳、干粉、砂土 |
| $C_3H_5(ONO_2)_3$ | 硝化甘油 | 遇暴冷暴热、明火、撞击,有引起爆炸的危险 | 雾状水 |
| $CH_3(CH_2)_2CH_3$ | 正丁烷 | 与空气混合能形成爆炸性混合物,遇火星、高温有燃烧爆炸危险 | 水、雾状水、二氧化碳 |
| $C_2H_5CH=CH_2$ | 1-丁烯 | 与空气混合能形成爆炸性混合物。遇火星、高温有燃烧爆炸危险 | 雾状水、泡沫、二氧化碳 |

续表

| 分子式 | 名称 | 火灾危险 | 处置方法 |
|---|---|---|---|
| $CH_2=CHCH=CH_2$ | 丁二烯 | 与空气混合能形成爆炸性混合物。遇火星、高温有燃烧爆炸危险 | 雾状水、二氧化碳 |
| $CH_2=CHCH_2CN$ | 3-丁烯腈 | 剧毒,在空气中能燃烧,受热分解或接触酸能生成有毒的烟雾 | 雾状水、泡沫、砂土、二氧化碳;禁用酸碱式灭火器 |
| $(C_2H_5)_2NH$ | 二乙胺 | 易燃,遇高温、明火、强氧化剂有引起燃烧的危险 | 雾状水、泡沫、干粉、二氧化碳 |
| $CH_3OC_3H_7$ | 甲基丙基醚 | 遇热、明火、强氧化剂有引起燃烧爆炸的危险,其蒸气极易燃烧 | 泡沫、二氧化碳、干粉、抗溶性泡沫 |
| $(C_2H_5)_2O$ | 乙醚 | 极易燃烧,遇火星、高温、氧化剂、过氯酸、氯气、氧气、臭氧等有发生燃烧爆炸的危险,有麻醉性,对人的麻醉浓度为109.8~196.95g·m$^{-3}$,浓度超过303g·m$^{-3}$时有生命危险 | 干粉、二氧化碳、砂土、泡沫 |
| $O(CH_2)_3CH_2$ | 四氢呋喃 | 蒸气能与空气形成爆炸物。与酸接触能发生反应。遇明火、强氧化剂有引起燃烧的危险。与氢氧化钾、氢氧化钠有反应。未加稳定剂的四氢呋喃暴露在空气中能形成有爆炸性的过氧化物 | 泡沫、干粉、砂土 |
| $HN(CH_2)_3CO$ | 2-吡咯烷酮 | 有毒,遇明火能燃烧,受热时能分解出有毒的氧化氮气体,能与氧化剂发生反应 | 雾状水、泡沫、二氧化碳、砂土 |
| $ClCH_2COOC_2H_5$ | 氯乙酸乙酯 | 有毒,受热分解,产生有毒的氯化物气体。与水或水蒸气起化学反应,产生有毒及腐蚀性气体。能与氧化剂发生反应,遇明火、高温能燃烧 | 泡沫、二氧化碳、砂土 |
| $(CH_3)_4Si$ | 四甲基硅烷 | 遇热、明火、强氧化剂有引起燃烧的危险 | 砂土、二氧化碳、泡沫 |
| $CH_3(CH_2)_3CH_3$ | 正戊烷 | 易燃,其蒸气与空气混合能形成爆炸性混合物。遇明火、高温、强氧化剂有引起燃烧的危险 | 泡沫、干粉、二氧化碳、砂土 |
| $(CH_2)_5$ | 环戊烷 | 遇热、明火、氧化剂能引起燃烧。其蒸气如与空气混合,形成有爆炸性危险的混合物 | 泡沫、二氧化碳、干粉、1211灭火剂、砂土 |
| $O(CH_2)_4CH_2$ | 四氢吡喃 | 存放过程中遇空气能产生有爆炸性的物质。遇热、明火、强氧化剂有引起燃烧的危险 | 泡沫、二氧化碳、砂石 |
| $CH_3(CH_2)_4CH_3$ | 正己烷 | 遇热或明火能发生燃烧爆炸。蒸气与空气形成爆炸性混合物 | 泡沫、二氧化碳、干粉 |
| $(CH_2)_6$ | 环己烷 | 易燃,遇明火、氧化剂能引起燃烧、爆炸 | 泡沫、二氧化碳、干粉、砂土 |
| $CH_2=CH(CH_2)_3CH_3$ | 1-己烯 | 遇热、明火、强氧化剂有燃烧爆炸危险。其蒸气能与空气形成爆炸性混合物 | 泡沫、二氧化碳、干粉、1211灭火剂、砂土 |

续表

| 分子式 | 名称 | 火灾危险 | 处置方法 |
|---|---|---|---|
| $(C_2H_5)_3B$ | 三乙基硼 | 遇空气、氧气、氧化剂、高温或遇水分解(放出有毒易燃气体),均有引起燃烧的危险(比三丁基硼活泼) | 二氧化碳、干砂、干粉;禁止用1211等含卤化合物的灭火剂 |
| $(C_3H_7)_2O$ | 正丙醚 | 遇热、明火、强氧化剂有引起燃烧的危险 | 泡沫、二氧化碳、干粉、黄砂 |
| $C_6H_5NO_2$ | 硝基苯 | 有毒,遇火种、高温能引起燃烧爆炸,与硝酸反应强烈 | 雾状水、泡沫、二氧化碳、砂土 |
| $C_6H_3(NO_2)_3$ | 1,3,5-三硝基苯 | 遇明火、高温或经震动、撞击、摩擦,有引起燃烧爆炸的危险 | 雾状水;禁止用砂土压盖 |
| $(NO_2)_2C_6H_3NHNH_2$ | 2,4-二硝基苯肼 | 干品受震动、撞击会引起爆炸,与氧化剂混合,能成为有爆炸性的混合物 | 水、泡沫、二氧化碳 |
| $C_6H_5OH$ | 苯酚 | 遇明火、高温、强氧化剂有燃烧危险,有毒、有腐蚀性 | 水、砂土、泡沫 |
| $NOC_6H_4OH$ | 4-亚硝基(苯)酚 | 遇明火、受热或接触浓酸、浓碱,有引起燃烧爆炸的危险 | 水、干粉、泡沫、二氧化碳 |
| $2,4-(NO_2)_2C_6H_3OH$ | 2,4-二硝基苯酚 | 遇火种、高温易引起燃烧,与氧化剂混合后能成为爆炸性混合物。遇重金属粉末能起化学作用而生成盐,增加危险性。有毒 | 雾状水、黄砂、泡沫、二氧化碳 |
| $C_6H_5SH$ | 苯硫酚 | 可燃。受热分解或接触酸类放出有毒的硫化物气体,并有腐蚀性 | 雾状水、泡沫、二氧化碳、砂土 |
| $C_6H_5CH_2Cl$ | 苄基氯 | 有毒,遇明火能燃烧,当有金属(如铁)存在时分解,并可能引起爆炸。与水或水蒸气发生作用,能产生有毒和腐蚀性的气体,与氧化剂能发生强烈反应 | 泡沫、砂土、二氧化碳、干粉 |
| $C_6H_5CHCl_2$ | 二氯甲基苯 | 可燃,有毒,有腐蚀性 | 干砂、二氧化碳 |
| $C_6H_5CH(OH)CN$ | 苯乙醇腈 | 剧毒,可燃。遇热、酸分解放出有毒气体 | 水、二氧化碳、砂土;禁用酸碱灭火剂 |
| $C_6H_5N(CH_3)_2$ | N,N-二甲(基)苯胺 | 有毒,遇明火能燃烧,受热能分解放出有毒的苯胺气味,能与氧化剂发生反应 | 泡沫、二氧化碳、干粉、砂土 |
| $C_6H_5N=NNHC_6H_5$ | 重氮氨基苯 | 受强烈震动或高温有爆炸危险 | 砂土、泡沫、二氧化碳、雾状水 |
| $C_{12}H_{16}O_6(NO_3)_4$ | 硝化纤维素(含氮≤12.6%,含硝化纤维素≤55%) | 遇火星、高温、氧化剂、大多数有机胺(如间苯二甲胺等)会发生燃烧和爆炸。干燥品久储变质后,易引起自燃,通常加乙醇、丙酮或水作湿润剂。湿润剂干燥后,容易发生火灾 | 水、泡沫、二氧化碳 |
| $C_{10}H_4(NO_2)_4$ | 四硝基萘 | 受撞击或高温会发生爆炸。摩擦敏感度较TNT稍低。遇还原剂反应剧烈,分解后放出有毒的氧化氮气体 | 雾状水、泡沫;禁止用砂土压盖 |

## 附录 8  某些离子和化合物的颜色[①]

| 离子或化合物 | 颜色 | 离子或化合物 | 颜色 | 离子或化合物 | 颜色 |
|---|---|---|---|---|---|
| $Ag^+$ | 无 | $Ca^{2+}$ | 白 | $CrO_3$ | 橙红 |
| $AgBr$ | 淡黄 | $CaCO_3$ | 白 | $CrO_2^-$ | 绿 |
| $AgCl$ | 白 | $CaC_2O_4$ | 白 | $CrO_4^{2-}$ | 黄 |
| $AgCN$ | 白 | $CaF_2$ | 白 | $Cr_2O_7^{2-}$ | 橙 |
| $Ag_2CO_3$ | 白 | $CaO$ | 白 | $Cr(OH)_3$ | 灰绿 |
| $Ag_2C_2O_4$ | 白 | $Ca(OH)_2$ | 白 | $Cr_2(SO_4)_3$ | 桃红 |
| $Ag_2CrO_4$ | 砖红 | $CaHPO_4$ | 白 | $Cr_2(SO_4)_3 \cdot 6H_2O$ | 绿 |
| $Ag_3[Fe(CN)_6]$ | 橙 | $Ca_3(PO_4)_2$ | 白 | $Cr_2(SO_4)_3 \cdot 18H_2O$ | 蓝紫 |
| $Ag_4[Fe(CN)_6]$ | 白 | $CaSO_3$ | 白 | $Cu^{2+}$ | 蓝 |
| $AgI$ | 黄 | $CaSO_4$ | 白 | $CuBr$ | 白 |
| $AgNO_3$ | 白 | $CaSiO_3$ | 白 | $CuCl$ | 白 |
| $Ag_2O$ | 褐 | $Cd^{2+}$ | 无 | $CuCl_2^-$ | 无 |
| $Ag_3PO_4$ | 黄 | $CdCO_3$ | 白 | $CuCl_4^{2-}$ | 黄 |
| $Ag_4P_2O_7$ | 白 | $CdC_2O_4$ | 白 | $CuCN$ | 白 |
| $Ag_2S$ | 黑 | $Cd_3(PO_4)_2$ | 白 | $Cu_2[Fe(CN)_6]$ | 红棕 |
| $AgSCN$ | 白 | $CdS$ | 黄 | $CuI$ | 白 |
| $Ag_2SO_3$ | 白 | $Co^{2+}$ | 粉红 | $Cu(IO_3)_2$ | 淡蓝 |
| $Ag_2SO_4$ | 白 | $CoCl_2$ | 蓝 | $Cu(NH_3)_4^{2+}$ | 深蓝 |
| $Ag_2S_2O_3$ | 白 | $CoCl_2 \cdot 2H_2O$ | 紫红 | $Cu(NH_3)_2^+$ | 无 |
| $As_2S_3$ | 黄 | $CoCl_2 \cdot 6H_2O$ | 粉红 | $CuO$ | 黑 |
| $As_2S_5$ | 黄 | $Co(CN)_6^{3-}$ | 紫 | $Cu_2O$ | 暗红 |
| $Ba^{2+}$ | 无 | $Co(NH_3)_6^{2+}$ | 黄 | $Cu(OH)_2$ | 浅蓝 |
| $BaCO_3$ | 白 | $Co(NH_3)_6^{3+}$ | 橙黄 | $Cu(OH)_4^-$ | 蓝 |
| $BaC_2O_4$ | 白 | $CoO$ | 灰绿 | $Cu_2(OH)_2CO_3$ | 淡蓝 |
| $BaCrO_4$ | 黄 | $Co_2O_3$ | 黑 | $Cu_3(PO_4)_2$ | 淡蓝 |
| $BaHPO_4$ | 白 | $Co(OH)_2$ | 粉红 | $CuS$ | 黑 |
| $Ba_3(PO_4)$ | 白 | $Co(OH)_3$ | 棕褐 | $Cu_2S$ | 深棕 |
| $BaSO_3$ | 白 | $Co(OH)Cl$ | 蓝 | $CuSCN$ | 白 |
| $BaSO_4$ | 白 | $Co_2(OH)_2CO_3$ | 红 | $CuSO_4 \cdot 5H_2O$ | 蓝 |
| $BaS_2O_3$ | 白 | $Co_3(PO_4)_2$ | 紫 | $Fe^{2+}$ | 浅绿 |
| $Bi^{3+}$ | 无 | $CoS$ | 黑 | $Fe^{3+}$ | 淡紫 |
| $BiOCl$ | 白 | $Co(SCN)_4^{2-}$ | 蓝 | $FeCl_3 \cdot 6H_2O$ | 黄棕 |
| $Bi_2O_3$ | 黄 | $CoSiO_3$ | 紫 | $[Fe(CN)_6]^{4-}$ | 黄 |
| $Bi(OH)_3$ | 白 | $CoSO_4 \cdot 7H_2O$ | 红 | $[Fe(CN)_6]^{3-}$ | 红棕 |
| $BiO(OH)$ | 灰黄 | $Cr^{2+}$ | 蓝 | $FeCO_3$ | 白 |
| $Bi(OH)CO_3$ | 白 | $Cr^{3+}$ | 蓝紫 | $FeC_2O_4 \cdot 2H_2O$ | 淡黄 |
| $BiONO_3$ | 白 | $CrCl_3 \cdot 6H_2O$ | 绿 | $FeF_6^{3-}$ | 无 |
| $Bi_2S_3$ | 黑 | $Cr_2O_3$ | 绿 | $Fe(HPO_4)_2^-$ | 无 |

续表

| 离子或化合物 | 颜色 | 离子或化合物 | 颜色 | 离子或化合物 | 颜色 |
| --- | --- | --- | --- | --- | --- |
| FeO | 黑 | $MnO_4^{2-}$ | 绿 | $SbCl_6^-$ | 无 |
| $Fe_2O_3$ | 砖红 | $MnO_4^-$ | 紫红 | $Sb_2O_3$ | 白 |
| $Fe_3O_4$ | 黑 | $MnO_2$ | 棕 | $Sb_2O_5$ | 淡黄 |
| $Fe(OH)_2$ | 白 | $Mn(OH)_2$ | 白 | $SbOCl$ | 白 |
| $Fe(OH)_3$ | 红棕 | $MnS$ | 肉色 | $Sb(OH)_3$ | 白 |
| $FePO_4$ | 浅黄 | $NaBiO_3$ | 黄 | $SbS_3^{3-}$ | 无 |
| $FeS$ | 黑 | $Na[Sb(OH)_6]$ | 白 | $SbS_4^{3-}$ | 无 |
| $Fe_2S_3$ | 黑 | $NaZn(UO_2)_3(Ac)_9 \cdot 9H_2O$ | 黄 | $SnO$ | 黑/绿 |
| $Fe(SCN)^{2+}$ | 血红 | $(NH_4)_2Fe(SO_4)_2 \cdot 6H_2O$ | 蓝绿 | $SnO_2$ | 白 |
| $Fe_2(SiO_3)_3$ | 棕红 | $NH_4Fe(SO_4)_2 \cdot 12H_2O$ | 浅紫 | $Sn(OH)_2$ | 白 |
| $Hg^{2+}$ | 无 | $(NH_4)_3PO_4 \cdot 12MoO_3 \cdot 6H_2O$ | 黄 | $Sn(OH)_4$ | 白 |
| $Hg_2^{2+}$ | 无 | $Ni^{2+}$ | 亮绿 | $Sn(OH)Cl$ | 白 |
| $HgCl_4^{2-}$ | 无 | $Ni(CN)_4^{2-}$ | 黄 | $SnS$ | 棕 |
| $Hg_2Cl_2$ | 白 | $NiCO_3$ | 绿 | $SnS_2$ | 黄 |
| $HgI_2$ | 红 | $Ni(NH_3)_6^{2+}$ | 蓝紫 | $SnS_3^{2-}$ | 无 |
| $HgI_4^{2-}$ | 无 | $NiO$ | 暗蓝 | $SrCO_3$ | 白 |
| $Hg_2I_2$ | 黄 | $Ni_2O_3$ | 黑 | $SrC_2O_4$ | 白 |
| $HgNH_2Cl$ | 白 | $Ni(OH)_2$ | 浅绿 | $SrCrO_4$ | 黄 |
| $HgO$ | 红/黄 | $Ni(OH)_3$ | 黑 | $SrSO_4$ | 白 |
| $HgS$ | 黑/红 | $Ni_2(OH)_2CO_3$ | 淡绿 | $Ti^{3+}$ | 紫 |
| $Hg_2S$ | 黑 | $Ni_3(PO_4)_2$ | 绿 | $TiO^{2+}$ | 无 |
| $Hg_2SO_4$ | 白 | $NiS$ | 黑 | $Ti(H_2O_2)^{2+}$ | 橘黄 |
| $I_2$ | 紫 | $Pb^{2+}$ | 无 | $V^{2+}$ | 蓝紫 |
| $I_3^-$ | 棕黄 | $PbBr_2$ | 白 | $V^{3+}$ | 绿 |
| $K[Fe(CN)_6Fe]$ | 蓝 | $PbCl_2$ | 白 | $VO^{2+}$ | 蓝 |
| $KHC_4H_4O_6$ | 白 | $PbCl_4^{2-}$ | 无 | $VO_2^+$ | 黄 |
| $K_2Na[Co(NO_2)_6]$ | 黄 | $PbCO_3$ | 白 | $VO_3^-$ | 无 |
| $K_3[Co(NO_2)_6]$ | 黄 | $PbC_2O_4$ | 白 | $V_2O_3$ | 红棕 |
| $K_2[PtCl_6]$ | 黄 | $PbCrO_4$ | 黄 | $ZnC_2O_4$ | 白 |
| $MgCO_3$ | 白 | $PbI_2$ | 黄 | $Zn(NH_3)_4^{2+}$ | 无 |
| $MgC_2O_4$ | 白 | $PbO$ | 黄 | $ZnO$ | 白 |
| $MgF_2$ | 白 | $PbO_2$ | 棕褐 | $Zn(OH)_4^{2-}$ | 无 |
| $MgNH_4PO_4$ | 白 | $Pb_3O_4$ | 红 | $Zn(OH)_2$ | 白 |
| $Mg(OH)_2$ | 白 | $Pb(OH)_2$ | 白 | $Zn_2(OH)_2CO_3$ | 白 |
| $Mg_2(OH)_2CO_3$ | 白 | $Pb_2(OH)_2CO_3$ | 白 | $ZnS$ | 白 |
| $Mn^{2+}$ | 肉色 | $PbS$ | 黑 | | |
| $MnCO_3$ | 白 | $PbSO_4$ | 白 | | |
| $MnC_2O_4$ | 白 | $SbCl_6^{3-}$ | 无 | | |

① 离子均指水溶液中的水合离子。

# 参考文献

[1] 付引霞,冯霄. 无机化学实验 [M]. 2版. 北京:北京理工大学出版社,2022.

[2] 邱晓航,李一峻,韩杰,等. 基础化学实验 [M]. 2版. 北京:科学出版社,2017.

[3] 李强国. 基础化学实验 [M]. 南京:南京大学出版社,2012.

[4] 徐家宁,门瑞芝,张寒琦. 基础化学实验(上册):无机化学和化学分析实验 [M]. 北京:高等教育出版社,2006.

[5] 古凤才. 基础化学实验教程 [M]. 3版. 北京:科学出版社,2010.

[6] 姚思童,刘利. 大学化学实验(Ⅰ):无机化学实验 [M]. 北京:化学工业出版社,2018.

[7] 张勇,童志平,李绛. 现代化学基础实验 [M]. 3版. 北京:科学出版社,2000.

[8] 刘健,林志彬,胡晓慧. 新能源专业本科教学实验 [M]. 厦门:厦门大学出版社,2019.

[9] 雷艳秋,魏航,刘宝仓. 材料化学基础实验 [M]. 北京:化学工业出版社,2021.

[10] 毛宗万,姜隆,张伟雄,等. 综合化学实验 [M]. 2版. 北京:科学出版社,2020.

[11] 葛金龙. 材料化学专业实验 [M]. 合肥:中国科学技术大学出版社,2019.

[12] 刘德宝,陈艳丽. 功能材料制备与性能表征实验教程 [M]. 北京:化学工业出版社,2019.

[13] 高桂枝. 新编大学化学实验 [M]. 北京:中国环境科学出版社,2011.

[14] 侯永刚,吕生华,张佳,等. 氧化石墨烯的制备及形成机理 [J]. 精细化工,2019,36(4):560.

[15] 陈耀燕,赵昕,王哲,等. 制备条件对MXene形貌、结构与电化学性能的影响 [J]. 高等学校化学学报,2019,40(6):1249.

[16] 王晨,刘帅,陈艳. 新型荧光纳米显影剂的制备及其在指纹显影方面的应用 [J]. 中山大学学报(自然科学版),2022,61(5):118.

[17] 郭斌,罗江山,唐永建,等. 种子法制备三角形银纳米粒子及其性能表征 [J]. 强激光与粒子束,2007,19(8):1292.

[18] 张梦亚,高兵,柳翠,等. L-半胱氨酸修饰CdTe与CdTe/CdS量子点的水相合成与表征 [J]. 稀有金属材料与工程,2016,45(1):555.

[19] Wang A W,Wang C D,Fu L,et al. Recent advances of graphitic carbon nitride-based structures and applications in catalyst,sensing,imaging,and LEDs [J]. Nano-Micro Lett.,2017,9:47.

[20] 孙瑞卿,许紫婷,魏巧华. 通过拓展大学化学实验培养学生探索创新能力:以"硫酸铜中铜含量测定(碘量法)"为例 [J]. 大学化学,2020,35(9):7.

[21] 那立艳,张丽影,张凤杰,等. 室温非有机体系中HKUST-1的快速制备及对活性蓝194的吸附 [J]. 材料导报,2020,34(4):5.

[22] 娄本勇. 物理化学综合性实验:HKUST-1的制备及表征 [J]. 广州化工,2013,041(007):210.

[23] 乔正平,尹明大,许先芳,等. 一种金属有机框架纳米材料的制备及其染料吸附性能研究:推荐一个研究型综合化学实验 [J]. 大学化学,2018,33(9):7.

[24] 张向阳,章奇羊,汤涛,等. 基于MOFs的复合材料制备及其对亚甲基蓝染料的吸附性能 [J]. 材料研究学报,2021,35(11):866.

[25] 杨慧,沈苏阳. 聚硅酸硫酸铝絮凝剂的制备及性能研究 [J]. 广东化工,2020,47(12):4.

[26] Krober J, Codjovi E, Kahn O, et al. A spin transition system with a thermal hysteresis at room temperature [J]. Journal of the American Chemical Society, 1993, 115 (21): 637-638.

[27] 刘茂旭, 董艳萍, 田喜强, 等. 二苯甲酰甲烷Eu(Ⅲ)配合物的合成及光谱性 [J]. 绥化学院学报, 2016 (3): 152-154.

[28] 吴玉鹏, 高虹. 热致变色材料的分类及变色机理 [J]. 节能, 2012, 31 (1): 4.

[29] Willett R D, Haugen J A, Lebsack J, et al. Thermochromism in copper (Ⅱ) chlorides. Coordination geometry changes in tetrachlorocuprate (2-) anions [J]. Inorganic Chemistry, 1974, 13 (10): 2510.

[30] 阮婵姿, 潘蕊, 许振玲, 等. "元素化学实验"中的热致变色现象(一): 部分Co(Ⅱ)化合物的热致变色现象及其变色机理探讨 [J]. 大学化学, 2022, 37 (1): 7.

[31] 毕维昭. 二氯化钴在水-乙醇溶液中的热致变色作用 [J]. 苏州大学学报: 自然科学版, 1990, 006 (004): 515.

[32] 金星, 沈启慧. 基础化学实验: 上册 [M]. 北京: 化学工业出版社, 2018.

[33] 刘瑾, 王颖, 李真. 大学化学基础实验 [M]. 北京: 化学工业出版社, 2018.

# 元素周期表